SEO 搜索引擎优化

主　审　吴洪贵
主　编　俞国红
参　编　金静梅

北京理工大学出版社
BEIJING INSTITUTE OF TECHNOLOGY PRESS

内 容 简 介

本书系统地讲述了搜索引擎优化的原理、思维、技法，通过实际工作项目，让学生学习搜索引擎优化的相关知识与技能，为从事电子商务营销及推广工程师岗位作好准备。全书共分为7个模块：搜索引擎优化概述、SEO网站数据数据分析、关键词优化策略、网站链接优化策略、网站内容与结构优化策略、网站优化推广、移动搜索引擎优化。

本书可以作为高等院校电子商务专业及相关专业的教学用书和参考用书，也可作为电子商务相关人士自学用书和政府、企业的培训用书。

版权专有　侵权必究

图书在版编目（CIP）数据

搜索引擎优化 / 俞国红主编. —北京：北京理工大学出版社，2017.6（2021.12 重印）

ISBN 978 – 7 – 5682 – 4020 – 8

Ⅰ. ①搜… Ⅱ. ①俞… Ⅲ. ①互联网络—情报检索—系统最优化 Ⅳ. ①G354.4

中国版本图书馆 CIP 数据核字（2017）第 099987 号

出版发行 / 北京理工大学出版社有限责任公司	
社　　址 / 北京市海淀区中关村南大街 5 号	
邮　　编 / 100081	
电　　话 /（010）68914775（总编室）	
（010）82562903（教材售后服务热线）	
（010）68944723（其他图书服务热线）	
网　　址 / http://www.bitpress.com.cn	
经　　销 / 全国各地新华书店	
印　　刷 / 雅迪云印（天津）科技有限公司	
开　　本 / 710 毫米 × 1000 毫米　1/16	
印　　张 / 21	责任编辑 / 周　磊
字　　数 / 398 千字	文案编辑 / 周　磊
版　　次 / 2017 年 6 月第 1 版　2021 年 12 月第 6 次印刷	责任校对 / 周瑞红
定　　价 / 59.80 元	责任印制 / 李志强

图书出现印装质量问题，请拨打售后服务热线，本社负责调换

前言

本书系统地讲述了搜索引擎优化（SEO）的原理、思维、技法，通过实际的 SEO 项目，可以使学生了解 SEO 相关的知识与技能，并能胜任电子商务营销及推广的相关工作。搜索引擎优化，其工作可细分为三个岗位：

（1）数据分析岗位，主要负责 SEO 任务的发起以及效果评估，负责站内站外关键词收集分析、竞争对手分析、关键词部署和规划关键词记录，关于每天流量的表现是否有异常的流量数据报表分析；

（2）文案撰写岗位，主要负责内容建设，页面 Title、Meta 标签及其索引页文案的撰写，专题和聚合页面的文案撰写，日常内容信息建设的发布，公关软文的撰写；

（3）链接专员岗位，主要负责排名和收录等工作，包括内链资源分配执行、B2B 外部链接建设、软文发布、友情链接建设、合作资源拓展。

本书以雅鹿电子商务公司搜索引擎优化项目作为学习的主线，从公司优化专员小王的角度，紧密围绕淘宝搜索引擎和百度搜索引擎优化，介绍网站结构优化和网站内容优化知识和技能，具体包括竞争对手和竞品分析研究、关键词优化、网站诊断、网站内外链建设、网站页面标签优化、网站软文写作和推广、撰写网站优化方案等。书中案例的可操作性强，读者可模仿实践操作，深入体会。

本书涉及了移动搜索引擎优化和 SEO 用户体验优化等 SEO 最新研究领域，培养学生 SEO 网页优化的实际操作技能，为学生未来从事电子商务专业相关的实际工作奠定基础，实现专业培养目标，增强学生的就业竞争力。

书中的学习资源丰富，在部分章节中安排了知识链接的二维码，读者可以使用手机扫描，通过移动阅读方式浏览知识点对应的相关技术文章、新闻、视频等学习资源。

推荐给读者 3 个电商微信公众号：电商数据分析的 data5118、SEO 研究分享的 moonseo_net 和电商知识分享的 paidaiedu，学习电商相关的知识。上述微信号的二维码见右方。

本书由苏州健雄职业技术学院电子商务教学团队俞国红和金静梅两位老师编写而成，俞国红老师完成了模块一至模块六的编写，并负责统稿工作，金静梅老师负责编写模块七，并负责校对工作。在编写过程中得到了苏州雅鹿公司电子商务部张雅玲总监的指导；同时，陈露、张凯、耿玲玲、董杰等同学帮助录制了操作视频，在此一并表示感谢！书中难免有不当和错误之处，请读者批评指正。关于本书中的问题，读者可通过 E-mail：wuygh@126.com 与作者联系。

编　者

CONTENTS

模块一　搜索引擎优化概述

项目 1　认识搜索引擎优化　　5
项目 2　网站 SEO 信息查询　　26
实验一　搜索引擎使用　　45
课后练习题　　47

模块二　SEO 网站的数据分析

项目 1　竞争对手网站分析　　50
项目 2　网站 SEO 诊断分析　　63
实验二　网站数据统计分析　　78
课后练习题　　80

模块三　关键词优化策略

项目 1　关键词的设计　　82
项目 2　关键词的部署　　103
实验三　设计网站关键词　　113
课后练习题　　115

模块四　网站链接优化策略

项目 1　友情链接优化　　118
项目 2　网站外链优化　　127
项目 3　网站内链优化　　150
项目 4　网站软文优化　　155
实验四　设计、撰写原创文章　　168
课后练习题　　171

I

CONTENTS

模块五　网站内容与结构优化策略

项目1　网站用户体验优化　　　　　　　　　　171

项目2　网站结构优化　　　　　　　　　　　　189

项目3　网站代码优化　　　　　　　　　　　　207

项目4　网站图片优化　　　　　　　　　　　　213

实验五　制作响应式网页　　　　　　　　　　　222

课后练习题　　　　　　　　　　　　　　　　　225

模块六　网站优化推广

项目1　百度优化推广　　　　　　　　　　　　228

项目2　淘宝优化推广　　　　　　　　　　　　244

实验六　搜索引擎营销优化　　　　　　　　　　289

课后练习题　　　　　　　　　　　　　　　　　291

模块七　移动搜索引擎优化

项目1　认识移动搜索引擎　　　　　　　　　　294

项目2　移动搜索引擎优化　　　　　　　　　　302

实验七　移动网站分析报告及优化方案　　　　　320

课后练习题　　　　　　　　　　　　　　　　　322

课后练习答案　　　　　　　　　　　　　　　　　325

参考文献　　　　　　　　　　　　　　　　　　　330

模块一 搜索引擎优化概述

互联网是一个庞大的信息和数据来源，大部分的互联网用户依靠搜索引擎找资料。根据中国互联网络信息中心 CNNIC 的统计，约有 70% 的网民不会记忆网址去登陆网站，而是通过查询引擎检索关键词访问网站。

搜索引擎相当于网站上普通的访客，百度搜索引擎通过百度蜘蛛程序（Baiduspider）抓取网页，对网页进行价值判断。网站如何正确引导流量，需要依靠搜索引擎优化（Search Engine Optimization，简称 SEO）来实现。

搜索引擎营销（Search Engine Marketing，SEM）是指通过搜索引擎进行服务和产品的营销，包括 SEO 和付费推广两部分，SEO 是 SEM 的一部分，如图 1-1 所示。

图 1-1　SEM 的组成

白帽 SEO

SEO 方法分为白帽 SEO 和黑帽 SEO。

白帽 SEO 是一种公正的手法，是使用符合主流搜索引擎的规则来提高网站的搜索排名的方法。白帽 SEO 采用 SEO 的思维，采取正规的流程和手段合理优化网站，提高用户体验，合理与其他网站互链。

黑帽 SEO 则是投机取巧，采用搜索引擎明令禁止的方法优化网站，利用搜索引擎规则的漏洞，以不合理的或者缺乏公正性的手段，去影响和干预搜索引擎对网站排名的方法，以牟取利益。黑帽 SEO 是搜索引擎打击的对象。

我们应该提倡白帽 SEO，踏踏实实地做好网站 SEO，维护行业的合理性和公平性。SEO 与竞价排名的区别，如表 1-1 所示。

表 1-1　SEO 与竞价排名的区别

项目	优　点	缺　点
SEO	1. 费用低廉：相比竞价要便宜得多。 2. 无引擎独立性：即进行优化后，谷歌、雅虎、百度、其他搜索引掌，排名都会相应地提高	1. 见效慢：难度大的词大约需要 2~3 个月的时间。 2. 排名规则不确定性：搜索引擎的排名规则经常改变。 3. 关键词数量有限：一个页面推荐只做一个关键词，最多不超过三个。 4. 排名位置在竞价排名之后

续表

项目	优点	缺点
竞价排名	1. 见效快：充值后设置关键词价格后就可以进入百度排名前列。 2. 关键词数量无限制：可设置无数个关键词进行推广，没有任何限制	1. 价格高昂：竞争激烈的词，单价可达数元甚至数十元。 2. 稳定性差：谁出价高，他的关键词排名就靠前。 3. 恶意点击：竞价排名的恶意点击非常多，不会带来任何效益

SEO 工作者也被称为搜索引擎优化专员，工作职责可细分为三个岗位，如表 1-2 所示。

表 1-2 搜索引擎优化师的工作职责

岗位	工作职责
数据分析岗位	主要负责 SEO 任务的效果评估，负责站内站外关键词收集分析，对竞争对手进行分析，关键词部署和规划；分析每天的流量数据报表
文案撰写岗位	主要负责内容建设，页面 Title、Meta 标签及其索引页文案的撰写，专题和聚合页面的文案撰写，日常内容信息建设的发布，SEO 软文的撰写
链接专员岗位	主要负责排名和收录等工作，内链资源分配执行、B2B 外部链接建设、软文发布、友情链接建设、合作资源拓展

网站优化推广的内容，分为网站架构分析、关键词分析、网站目录和页面内容优化、网站链接优化、网站流量分析五大实施步骤，如图 1-2 所示。

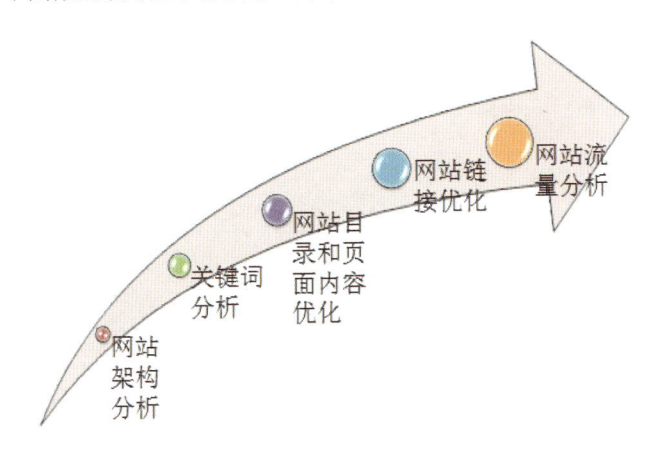

图 1-2 网站优化推广的五大实施步骤

搜索引擎优化

网站优化三元素：链接、内容、结构。网站结构包括框架、页面 URL 路径、页面代码、JAVASCRIPT 和 Flash 特效等，网站结构是 SEO 的基础；网站内容由页面内容、页面代码、内容主题构成；网站链接包括链接位置、链接数量和链接密度。

网站优化分为分析定位、站内优化和站外优化三部分，其整体脉络，如图 1-3 所示。

```
死链接优化      HTML 地图      标题优化      URL 优化
404 页面优化    RSS 地图       关键词优化    图片优化
Robot 文件制作  XML 地图       描述优化      内部链接优化
目录结构优化    站点地图制作   内容优化      代码优化

  网站结构优化  ←  站内优化策略  →  网页内容优化

                                                站外目录提交
  网站优化分析                                    高质量外链
              分析定位 ← 站内优化 → 站外优化
  竞争对手分析                                    百度地图索引
                                                第三方优化
```

图 1-3 网站优化的整体脉络

项目 1

认识搜索引擎优化

搜索引擎，从字面上可以拆分为"搜""索""引擎"三个词。"搜"就是信息的抓取，"索"就是信息的排序和查询，"引擎"就是数据的存储和并发处理。目前常用的搜索引擎有百度、谷歌、360、搜狐、神马移动搜索、一淘等。

任务 1　认识 PC 端搜索引擎

任务描述

小王刚入职雅鹿公司电子商务部，从事 SEO 专员工作。电商部运营总监要求小王先了解国内十大搜索引擎的特点功能，重点对百度、淘宝搜索引擎的特点、功能进行对比分析。

认识搜索引擎

任务分析

通过实例的方式，通过使用搜索引擎，搜索特定关键词，看其收录相关网页数量和花费时间，了解分析搜索引擎的功能特点和流程。

知识准备

搜索引擎功能分为四大部分：抓取、过滤、索引、查询，一般由爬行器（搜索引擎机器人、搜索引擎蜘蛛）、索引生成器、查询检索器组成。SEO 工作者可以根据搜索引擎功能实现的流程及特点，有针对性地去优化网站。十大主流搜索引擎的特点，如表 1-3 所示。

表 1-3　十大主流搜索引擎的特点

搜索引擎	网站介绍	网　　址
百度	百度，全球最大的中文搜索引擎。致力于满足用户的搜索需求，问答需求	www.baidu.com

续 表

搜索引擎	网站介绍	网　　址
搜狗	搜狐旗下支持微信公众号、文章搜索，通过智能分析技术，对于不同网站、网页采取了差异化的抓取策略，充分地利用了带宽资源来抓取高时效性信息	www.sogou.com
搜搜	腾讯旗下，目前已成为中国网民首选的三大搜索引擎之一，提供实用便捷的搜索服务，承担腾讯全部搜索业务	www.soso.com
爱问	新浪研发的爱问是国内第一个中文互动型问答产品，为用户提供发表提问、解答问题、搜索答案、词条分享等服务	iask.sina.com.cn
谷歌	全球最大最受欢迎的搜索引擎，搜索服务有：网页、图片、视频、地图、新闻、博客、论坛、学术、财经等搜索服务	www.google.com.hk
有道	网易旗下，提供网页、图片、热闻、视频、音乐、博客等搜索服务，推出海量词典、阅读、购物搜索等	www.youdao.com
一淘	淘宝网旗下，为用户提供购买决策、查找商品服务	www.etao.com
搜库	优酷网旗下，为用户提供专业视频搜索服务	www.soku.com
360搜索	360旗下，提供网页、新闻、影视搜索产品搜索服务	www.so.com
神马搜索	阿里巴巴旗下，专注移动互联网的搜索引擎	m.sm.cn

任务实施

一、使用百度搜索引擎

1.百度搜索引擎在SEO过程中的使用

（1）将搜索引擎的搜索范围限定在特定站点中。搜索范围限定使用的方式，在百度搜索框中使用"site:站点域名"命令，就可以把搜索范围限定在这个站点中查找需要的信息，提高查询效率。

（2）把搜索范围限定在特定URL链接中。网页URL常常含有某种有价值的信息。如果对搜索结果的URL做某种限定，实现的方式是：在百度搜索框中使用"inurl:"命令，后跟需要在URL中出现的关键词，如：inurl:hnfree。

2. 使用搜索引擎和站长工具完成查询任务

（1）查询首页的百度权重值。网站首页的百度权重值是网站的重要权衡指标，一般权重值为 1~3 的，说明网站实力一般；达到 4~5 的，说明网站的权威度不错。

（2）查询网站的年龄。可以通过域名注册信息查询服务网站查看域名的注册信息，域名注册的时间越早，说明这个网站建得就越长。还可以通过历史档案网站查看竞争对手网站的被收录日期，了解竞争对手的成长过程。

查询雅鹿公司网站的百度权重值和网站年龄，如图 1-4 所示。

图 1-4 查询网站的年龄

（3）查询搜索引擎快照的新鲜度。在百度的搜索引擎搜索时，可以观察一下搜索引擎中的快照日期，查看生成网站快照的时间，如图 1-5 所示。

图 1-5 搜索引擎快照

快照的日期反映了搜索引擎的抓取频率，该指标说明了网站的重要性，只有搜索引擎看重的网页内容才会被抓取，快照也会随之更新。

（4）查询搜索引擎收录数。查询搜索引擎收录数的方法有两种：一是直接在搜索框输入"site：站点域名"；二是使用 SEO 综合查询工具——站长工具。

（5）查询网站的流量情况。Alexa 排名是指网站的世界排名，主要分为综合排名和分类排名，Alexa 提供了包括综合排名、到访量排名、页面访问量排名等多个评价指标信息，该排名可作为网站访问量评价指标。可以通过站长工具来实现，进入网址 alexa.chinaz.com，可以查一下网站的 alexa 排名。雅鹿公司的 alexa 排名，如图 1-6 所示。

图1-6 查看网站的alexa排名

3. 搜索引擎对作弊行为的认定

百度搜索引擎对作弊行为的认定，具体包括以下五项：

（1）隐藏文本或隐藏链接。在网页中加入搜索引擎可识别但用户看不见的文本内容或链接，包括使用与背景色相同或十分接近的文本或链接文字、超小号文字、文字隐藏层、页面底部下出现的多余内容、滥用图片ALT等。

（2）滥用关键词。在网页源代码中大量堆积、重复某些关键词，或者加入与网站内容毫不相关的热门关键词。

（3）恶意互换链接。在网页中互相建立大量指向对方网站的链接。

（4）欺骗性重定向、欺骗性更换网页内容。故意制造大量链接指向某一网址，或者使用跳转域名欺骗用户进入与搜索引擎描述不相符的网站。有常见的两种情况会发生欺骗性重定向：第一种情况是已安装的用于展示广告和从内容中获利的脚本/元素，可能会在网站站长毫不知情的情况下，将用户重定向到一个完全不同的网站；第二种情况因网站遭到黑客入侵，发生重定向，被当成肉鸡网站。

（5）建立大量镜像网站。复制网站或网页的内容并分配以不同域名和服务器，欺骗搜索引擎对同一页面内容进行多次索引。

4. 搜索引擎的降权规则

2015年的百度新规则，对网站排名的降权原则进行了更新，具体如下：

（1）网站有弹窗广告，百度给予降权处理。

（2）加盟链接联盟的站点，给予适当降权处理。

（3）网站页面、站点里面有大量JavaScript代码内容的给予适当降权处理。

（4）站点导出的单向链接过多，给予降权处理。

（5）友情链接过多的站点，给予降权处理。

二、使用淘宝搜索引擎

淘宝搜索引擎能满足用户的购物需求，淘宝搜索规则是为了展示买家最需要的宝贝。淘宝搜索分为基于搜索栏的关键词搜索和类目搜索两种。学习淘宝搜索方法，必须先了解影响宝贝排名的因素，如图1-7所示。

```
影响排名的因素
├── 综合排名
│   ├── 关联性 —— 产品标题与用户搜索关键词相符
│   ├── 上下架时间
│   │   ├── 晚上7点之前展示15分钟
│   │   ├── 晚上7点之后展示30分钟
│   │   ├── 在访问和成交量最高的时候上下架
│   │   └── 避开死亡时间
│   └── 橱窗推荐
├── 宝贝人气值
│   ├── 7天人气增长值
│   └── 自然搜索转换和同类目商家的排名
└── 店铺质量分
    ├── 店铺DSR评分
    ├── 退换货速度
    ├── 好评率
    ├── 详情页停留时间
    ├── 详情页跳转率
    └── 自然搜索转化率
```

图1-7 影响宝贝排名的因素

提高淘宝搜索引擎排名，就是设法提高点击率、跳出率、转化率、好评率。好评率一定是最后一步完成的，也是至关重要的。

三、影响宝贝排名的因素

1. 综合排名

综合排名包括关联性、上下架时间、橱窗推荐，但是宝贝综合排名的主要依据条件是"关联性"和"上下架时间"。

关联性：指的是产品的标题和客户搜索产品时，标题中关键词的匹配程度。有效性高的关键词将会优先获得展现。

上下架时间：宝贝的上下架时间有一个有效期，统一为 7 天。什么时候上架的，7 天后就在该时间自动下架，下架后立刻就自动上架。上下架时间直接关系到宝贝在前台展现的机会。店铺中宝贝下架时间，最好安排在一天当中访问人数和成交比例最高的黄金时间。调整好上下架时间，能让宝贝获得最大的展现机会。

上架新品：打上新品标签有较大的排名靠前权重，所以上架新品时一定要让产品打上新品标签，淘宝一直在扶持新品，在手机淘宝首页可以看到有一项每日新品发布，就是专门为新品引流的入口。

橱窗推荐：橱窗推荐是淘宝最基础的推广工具，设置好橱窗是让宝贝排名靠前的一个秘诀，也是最直接最有效的推广方法，橱窗推荐相当于店铺的名片，店铺使用橱窗推荐能为店铺引流，同时也能提升店铺和产品的排名。

2. 宝贝人气值

宝贝人气值包括成交量、收藏人数、信誉、好评率、浏览量。但是决定宝贝人气值的两个重要权重因素是"7 天的销售增长率"和"自然搜索转化和同类目商家的排名"。

7 天的销售增长率：一个周期 7 天内，第七天的销量和第一天销量的比值就是 7 天的销售增长率；7 天的增长率，决定人气排名 30%的权重。如果要提高 7 天的增长率必须保证一个周期内，每天的销量都要高于前一天的销量。

自然搜索转化和同类目商家的排名：是指客户通过自然搜索下单成交的转化率和同类目同级别商家的比较；是自然搜索的流量，而不是通过聚划算、品牌团、直通车、钻展等付费流量产生的转换。

3. 店铺质量分

店铺质量得分包括店铺 DSR 评分、退换货速度、好评率、详情页停留时间、详情页跳转率、自然搜索转换率。

四、使用类目搜索

1. 类目搜索

淘宝的商品搜索和普通网页搜索不同，主要表现在：淘宝搜索的商品，在卖家上传的时候都是放在一些特定的类目下面。类目搜索和关键词搜索一样，流量各占 50%。

商品所在的前台类目随着季节、促销、市场流行程度实时发生变化，有利于访客挑选所需宝贝。淘宝的前台一级类目在首页最左边的类目栏，有服装、配饰、家居、母婴、视频、美容、数码、文体、虚拟、服务、保险等类目。通过类目及子类目，进行宝贝的搜索。

商品所在的后台类目基本恒定，有利于卖家上传管理商品。

2. 类目搜索入口

（1）入口1：在淘宝首页主题市场、类目文字进入。
（2）入口2：在首页顶部商品分类中点击相应类目进入。

3. 类目属性规则

淘宝搜索的相关性和商品所在的前台类目是息息相关的。通过掌握类目属性规则，宝贝排名就可以获得比别人更多的优势。因此，商品在后台商品上传的时候，准确度越高，所有的商品属性填写越完善，越能够被买家精准搜索到，从而更容易达成交易。

如果卖家在知道宝贝和类目、属性的相关性关系，故意将商品错放类目或者属性从而获得更多的流量，会被认定为违规作弊，受到惩罚。

比如说，一件不是雪纺类的女士连衣裙，但是因为今年雪纺裙是热门款式，卖家故意将其放在雪纺连衣裙类目下，希望能够获得更多的流量，会被降权处理。

五、搜索降权

搜索中有一些惩罚措施叫降权，就是宝贝也能被找到，但是排序是靠后的，而且在销量排序中会被过滤掉。如果按照销量排序，发现宝贝找不到，就说明宝贝被降权了。

被降权有很多原因，基本上所有不规范的操作，都会被降权。炒作信用、虚假交易、放错类目、重复铺货、重复开店、堆砌关键词、广告商品、虚假邮费等都属于作弊范畴。

讨论思考：
各搜索引擎对同类网站的收录情况是否相同？如果不相同，各搜索引擎有什么特点？

sku 作弊及预防

任务 2　了解搜索引擎优化

任务描述

雅鹿公司电子商务部小王需要对公司其他部门的员工培训 SEO 知识，他准备从以下

三个方面准备此次培训课：❶ 搜索引擎优化的概念和发展阶段；❷ 搜索引擎的工作原理及工作过程；❸ SEO 基本统计数据：网站流量、访客量、页面访问量、跳出率、访问深度等。

请你帮助小王完成上述任务。

任务分析

搜索引擎优化的历程与搜索引擎的发展相伴相生，SEO 先后经历了 1.0 时代、2.0 时代、3.0 时代，SEO 从最初关注关键词和外链，到现在关注用户需求。

知识准备

中国互联网络信息中心（http:// www.cnnic.net.cn）统计网民使用搜索引擎的偏好，截止到 2016 年 12 月的统计数据显示：百度使用占比达到 55.557%，好搜达到 18.767%，搜狗达到 17.856%。

1. 搜索引擎的工作过程

搜索引擎的工作过程包括四个阶段，如表 1-4 所示。

表 1-4　搜索引擎工作过程的四个阶段

工作阶段	工作过程
搜索阶段	在互联网中发现、搜集网页信息
提取阶段	对信息进行提取和组织，建立索引库
数据库索引阶段	由检索器根据用户输入，在索引库中快速检出文档，进行相关度评价
排序阶段	对将要输出的结果进行排序，并将查询结果返回给用户

2. 搜索引擎工作原理

由蜘蛛程序沿着链接爬行和抓取网上的大量页面，存进数据库，经过预处理，用户在搜索框输入关键词后，搜索引擎排序程序从数据库中挑选出符合搜索关键词要求的页面。蜘蛛的爬行、页面的收录以及排序都是自动处理。搜索引擎工作原理，如图 1-8 所示。

搜索引擎工作原理

搜索引擎优化

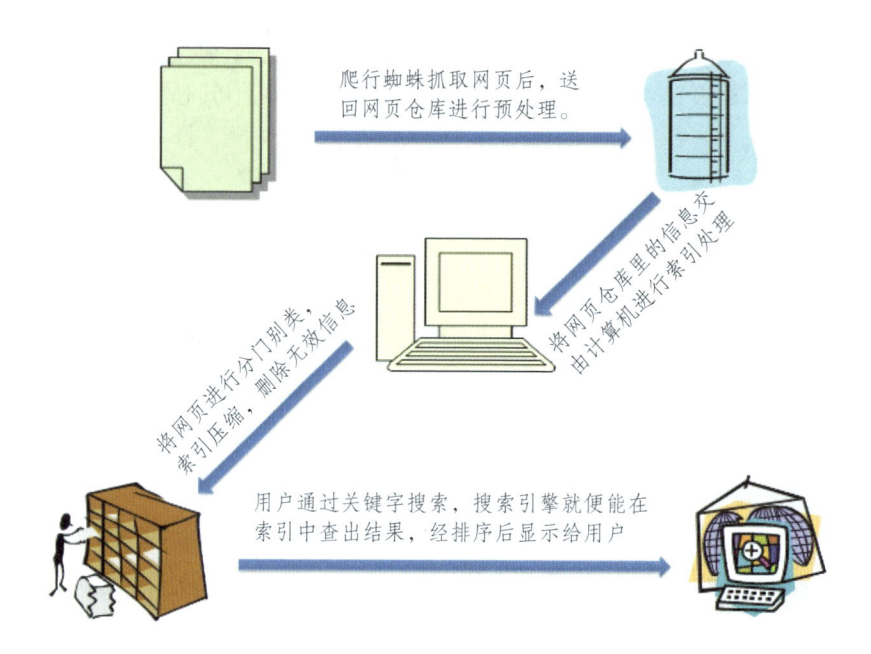

图中文字：
- 爬行蜘蛛抓取网页后，送回网页仓库进行预处理。
- 将网页仓库里的信息交由计算机进行索引处理
- 将网页进行分门别类，删除无效信息，索引压缩
- 用户通过关键字搜索，搜索引擎就便能在索引中查出结果，经排序后显示给用户

图 1-8 搜索引擎的原理

搜索引擎工作，需要有高性能的"网络蜘蛛"程序自动地在互联网中搜索信息。一个典型的网络蜘蛛工作的方式，是查看一个页面，并从中找到相关信息，然后再从该页面的所有链接中出发，继续寻找相关的信息，以此类推。

和浏览器一样，搜索引擎蜘蛛也有标明自己身份的代理名称，站长可以在网站日志文件中看到搜索引擎的特定代理名称，从而辨识搜索引擎蜘蛛。常见的搜索引擎蜘蛛有：百度蜘蛛、雅虎中国蜘蛛、雅虎英文蜘蛛、Google 蜘蛛、微软 Bing 蜘蛛、搜狗蜘蛛、搜搜蜘蛛、有道蜘蛛。

各个搜索引擎在算法上不尽相同，百度蜘蛛采用了可定制、高扩展性的调度算法，搜索器能在极短时间内收集到最大数量的互联网信息，把所获得的信息保存建立索引库。

SEO 实施的三个阶段，如表 1-5 所示。

表 1-5　SEO 的三个阶段

SEO 的阶段	优化内容	时间安排
SEO 策略制定阶段	网站 SEO 问题分析、关键词挖掘与分析、流量统计与分析、竞争对手研究	第 1 个月
SEO 方案执行阶段	技术执行内容，执行网站上线	第 2 个月
SEO 改进阶段	解决 SEO 方案改进	第 3 个月

第一次搜索引擎运行周期：一般需要 30 天时间，关键词排名大致在 10 页之后，收录数量占新页面数量 20%；第二次搜索引擎运行周期：一般需要 30~45 天时间，关键词排名大致在 5 页左右，收录数量占新页面数量 50%；第三次搜索引擎运行周期：一般需要 30~60 天时间，关键词排名大致在 2 页左右，收录数量占新页面数量 80%。

3. 搜索引擎优化的基本概念

（1）网络蜘蛛（WebSpider）。网络蜘蛛，也称网络机器人，即抓取网页的程序。如果把互联网比喻成一个蜘蛛网，那么 Spider 就是在网上爬来爬去的蜘蛛。网络蜘蛛是通过网页的链接地址来寻找网页，从网站某一个页面（通常是首页）开始，读取网页的内容，找到在网页中的其他链接地址，然后通过这些链接地址寻找下一个网页，这样一直循环下去，直到把这个网站所有的网页都抓取完为止。不同的搜索引擎蜘蛛有不同的名称，如谷歌的 Google robot、百度的 Baidu spider、MSN robot、雅虎的 Yahoo Slurp。

（2）页面等级（PageRank，PR）。页面等级是评估一个页面相对于其他页面重要性的一个指标。例如，如果 A 页面有一个链接指向 B 页面，那就可以看作是 A 页面对 B 页面的一种信任或推荐。页面的反向链接越多，链接的价值加权越高，搜索引擎就会判断这样的页面更为重要，页面等级也就越高。PR 值级别从 1 到 10 级，10 级为满分，PR 值越高说明该网页越重要。

网站页面的 PR 值传递呈现规律：首页＞一级页面＞二级页面＞三级页面＞……＞最后一级页面，每深入一级，PR 值会降低 1 个档次，首页最高，栏目页次之，内容页再次。

（3）搜索引擎降权。搜索引擎降权指的是在搜索引擎中网站权重的下降，其表现是网站排名下降，在搜索引擎输入网站的关键词后，网站排名下降甚至被彻底去掉；收录停滞或收录速度明显变慢，通常表现为快照更新变慢。

（4）排名算法。排名算法是搜索引擎用来对其索引中的列表进行评估和排名的规则。排名算法决定哪些结果是与特定查询相关的。

（5）网站流量数据。网站流量数据包括：页面浏览量（Page View，PV）、IP 数量以及网站跳出率，对这三个数据的分析非常重要，这些数据可以说比关键词排名更直观地把 SEO 工作状况展现出来。搜索引擎把网站的 PV、IP 数量以及网站跳出率作为评定网站用户体验的一个标准，排名算法对这部分数据也很重视。

（6）SEO 逆向搜索，就是搜索引擎是怎样判定网站的质量，揣摩搜索引擎的过程是逆向推理过程。这个逆向推理是从搜索引擎的搜索排名开始，去探索搜索引擎为什么会将一些网站排列在搜索结果前列，尝试研究在搜索引擎排名靠前的网站是怎样设计的，学习那些排在靠前网站的经验。

（7）SEO 逆向搜索的过程。首先从观察搜索结果中的网页简介开始。这个简介主要是标题和搜索引擎摘抄网页的一段文字。这段文字主要来自网页的描述标签中的文字和来自网页文本中的文字。其次，查看网站有多少导入链接，分析网站的 PR 值，研究网站的布局设计，了解网站的组织方式。

（8）桥页。通常是用软件自动生成大量包含关键词的网页，然后从这些网页做自动转向到主页。目的是希望这些以不同关键词为目标的桥页在搜索引擎中得到好的排名。当用户点击搜索结果时，会自动转到主页。桥页都是由软件生成的，如图 1-9 所示。

图 1-9　桥页

任务实施

一、搜索引擎优化的发展阶段

1995—1998 年是 SEO 1.0 的时代，伴随着雅虎等第一代搜索引擎的出现，搜索引擎营销从业人员更注重网站内容的优化，"是否有好的内容"显然指的是站内的内容建设。在 SEO 行业发展初期，因为搜索引擎算法的不健全，往往只需要通过简单的关键词堆砌的作弊方法就能使网站获得非常理想的排名。

1999—2010 年，搜索引擎优化进入了 SEO 2.0 时代，伴随着谷歌和百度等搜索引擎的普及与成熟，SEO 行业迈入了规范化时代。网站权重的重要性逐步显现出来，而绝大多数 SEO 从业人员增加网站权重的方法就是疯狂地做外链，各种群发。以至于外链就能体现一个网站的 SEO 程度。当然，随着搜索引擎算法的慢慢完善，网站的权重也逐步地在其他很多方面得以体现，比如域名年龄、外链质量等。

2011 年以后，随着个性化、社交化、跨媒体化的第三代搜索引擎的出现，搜索引擎优化进入了 SEO 3.0 时代，搜索优化提出了重视用户体验的新概念。

搜索引擎优化的发展历程，如表 1-6 所示。

表 1-6　搜索引擎优化的发展阶段

时　间	SEO 发展历程	SEO 注重优化的内容
1995—1998 年	SEO 1.0	是否有好的内容？（关键词密度）
1999—2010 年	SEO 2.0	是否有较高的权重？（外链、友链）
2011 年至今	SEO 3.0	是否满足用户需求？（相关性、内容质量）

二、网站 SEO 指标的统计

1. 网站流量的统计

网站流量是通过 SEO 网站的关键词，网站得到好的排名，引起用户点击，从而产生网站流量。影响网站流量的三个因素：

（1）整体点击率，排名越靠前点击率普遍越高。

$$流量 = 展现量 \times 点击率$$

（2）网站收录量，网站整体收录量越高，就会有越多的 SEO 流量。收录的网站网页越多，搜索引擎带来网站网页关键词的排名越高。

（3）网站排名。要做好主关键词排名，关键词是用户搜索使用最多的词，它带来的流量非常可观。在互联网中，流量就是金钱，淘宝现在的每一个流量价值在 1～2 元，淘宝流量价值的计算公式：

$$宝贝流量价值 = 宝贝的利润 / 成交一笔所需要的流量$$

2. 网站转换率的统计

转化率是指用户通过搜索引擎进入网站，用户行为的访问次数与总访问次数的比率。转化率的计算公式：

$$转化率 = (转化次数 / 点击量) \times 100\%$$

电商行业中，利润 = 销售额 × 净利润率
　　　　　　　　= （购买人数 × 客单价）× 净利润率
　　　　　　　　= 进店人数 × 购买转化率 × 客单价 × 净利润率

对大型电子商务网站来说，转化率每提高 0.1%～0.5%，就意味着会带来大笔收入。宝贝的转化率可以在淘宝官方的数据产品——"生意参谋"中获取，分析宝贝销售排行和成交转化率。

3. 网站访客量的统计

网站访客量 UV（Unique Visitor），中文含义是独立访客，即访问网站的一台电脑客户端为一个访客。每天 00:00—24:00 内相同的客户端只被计算一次。

某淘宝店铺 UV 的来源统计表，如图 1-10 所示。

详细	到达页浏览量	百分比
	7632	71.43%
淘宝搜索	3627	31.14%
淘宝类目	2397	21.24%
淘宝管理后台	1297	10.44%
淘宝收藏	900	7.24%
淘宝站内其他	503	4.05%
淘宝店铺搜索	348	2.80%
淘宝其他店铺	195	1.57%
阿里旺旺	152	1.22%
淘宝信用评价	92	0.74%
淘宝帮派	75	0.60%
淘江湖	46	0.37%

图 1-10　淘宝店铺 UV 的来源统计表

思考：从上表中，可以得出什么结论？

4. 网站页面浏览量的统计

页面浏览量（PV），也称为页面访问量，即在一定统计周期内用户每次刷新网页一次即被计算一次。PV 是评价网站价值和用户友好性的重要指标。

PV 直接决定店铺的订单数。促销活动和合理的店铺结构可提升浏览量。一般来说，PV 与来访者的数量成正比，但是 PV 并不直接决定页面的真实来访者数量，例如，同一个来访者通过不断的刷新页面，也可以制造出非常高的 PV。

5. 网站跳出率的统计

网站跳出率＝离开次数 / 浏览次数

网站跳出率可反映出访客离开的比例。例如，一个网站在某一时间内有 1000 个不同的 IP 地址从某个链接进入该网站，这些 IP 中又有 50 个离开了该网站，那么这个入口网址的网站跳出率就是 50/1000 × 100%＝5%。

做好六点降低网站跳出率

如果网站跳出率过高，则认为网站不适合用户需求。网站跳出率可使用百度统计进行查看，方法如下：

直接登陆百度统计页面 http://tongji.baidu.com，在百度统计左侧"报告"栏中，可查看推广方式、推广计划等选项，在报告的自定义指标中选择"跳出率"指标，即可随时查看，如图 1-11 所示。

图 1-11 选择"跳出率"指标

6. 网站访问深度的统计

网站访问深度是指用户在一次浏览网站的过程中浏览的网页数。它是衡量网站服务效率的重要指标之一，可以帮助网站检验网站信息架构、网页布局、网页内容等是否符合网民需求；还可以通过访问深度的变化来检验推广活动效果。

网站访问深度的统计，例如，用户第一次访问了某个网站首页后，又浏览了 page1 和 page2 两个页面离开网站。间隔一段时间后，用户第二次访问了网站首页后，又浏览了 page1、page2 和 page3 三个页面离开网站。

在这个统计周期内，有 2 个访次，页面浏览量分别为 3 和 4，则：

$$访问深度 = 页面浏览量 / 访次 = （3+4）/2 = 3.5（页/次）$$

访客浏览网站的访问深度越大，说明网站的黏性越高。

三、网站 SEO 内容

1. 网站架构分析

网站结构符合搜索引擎的爬虫喜好则有利于 SEO。网站架构分析包括：剔除网站架构不良设计、实现树状目录结构、网站导航与链接优化等内容。

2. 网站流量分析

使用 SEO 流量分析工具进行网站流量分析，指导下一步的 SEO 策略，同时对网站的用户体验优化也有指导意义。

3. 网站关键词分析

关键词分析是进行 SEO 最重要的一环，关键词分析包括关键词关注量分析、竞争对手分析、关键词相关性分析、关键词排名、关键词布局等。

4. 网站链接优化

首先，向各大搜索引擎登录入口提交尚未收录的站点首页链接。其次，利用 SiteMap 等工具制作网站地图，让网站对搜索引擎更加友好化。让搜索引擎能通过网站地图就可以访问整个站点上的网页。然后对网站链接展开分析，对网站内外链、友情链接进行优化。

5. 网站内容优化

搜索引擎偏好有规律的网站内容更新，所以合理安排网站内容发布日程是 SEO 的重要技巧之一。网站目录优化包括网站的路径层次、目录命名优化等。

四、搜索引擎对网站的处罚

1. 处罚原因

网站被搜索引擎处罚最主要的原因是违反了搜索引擎禁止使用的手段来优化网站，比如使用了黑帽手段、在网站上挂黑链、利用了群发外链软件、使用了面目全非的改版网站。

SEO 过程中会出现以下误区，会招致网站被搜索引擎处罚。

（1）频繁修改网站。完美地向搜索引擎展示网站，是 SEO 从业新人普遍存在的心理。当发现网站存在优化问题时，便会一次次地进行修改，希望让网站对搜索引擎更加友好。事实上多次修改反而会适得其反。因此给搜索引擎留下网站不成熟的印象，从而延长对网站的考察期，进而影响了收录和排名。

（2）轻易修改 robots 文件。robots 文件可以说在一定程度上决定着网站的生死，robots 文件不能轻易修改。

2. 处罚结果

网站被搜索引擎封禁，蜘蛛便会谢绝访问，会导致关键词排名下降，首页不在第一名，内页收录大幅度减少。一旦被封禁，即使网站文章原创度再好、用户体验再好，也不会有收录和排名。

动手做一做

考察搜索引擎是否能够识别我们所选择的关键字的拼音形式。首先，在搜索引擎中搜索该关键字的拼音形式，然后查看返回的结果是否与选择的关键字一致。最后写出分析报告。

任务 3　了解百度算法和搜索规则

任务描述

2015 年百度算法经历了大幅修改后，许多网站在百度等搜索引擎的排名急剧下降，为了保持公司网站靠前排名，雅鹿电商部张总监要求小王从了解搜索引擎工作原理开始，通过实践摸索，了解百度的排名算法，能够尽快胜任 SEO 专员这份工作。

请你帮助小王一起学习百度算法和搜索规则。

任务分析

百度搜索引擎优化，需要针对百度搜索算法，利用百度搜索规则来提高网站的搜索排名。

知识准备

搜索引擎的排序算法一直在变化更新和调整之中，无论是 Google、Baidu，还是淘宝天猫搜索，其算法都是最保密的。研究搜索引擎算法是通往 SEO 最高境界的必经之路，需要长期的观察和经验积累。

任务实施

一、了解搜索引擎发展阶段和工作原理

1. 百度搜索引擎算法经历的三个阶段，如表 1-7 所示。

表 1-7　百度搜索引擎算法经历的阶段

阶　　段	百度搜索引擎算法
2003—2010 年	百度算法遵循超文本索引原理，即外链时代
2010—2012 年	百度推出绿萝算法—点击算法，即流量时代
2012 年至今	百度注重研究客户搜关键词的目的，开启用户体验度时代

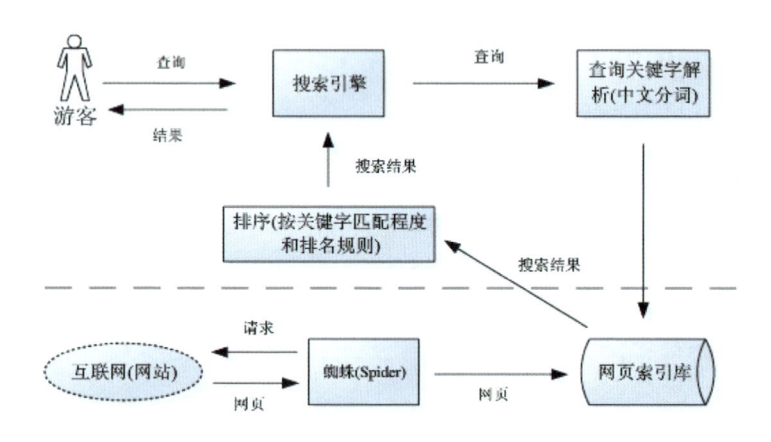

2. 搜索引擎工作原理

搜索引擎工作原理，如图 1-12 所示。

图 1-12　搜索引擎工作原理

搜索引擎优化原理就是遵循搜索引擎对网页检索、收录、排序的原则，细化到搜索引擎优化地具体执行。搜索引擎的排名要素主要由页面要素（链接流行度、用户行为、URL 的长度和深度）和搜索请求要素（关键词突出度，关键词密度，关键词内容）组成，可以用最近新公开的 SEO 公式表示如下。

$$SEO = \int CKLO = \int C_1 + K_2 + L_3 + O_4$$

其中∫是一个积分符号，SEO 就是一个长期的对"时间"积分的过程。其中 C＝content，代表网站的内容；L＝link，代表网站的链接；K＝keywords，代表网站关键词；O＝others，代表网站的其他因素：域名、网站架构、排版、URL、网站地图、用户体验等。

二、百度搜索引擎算法

1. 百度绿萝算法

2013 年 2 月 19 日，百度推出的搜索引擎反作弊算法——绿萝算法。该算法主要打击超链中介、购买链接等超链接作弊行为。该算法遏制了恶意交换链接的行为，有效净化了互联网生态圈。

百度绿萝算法

绿萝算法针对外链的传递，综合了不同站点内容的相关性、网站页面内容品质、网站更新频率、网站违规历史记录、网站的总权重值，从而综合判断页面链接的权重传递是否有效，当大量的权重传递失效后，网站的整站权重必然下降。

同时该算法增加了对隐藏链接的识别，隐藏链接一律没有权重，在友情链接平台出售友链的网站所导出链接全部不给予权重。

百度已经建设了一个友链平台的特征库，针对导入链接很多的网站，会加入疑似购买链接的数据库，进行重点监控和人工排查。

2. 百度石榴算法

百度石榴算法针对低质量网站，重点整顿含有大量妨碍用户正常浏览的恶劣广告的网站页面，对含有恶劣弹窗、大量混淆页面主体内容等垃圾广告的页面排序大幅下降。该算法有效提高了用户体验和搜索质量。

百度石榴算法

3. 百度冰桶算法

移动的弹出窗口非常影响用户浏览网页内容和用户体验。百度冰桶算法，主要针对移动搜索不利于百度的做法，该算法针对大面积弹窗广告、强行弹窗 APP 下载的移动网站，进行重点排查。冰桶挑战的流行让百度将这个算法冠名为冰桶算法。

百度冰桶算法

4. 百度白杨算法

白杨算法，为方便用户根据自身位置查找和使用本地信息与服务，帮助移动站点健康稳定地提升流量，百度移动搜索现提供地域优化服务。地域标签主要应用于移动搜索。而移动搜索检索机制支持用户搜索到 PC 站或移动站。白杨算法的效果，如图 1-13 所示。

百度白杨算法

图 1-13　白杨算法的效果

5. 百度外链操作算法

目前国内有近 1000 个博客平台，针对互联网 80%～90% 的站长都去新浪发外链的现状，2015 年百度外链算法作出调整，百度将平台相关性也纳入外链操作算法，百度鼓励将外链发到内容相关的博客平台。平台相关性高的外链，被百度收录的机会更大。例如，一篇 SEO 文章转载到站长之家的博客，而不是推荐到不相关的地方。

6. 百度用户满意度算法

2015 年以前，只要网页通过发外链的简单操作，就可以得到较好的百度排名，故 SEO 中有"外链为皇"的说法。从 2015 年开始，百度搜索算法明显改进，百度增加了用户满意度算法，搜索引擎会根据用户的行为轨迹（停留时间、跳出率等），判定页面是否合理，是否满足用户需求体验，从而给予排名分值。

三、搜索引擎决定网站排名的原则

1. 网站的相关性原则

因为搜索引擎在相应用户查询的时候会在索引库中大量的网站数据中寻找最相关的网站予以展现，通常是相关性最强的排名越靠前，网站中内容的相关与否会影响到排序结果。

2. 网站的权威性原则

搜索排名会根据网站的权威性，搜索引擎对该网站的认知度和信任度，其体现有百度权重，PR 值的估算，还有网站的收录、点击率、快照、外链等。

3. 网站的实用性原则

网站的实用性原则，是指网站能给用户带来的好处，是否满足了用户需求。实用性主要通过用户的访问数、访问时间、跳出率、评论数、转载数、收藏数等指标来判定。

动手做一做

请搜集总结出谷歌的算法，比较与百度算法的区别。

谷歌 PR 值算法公式如下：

$$PR(A)=(PR(B)/L(B)+PR(C)/L(C)+PR(D)/L(D)+\cdots+PR(N)/L(N))q+1-q$$

其中，PR(A)：指网页 A 的等级(PR 值)；PR(B)、PR(C)...PR(N)表示链接网页 A 的网页 N 的等级(PR)。

N 是链接的总数，这个链接可以是来自任何网站的导入链接（反向链接）。

L(N)：网页 N 通往其他网站链接的数量（网页 N 的导出链接数量）。

q：阻尼系数，介于 0～1 之间，谷歌设为 0.85。

项目 2

网站 SEO 信息查询

网站基本信息的获取是 SEO 的第一步，网站基本信息除了包括网站域名、基本信息、网站流量外，还包含网站的收录量、外链权重、关键词搜索排名、搜索流量构成、alexa 排名数据等。

网站 SEO 信息查询　项目 2

任务 1　收集网站 SEO 概况

🔍 任务描述

雅鹿公司的羽绒服产品销售旺季即将来临，为了更好地建设公司网站，宣传公司品牌，电商部小王开始用百度指数（http://index.baidu.com）、中国互联网络信息中心网站和 SEO 站长工具等，查询了解网站的基本概况，进行 SEO 信息查询，具体查询雅鹿公司网站 SEO 各指标内容，并进行分析总结，为下一阶段的 SEO 工作做好准备。

🔍 任务分析

百度指数是以百度海量网民行为数据为基础的数据分享平台，可以研究关键词搜索趋势、洞察网民兴趣和需求、监测舆情动向、定位受众特征等。

百度指数是用以反映关键词在过去 30 天内的网络曝光率及其用户关注度，它能形象地反映该关键词每天的变化趋势。百度指数是对以百度网页搜索和百度新闻搜索为基础的海量数据进行分析，用以反映不同关键词在过去一段时间里的"用户关注度"和"媒体关注度"。

🔍 知识准备

SEO 站长工具是站长的必备工具，可以了解网站 SEO 数据变化，还可以检测网站死链接、蜘蛛访问、HTML 格式检测、网站速度测试、友情链接检查、网站域名 IP 查询。常用的站长工具有站长之家网、爱站网、站长帮手网等。

在 SEO 方面做得相当出色的 ChinaZ 站长工具一直是国内站长工具类的鼻祖，依托于站长之家网站旗下，流量非常大。

爱站网是亿讯网络公司，为中文站点提供 SEO 服务的网站，主要为广大站长提供站长工具查询，目前网站访问量已超过百万，注册会员 100 万以上。

27

站长帮手网，为国内知名的站长工具网站，与站长之家网、爱站网为站长工具行业三巨头。其链接检查工具为国内最早、功能最强大的链接检查工具。

任务实施

一、网站概况分析

做搜索引擎优化的第一步就是让搜索引擎先知道网站的存在。向各大搜索引擎提交刚上线的网站网址，是网站上线后要做的第一件事，提交的地址就称为搜索引擎提交入口。

1. 查看域名信息

通过 http://www.whois.com 可以查看国际域名注册的信息、注册时间、到期时间等，国内域名查询可以使用 http://www.cnnic.cn，也可以使用另外一个工具：http://whois.domaintools.com/，查询结果如图1-14所示。

```
Domain Name ................. hanqishangdao.com
Name Server ................. dns25.hichina.com
                              dns26.hichina.com
Registrant ID ............... hc575835380-cn
Registrant Name ............. lin liu
Registrant Organization ..... han qi shang dao guo ji ren li zi yuan gu wen bei jing you
xian gong si
Registrant Address .......... Room 1206,Building B1, Long-
Range World Plaza, No.18 Su Zhou
Registrant City ............. beijing
Registrant Province/State ... beijing
Registrant Postal Code ...... 100080
Registrant Country Code ..... CN
Registrant Phone Number ..... +86.01082610210 -
Registrant Fax .............. +86.01082610210 -
Registrant Email ............ hanqishangdao@yahoo.com.cn
......
Technical City .............. Beijing
Technical Province/State .... Beijing
Technical Postal Code ....... 100011
Technical Country Code ...... CN
Technical Phone Number ...... +86.01064242299 -
Technical Fax ............... +86.01064258796 -
Technical Email ............. domainadm@hichina.com
Expiration Date ............. 2010-06-29 02:28:23
```

图1-14 域名查询结果

2. 域名历史查询

域名一般采取下面两步来判断：

第一步：在搜索引擎中，使用 site 命令查询是否有此域名的收录。例如：site:zhuifeng.net，查询结果如图1-15所示。

图 1-15　域名历史查询

　　site 命令中，使用带 www 的域名和不带 www 的域名，收录量是不一样的。不带 www 的域名的收录包含了带 www 的域名的收录情况。例如：site:seo998.com 就包含了 site:www.seo998.com 和 site:bbs.seo998.com。

　　如果搜索引擎中没有收录此域名，会显示"找不到和您查找相符的信息"等提示信息。出现此情况有两种可能：此域名从未有人使用过；此域名可能被搜索引擎封锁。

　　常用搜索引擎的提交入口地址：

　　（1）百度搜索网站登录口：http://www.baidu.com/search/url_submit.html

　　（2）Google 网站登录口：https://www.google.com/webmasters/tools/submit-url

　　（3）bing(必应)网站登录口：http://www.bing.com/toolbox/submit-site-url

　　（4）搜狗网站登录口：http://www.sogou.com/feedback/urlfeedback.php

　　（5）SOSO 搜搜网站登录口：http://www.soso.com/help/usb/urlsubmit.shtml

　　（6）360 网站登录口：http://info.so.360.cn/site_submit.html

　　提交后各个搜索引擎的收录时间有快有慢，被收录时间在几天到一个月之间。

　　第二步： 在 www.archive.org 网站上查一下该域名的使用历史。该网站无法访问时，可以代理访问 http://www.linkwan.com/gb/broadmeter/htmltest/htmhistroy.htm。

二、使用百度指数工具进行搜索指数查询

1. 查询产品的整体指数

　　搜索指数是以网民在百度的搜索量为数据基础，以关键词为统计对象，科学分析并计算出各个关键词在百度网页搜索中搜索频次的加权和。根据搜索来源的不同，搜索指数分

为 PC 搜索指数和移动搜索指数。百度指数的参考标准不仅仅是从百度搜索这个搜索入口提取的数据，还包含百度新闻源、百度知道、百度文库、百度经验等网页搜索的数据。

进入百度指数的首页，先在搜索框输入"雅鹿羽绒服"，然后点击旁边的按钮查看指数即可。

进入百度指数的数据首页，可以在"趋势研究"的栏目下，看到"雅鹿羽绒服"这款产品的整体指数。查询一个词的百度搜索指数，指数越高，说明每天搜索这个词的用户越多，说明这个词受到广大用户关注的程度越高。

移动搜索指数则是代表一个词在移动端大家对它的搜索热度，移动指数越高，就说明越多的人用手机在关注它，也意味着其在移动端的热度很大。

同比代表着该词和去年同一时间相比热度的变化，环比则是代表着该词和上周同一时间相比该词热度的变化。从指数近期的变化曲线图，可以看出一个产品热度的走势，更好地了解产品热度变化。"雅鹿羽绒服"的百度指数，如图 1-16 所示。

图 1-16　"雅鹿羽绒服"的百度指数

2. 查看百度指数的需求图谱

以"雅鹿羽绒服"为例，需求图谱内，看到和该产品相关的一些热门搜索词，用户对它们需求的变化情况。需求图谱可看作一个二维的矩阵，反映了搜索特定关键词的网民，在搜索这个词的同时还在搜索哪些词，关注哪些需求。圆点的大小代表搜索量，圆点越大表明搜索量越大；蓝色代表中心搜索关键词，橙色代表搜索量的上升，绿色代表搜索量的下降；从竖轴来看，高度越高，表明需求上升越快，即需求度加大。横轴是一个时间轴，

越靠近中心点就是表明两者相关性越大，越远离中心点就是两者的相关性越低。通过需求图谱，就可以很直观地看出：用户对于这款产品的哪些内容是需求大的，可以了解到用户近期的需求，如图 1-17 所示。

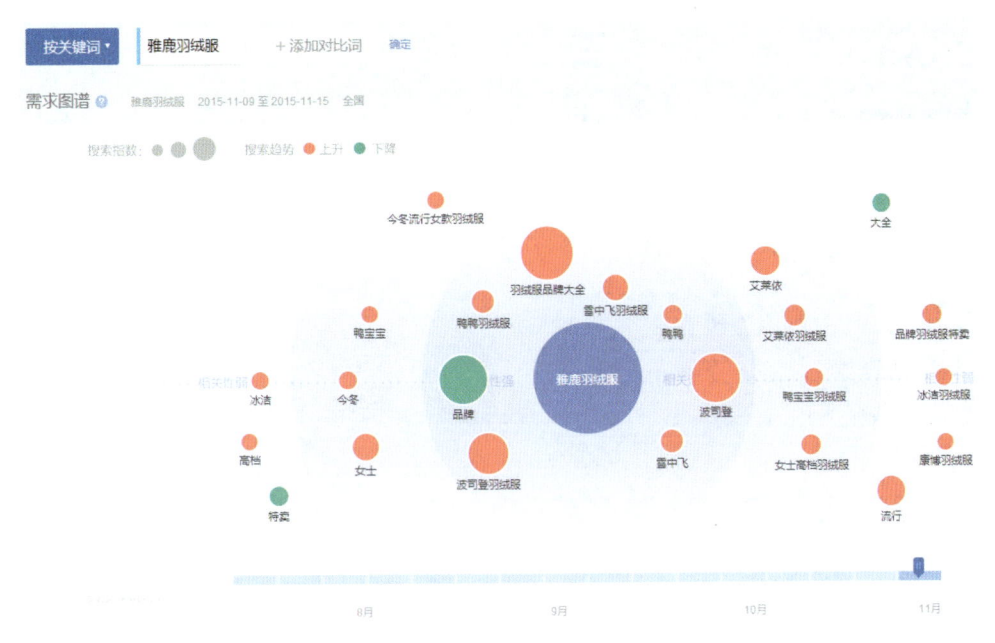

图 1-17 "雅鹿羽绒服"的需求图谱

思考：从上述需求图谱中，你发现了哪些信息？

❶ 需求分布考虑，图中越往上的点，说明什么问题？其中的红色点和绿色点，说明什么问题？

❷ 需求分布考虑，图中离开中心点越远的点，说明什么问题？

❸ 从图中找出相应的点，哪一些需求既很强，又是上升的？

"需求分布"是以"羽绒服"为核心，把与"羽绒服"的相关需求列出来，越往上的，说明这方面的需求是在上升，往下走的则说明这方面需求相比以前的需求是下降的。在上升和下降之间有条中间线，如果相关的需求在中间线附近则说明该需求没有太多变化。

离"羽绒服"圆圈右边越远的地方，它是代表相应的需求是在变弱的。一个需求是在上升，一个需求是在下降，另一个需求是在由强到弱。需求有上升、下降，需求强弱两种维度。

又如"雅鹿羽绒服"相关词分类，如图 1-18 所示。

相关词的类型，如表 1-8 所示。

搜索引擎优化

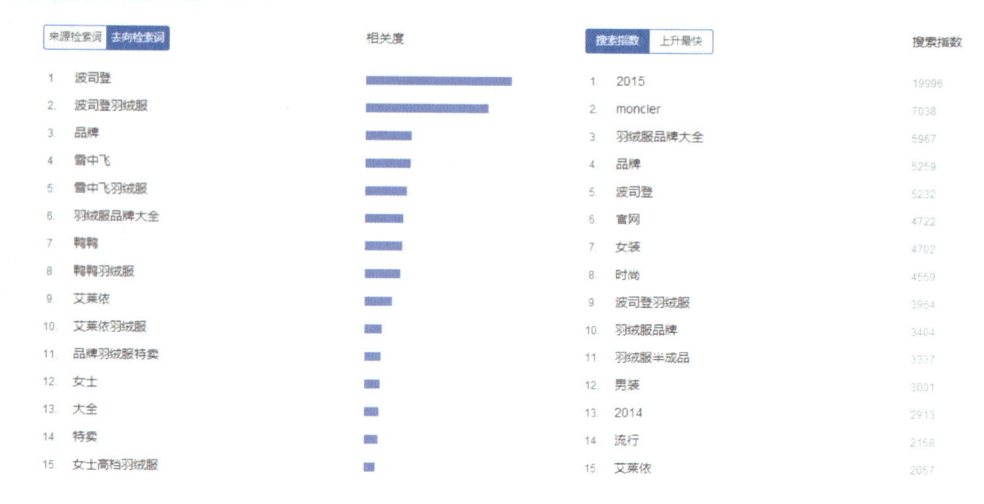

相关词分类	雅鹿羽绒服	全国			
来源检索词	**去向检索词**		相关度	**搜索指数** 上升最快	搜索指数
1.	波司登			1. 2015	19996
2.	波司登羽绒服			2. moncler	7038
3.	品牌			3. 羽绒服品牌大全	5967
4.	雪中飞			4. 品牌	5259
5.	雪中飞羽绒服			5. 波司登	5232
6.	羽绒服品牌大全			6. 官网	4722
7.	鸭鸭			7. 女装	4702
8.	鸭鸭羽绒服			8. 时尚	4559
9.	艾莱依			9. 波司登羽绒服	3964
10.	艾莱依羽绒服			10. 羽绒服品牌	3404
11.	品牌羽绒服特卖			11. 羽绒服半成品	3337
12.	女士			12. 男装	3001
13.	大全			13. 2014	2913
14.	特卖			14. 流行	2168
15.	女士高档羽绒服			15. 艾莱依	2057

图 1-18 "雅鹿羽绒服"相关词分类

表 1-8 相关词的类型

相关词 说明	来源相关词	去向相关词
作用	反映用户在搜索中心词之前还有哪些搜索需求	反映用户在搜索中心词之后还有哪些搜索需求
算法	过滤出中心词上一步搜索行为来源的相关词，按相关程度排序得出	过滤出关键词下一步搜索行为来源的相关词，按相关程度排序得出

3. 百度指数舆情管家

　　舆情管家主要是反映出媒体对产品的曝光趋势变化，换句话说就是媒体对其近期一段时间的曝光度。同时会将比较热门的曝光文章展示在下面，让用户可以及时了解到与该产品相关的新闻资讯，其实舆情管家就是个新闻监测工具。

百度指数舆情管家

动手做一做

　　百度是互联网流量最大的平台，依附于百度营销平台下面的百度知道、百度贴吧、百度文库、百度百科四大平台，完成以下两项推广任务：

　　（1）雅鹿公司新推出的新品"雅鹿薄款两面穿羽绒服"，到百度平台推广。以哈尔

32

滨和江苏地区 30～39 岁的男士为主要推广人群，制定该人群推广策略。

（2）"雅鹿女士中长款加厚羽绒服"，以东北地区 30～39 岁的女士为主要推广人群，制定该人群推广策略。

推广过程结束后，要求获得用户年龄、性别、区域、兴趣的分布特点等数据资料。

任务 2　网站 SEO 综合查询

任务描述

经过一个阶段的学习，雅鹿公司电子商务部小王已经基本胜任了 SEO 专员这个岗位工作，现在电商部张总监要求小王完成公司网站 SEO 综合查询工作。

任务分析

SEO 综合查询，涉及网站服务器信息检测和网站信息检查两部分内容。

知识准备

SEO 综合查询可以查到该网站各大搜索引擎的信息，包括收录、反链及关键词排名，也可以一目了然地看到该域名的相关信息，比如域名年龄、相关备案等，以便及时调整优化网站。

任务实施

一、网站服务器查询

服务器是网站运行最基础的设施，如果服务器出现故障，不但会影响用户对网站的访问，降低网站的用户忠诚度，而且还会降低搜索引擎对网站的信任度。

网站服务器也称网站空间或网站主机，网站的三大组成部分之一，做 SEO 要从最基础的网站三要素开始。网站服务器 SEO 查询内容涉及服务器类型、服务器响应速度、服务器响应文本等指标。

1. 服务器类型查询

服务器信息的查询方法：使用 http://www.atool.org 或者使用爱站工具包中的"页面 HTTP 状态查询"工具等方法，查询雅鹿公司网站服务器，如图 1-19 所示。

图 1-19　查询雅鹿公司网站服务器

雅鹿公司网站服务器，页面 HTTP 状态查询的返回内容，如表 1-9 所示。

表 1-9　网站服务器 SEO 查询内容

查询项目	返回的查询信息
服务器类型	Server Apache/2.2.26 (Unix)
文档的最后改动时间	Last-Modified :Wed, 11 May 2016 08:39:57 GMT
服务器响应	ETag "c85974-3540-5328cfc8d58e5" Accept-Ranges bytes Content-Length 13632 Connection close
服务器响应的文本内容类型	text/html

（1）页面缓存标识 Last-Modified。在浏览器第一次请求某一个 URL 时，服务器端的返回状态会是 200，返回给客户端的内容是 HTTP 请求的资源，同时有一个 Last-Modified 的属性标记（Http Response Header），此文件显示在服务器端最后被修改的时间，格式类似这样：Last-Modified: Web, 11 May 2016 08:39:57 GMT。

（2）页面缓存标识 ETag。HTTP 协议规格说明定义 ETag 为"被请求变量的实体标记"，即服务器响应时给请求 URL 标记，并在 HTTP 响应头中将其传送到客户端。

服务器端返回的格式：ETag: "5d8c72a5edda8d6a:3239"。

客户端的查询更新格式：If-None-Match: "5d8c72a5edda8d6a:3239"。

如果 ETag 没改变，则返回状态 304。

在客户端发出请求后，Http Response Header 中包含 Etag: "5d8c72a5edda8d6a:3239" 标识，等于告诉客户端，其拿到的资源有标识 ID：5d8c72a5edda8d6a:3239。当下次需要发 Request 索要同一个 URL 的时候，浏览器同时发出一个 If-None-Match 报头（Http Request Header），此时报头中信息包含上次访问得到的 ETag: "5d8c72a5edda8d6a:3239" 标识。

If-None-Match: "5d8c72a5edda8d6a:3239"。

这样，客户端等于缓存了两份信息，服务器端就会比对两者的 ETag。如果 If-None-Match 为 False，不返回 200，会返回 304（Not Modified）Response。

2. 网站速度诊断

使用诊断网站速度的在线工具——卡卡测速网：http://www.webkaka.com，测试雅鹿公司网站元素的下载到本地客户端速度，如图 1-20 所示。

诊断网站速度

图 1-20　雅鹿公司网站元素下载到本地客户端的速度测试

二、百度权重查询

雅鹿网站的百度权重分析，用站长工具来查看，雅鹿的百度权重是 1，如图 1-21 所示。

百度权重查询

图 1-21　百度权重查询

百度权重和谷歌 PR 值也有相似之处，都是网站的整体评定，不代表网站的局部关键词排名。一般而言，网站流量值与百度权重的关系，如表 1-10 所示。

表 1-10　网站流量值与百度权重的关系

IP 网站流量	百度权重
0～99	权重 1
100～499	权重 2
500～999	权重 3
1000～4999	权重 4
5000～9999	权重 5
10000～49999	权重 6
50000～199999	权重 7
200000～999999	权重 8
1000000 以上	权重 9

三、网站关键词查询

使用爱站工具包中的"关键词查询"工具等方法，查询雅鹿公司网站关键词，如图 1-22 所示。

图 1-22　爱站工具包中的"关键词查询"工具

动手做一做

选定某电商网站，使用在线搜索蜘蛛的模拟工具 http://tool.chinaz.com/Tools/Robot.aspx，输入网站网址，通过该网站的关键字，检索并记录以下数据：该页面一共被抓取多少个字符，其中中文字符包含多少个，包含关键字多少个，所占比例为多少。

任务 3　用户行为和体验度分析

现在的搜索引擎已经发展进入"用户体验"时代，如今 SEO 3.0 越来越重视用户体验，网站的用户体验逐渐成为网站排名的决定性因素。在 SEO 过程中，SEO 工作者会由浅入深思考三个问题：从寻求"我的网站有多少人来访？"，到思考"谁在访问我的网站？"，再探求"我的网站为什么被用户喜欢？"，寻找真正的用户需求。

任务描述

利用"易分析"工具和百度搜索引擎，分析某一电子商务网站，进行用户体验度分析。

任务分析

使用用户行为分析软件，分析网站用户的访问行为。搜索引擎从网站跳出率和平均访问时长、网站用户的忠诚度、网站的可访性、网站的易查度、网站用户参与度等分析用户体验度。

知识准备

一、用户行为和体验度

1. 用户行为

用户行为，就是访客在进入网站后所有的操作。分析网站用户行为，有利于满足网站的用户需求，提升网站信任度。

2. 分析用户行为的途径

分析用户行为的途径，主要包括以下六个：

（1）用户在网站的停留时间、跳出率、回访者、新访问者、回访次数、回访相隔天数；

（2）用户所使用的搜索引擎、关键词、关联关键词和站内关键字；

（3）用户选择什么样的入口形式（广告或者网站入口链接）更为有效；

（4）用户访问网站流程，用来分析页面结构设计是否合理，页面顺序与用户视觉权重，遵循"F"形视觉浏览规律，箭头标示用户视觉路径，如图1-23所示；

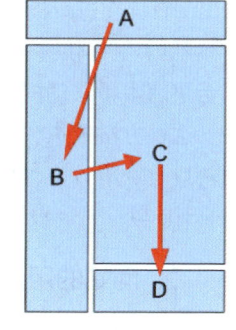

图1-23 页面顺序与用户视觉权重

（5）用户在页面的上的网页热点图分布数据和网页覆盖图数据；

（6）用户在不同时段的访问量。

3. 网站路径分析

当进行了流量细分之后，SEO工作者就想要开始了解这些流量在网站上的行为深度。当用户通过搜索访问到网站，SEO工作者需要知道用户的访问目标。

用热力图分析网页

（1）网站关键路径的入口。访问者进入网站，在这一步经常发生的问题是跳出，也就是访问者直接放弃路径入口。

（2）发现。当访问者每看到一个新的页面时首先都需要浏览，而能不能发现关键路径的入口和每一步中的重要信息，则是访问者是否继续前进的前提条件。最好是对访问者如何离开网站的路径分析。

4. 网站用户浏览路径的测试

网站路径追踪，使用三种方法对页面进行测试，分别是眼动追踪测试、鼠标轨迹追踪和眯眼追踪测试。这三种方法都是在访问者刚打开页面，未发生鼠标点击前进行的测试。

网站路径分析

（1）眼动追踪测试。通过眼动追踪测试，可以判断网页界面元素被关注的程度。在2016年进行的眼动分析研究中，Mediative公司邀请了49位不同性别、年龄的测试者。要求他们在iPhone 5上使用谷歌完成共计41项搜索任务。通过使用了X2-60 Tobii移动设备眼动跟踪器来监测参与者注意到了屏幕的哪些区域，首次注意的时长，看过的人数和不同位置的点击人数。

（2）眯眼测试。眯眼测试法原来是指眯起眼睛来观察模糊的页面，测试能否从中发现关键元素。而更方便的做法是将页面截图，并进行模糊处理来辨别页面中的关键元素。

这种方法的好处是排除了页面中文字和图片和功能的干扰。在这种情况下部署合理、重点突出的页面在进行模糊处理后，访问中仍能通过位置及色彩快速的发现重点元素。

（3）鼠标轨迹追踪。鼠标轨迹追踪与眼动追踪测试比要稍有延迟，因为鼠标移动轨迹会跟随眼镜移动的轨迹，所以通过记录鼠标的轨迹可以发现访问者对每一页浏览的顺序。这种方法成本较低，就是通过鼠标轨迹追踪工具记录的访问者鼠标在网站页面的移动轨迹及点击行为，后面会有具体的测试工具推荐。使用 mouseflow 鼠标轨迹工具或者 Clicktale 鼠标轨迹报告进行测试。

二、网站的用户体验

用户体验是指一个用户访问某个网站的体验效果，这个网站是否有用户想看到的内容和是否能为用户提供有价值的内容。用户体验指标有如下三个：

1. 跳出率

跳出率＝访问一个页面后离开网站的次数/总访问次数，假设 10 月份网站访问量是 120 000 次，其中 80 000 次在访问一个页面后就离开了网站，那么该月网站跳出率就是 80 000/1200 00≈0.66（66%）。跳出率说明了访客对网站的喜爱程度，也说明网站用户体验度。网站跳出率越高，访问时间就越短，说明用户就越不喜欢网站，网站用户体验越不好。

2. 新老访客率

通过新老访客数据的对比，可以了解到网站本身对访客的吸引程度。老访客的不断光顾，说明了网站本身有访客需要的东西，用户体验度好。

3. 忠诚度

忠诚度主要涉及访问页面、访问深度、访问时长等数据，也能很好地反映访客对网站的喜爱程度。

任务实施

"易分析"软件是提供基于画像的新一代用户行为分析工具，它提供 Web+Wap+App 跨屏跟踪，为网站提供访客实时分析、用户画像分析、访客画像分析、访客标签分析、电商数据分析等一系列数据。

一、使用"易分析"软件，完成注册

在易分析网站（http://www.phpstat.net/index.php?mod=order）完成用户注册分析，添加需要分析的站点，创建用户分组。

二、构建访客画像标签，完成访客行为分析

1. 构建访客画像标签

通过易分析用户行为模型功能，构建用户标签，用户事件模型包括：时间、地点、人物三个要素。每一次用户行为本质上是一次随机事件，可以详细描述为：用户在什么时间什么地点，做了什么事。构建实时用户画像的数据，如图 1-24 所示。

图 1-24　实时用户画像的数据

2. 访客行为分析

访客行为分析包括在线时长、回放次数、标签点击等数据。通过易分析（http://www.phpstat.net/solution/94.html）反馈访客的行为，对其行为做标记，如图 1-25 所示。

三、用户行为和用户体验度检测

1. 跳出率和平均访问时长检测

使用百度统计工具，查询用户访问网站的跳出率和平均访问时长。

2. 网站的可访性和易查度检测

（1）网站的可访性是用户体验度的重要指标。使用百度统计工具，查询网站的可访性。

（2）网站的易查度是网站结构层次是否有利于用户点击访问的指标。网站的层次一般不要超过 5 级，否则不但用户访问体验不好，搜索引擎蜘蛛也很难抓取网站页面。

搜索引擎优化

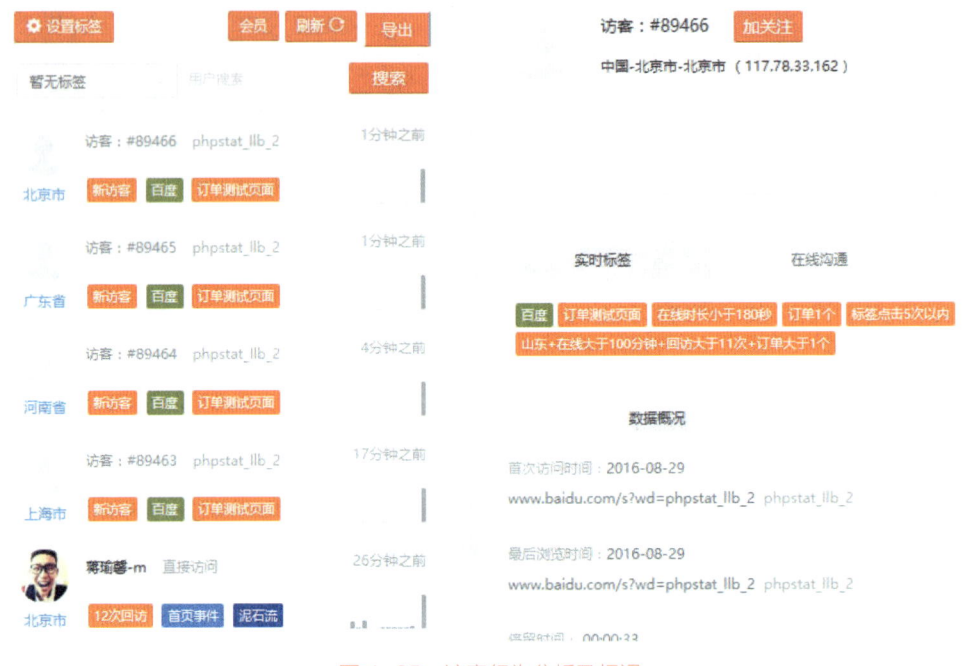

图 1-25　访客行为分析及标记

四、用户访问路径分析

1. 用户是如何通过搜索引擎来到目的网站

按照网站中的结构和导航设置，将关键访问者按行为模式分为三类。

第一类是目的明确型的访问者。这类访问者知道自己想要什么，通常他们会选择通过站内搜索直接寻找信息。例如，我们在买书的时候直接输入书的名称进行搜索。

第二类访问者是目的模糊型访问者，这类访问者大概知道自己想要的东西在哪一类，但不确定具体是什么。例如，我们想买一件男士衬衫，会从男装、男上装、衬衫的分类逐级筛选浏览。

第三类访问者是无目的浏览型访问者，这类访问者没有明确的目标，只是想来看一下。通常他们会从推荐开始进行浏览。

三种不同的行为模式构成了同一目的下的三种不同的关键访问路径。

2. 用户进入网站后的浏览习惯

经过分析页面内容的点击量，会发现用户的浏览习惯中，对于页面最关注的区域是呈现一个"F"形状的区域，对此如图 1-26 所示。

网站 SEO 信息查询　项目 2

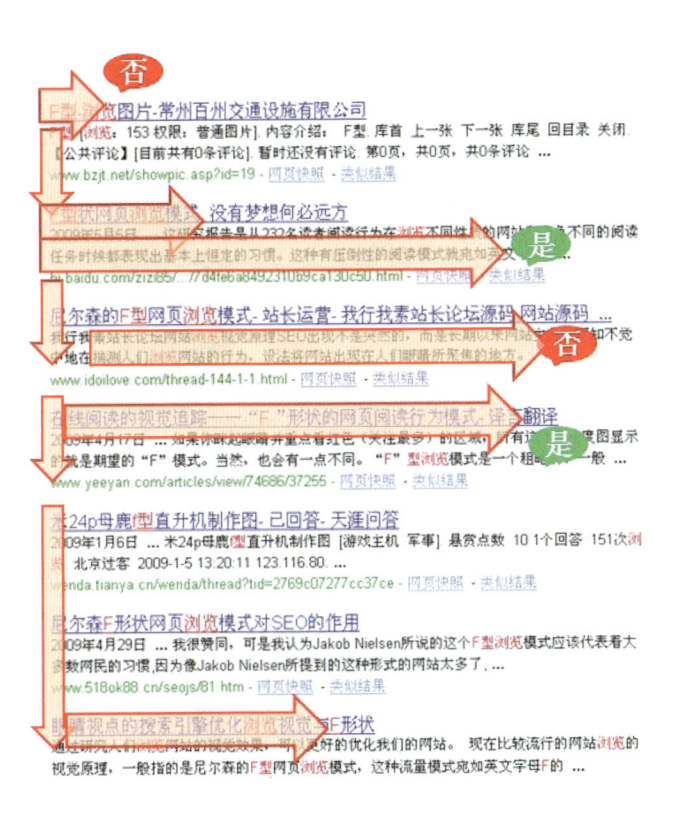

图 1-26　用户的浏览习惯

上图中箭头是浏览者的视觉路径，其中"是"部分的区域是用户最关注的区域。了解用户的这一习惯对 SEO 工作者很重要，既然用户在这一区域的关注度最高，就需要把高质量的内容部署在这一个区域。如果把内容部署在其他区域，当访客进入内容页面，发现在所关注的区域内找不到想要的内容，那么大多数访客就没有耐心去寻找查看。

3. 用户离开网站的原因分析

导致访问者离开，访问者在关键路径中未能完成目的的情况有三种：第一种是访问者在关键路径入口直接离开，也就是跳出；第二种是访问者在关键流程中的页面退出网站，也就是退出；第三种是访问者在关键流程中离开，但并未退出网站，也就是流失。这三种情况，如图 1-27 所示。

（1）跳出的关键页面分析。第一种情况访问者在关键路径入口的跳出有两个原因，第一个原因是访问者自身的原因，第二个是路径入口页面的原因。区分这两类原因最好的方法是进行对比，将不同的访问者在同一路径入口的表现进行对比，如果大部分访问者没有跳出则说明是访问者的原因。而如果大部分访问者都跳出了，就可能是路径入口页面的原因。

43

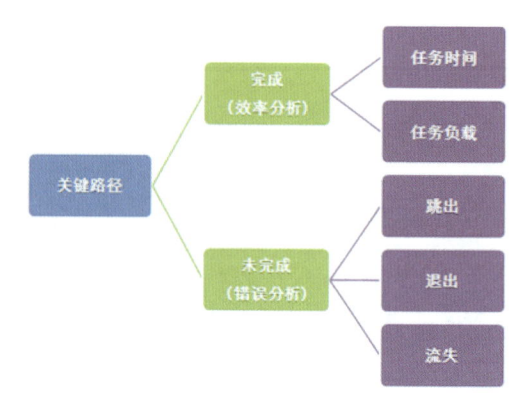

图 1-27　用户访问的关键路径

（2）退出的关键页面分析。第二种情况访问者在关键路径中离开网站需要我们对离开的情况和页面进行细分。如果访问者在任务的过程页面离开，说明任务过程或功能中存在问题。如果访问者在一个任务结束后离开网站，并未进入下一个任务则可能是访问者自身的问题，例如：任务中途被打断或改变任务。也可能是两个任务之间的步骤出现问题。例如：对于站内搜索来说，如果访问者在搜索完关键词未点击搜索结果离开，则可能是搜索本身的功能问题，未提供满意的结果。如果是访问者点击的搜索结果，到达信息详情页离开，则可能本次访问者的目的是查看信息，也可能是信息详情页本身存在问题，需要进行对比和测试，进一步分析。

（3）流失的关键页面分析。第三种情况访问者在关键路径中离开，但并未退出网站。这时需要对造成访问者离开路径的关键页面进行分析，寻找引导访问者离开关键路径的链接。这里分为两种情况，第一种是访问者通过全局导航离开，第二种情况是访问者通过非全局导航的其他链接离开，例如推荐信息或广告。对于第一种情况通过全局导航离开，应属于访问者的主动行为。可能是访问者临时改变目的。而对于第二种情况，则可能由于不必要及错误的引导导致访问者离开，应尽量避免。

动手做一做

1. 请进入雅鹿公司网站，使用"mouseflow 鼠标轨迹工具"，根据 Clicktale 鼠标悬停时间报告，进行如下分析：

（1）请分析该网站的哪些页面促使用户退出了网站？哪些页面关系到网站的转化？

（2）网站内用户是否存在"迷路"的情况？如果存在，绘制出该网站失败的导航线路。

（3）请绘制出该网站成功的导航线路。

2. 用户的浏览习惯中对于页面最关注的区域是呈现一个"F"形状的区域，请选择电子商务网站进行对应的验证，并进行相关文字说明。

实验一 搜索引擎使用

一、实验目的

1. 了解搜索引擎的搜索方法；
2. 会使用搜索引擎的高级搜索功能。

二、实验内容

1. 体验不同搜索引擎的高级搜索功能；
2. 利用搜索引擎高级搜索技巧收集相关信息。

三、实验过程

1. 在网上寻找有一定知名度的电子商务企业。

（1）从备选网站中选定一个企业网站；

（2）浏览该网站并确认该网站最相关的 2~3 个核心关键词；

（3）关键词在百度搜索引擎进行检索，了解该网站在搜索结果中的表现，如排名、网页标题和摘要信息内容等，同时记录同一关键词检索结果中与被选企业同行的其他竞争者排名和摘要信息情况；

（4）根据有关信息分析被调查网站的搜索引擎友好性。

附：本实验备选的 10 个网站网址，如表 1-11 所示。

表 1-11 备选的 10 个网站网址

网站名	网址
杉杉控股官方网站	www.shanshan.com.cn
鸭鸭公司官方网站	www.yaya.com.cn
千仞岗公司官方网站	www.qianrengang.com
鸭宝宝公司官方网站	www.ybb.com.cn

续　表

网站名	网　　址
艾莱依公司官方网站	www.eral.com.cn
椰树集团官方网站	www.yeshu.com
雅戈尔官方网站	www.youngor.com
雅鹿控股集团官方网站	www.yalu.com.cn
红豆集团官方网站	www.hongdou.com.cn
波司登官方网站	www.bosideng.com

2. 搜索引擎进行信息查询。

（1）把搜索范围限定在网页标题中。网页标题通常是对网页内容提纲挈领式的归纳。把查询内容范围限定在网页标题中，有时能获得良好的效果。使用的方式，是把查询内容中，特别关键的部分，用"intitle:"领起来。例如，查找中老年雅鹿羽绒服，就可以这样查询：中老年 intitle:雅鹿羽绒服。

注意，intitle:和后面的关键词之间，不要有空格。

（2）把搜索范围限定在特定站点中。如果知道某个站点中有自己需要找的东西，就可以把搜索范围限定在这个站点中，提高查询效率。使用的方式，是在查询内容的后面，加上"site:站点域名"。注意，"site:"后面跟的站点域名，不要带"http://"；另外，site:和站点名之间，不要带空格。例如，搜索查询天空网，就可以这样查询：site:skycn.com。

（3）把搜索范围限定在 URL 链接中。网页 URL 中的某些信息，常常有某种有价值的含义。如果对搜索结果的 URL 做某种限定，就可以获得良好的效果。实现的方式，是用"inurl:"，后跟需要在 URL 中出现的关键词。例如，找关于 photoshop 的使用技巧，可以这样查询："photoshop inurl:jiqiao"。

上面这个查询字符串中的"photoshop"，是可以出现在网页的任何位置，而"jiqiao"则必须出现在网页 URL 中。

注意：inurl:语法和后面所跟的关键词，不要有空格。

四、实验结果

实验完成后，按照实验内容书写实验报告，内容包括实验的操作过程和实验体会。

课后练习题

一、填空题：

1. 搜索引擎优化 SEO，可分为_____和_____两大类。

2. 网站 SEO 的最终目的就是带来_____，通过分析网站流量统计数据，可以得知浏览者是搜索_____找到网页的。

3. SEO 排名的影响因素很多，比如域名的注册时间，服务器空间的速度和稳定性，网站整体结构，_____是否是原创，内部链接，外部链接等因素。

4. 搜索引擎优化至少包括：_____、网站分析、_____、_____、流量分析、_____等步骤。

5. _____是网站建设中针对"用户使用网站的便利性"所提供的必要功能，同时也是"研究网站用户行为的一个有效工具"。高效的站内检索可以让用户快速准确地找到目标信息，从而更有效地促进产品和服务的销售，而且通过对网站访问者_____的深度分析，对于进一步制定更为有效的网络营销策略具有重要价值。

二、选择题（不定项选择题）

1. 以下（　　）说法是错误的。
   A. 搜索引擎对静态页面更友好
   B. 搜索引擎更喜欢原创内容
   C. 搜索引擎对新站排名更好
   D. 搜索引擎对动态页面更友好

2. 以下对应命令错误的是（　　）。
   A. site：查网站收录情况
   B. domain：查百度反向链接
   C. link：查谷歌反向链接
   D. 搜索框直接输入网址就能查收录以及反向链接

3. 根据 CNNIC 的统计，大约有（　　　）的网民不会记忆网址去登录网站，而是通过查询引擎检索关键词访问检索到的网站。

　　A. 20%　　　　　　B. 70%　　　　　　C. 90%　　　　　　D. 30%

4. 搜索引擎营销是指（　　　）。

　　A.通过搜索引擎进行产品营销

　　B.通过搜索引擎进行服务营销

　　C.通过搜索引擎进行服务和产品的营销

　　D.通过搜索引擎进行优化

5. 以下哪项不属于 SEO 范畴的是（　　　）。

　　A.网站设计符合搜索引擎检索习惯

　　B.提高网站在搜索引擎排名

　　C.提升网络营销效果

　　D.调整控制竞价出价

6. SEO 英文全拼是（　　　）。

　　A. Search Engine Office

　　B. Systems Evaluation Office

　　C. Search Engine Optimization

　　D. Senior Executive Officer

三、问答题

1. 什么是搜索引擎优化？

2. link 与 domain 有什么区别？

3. 网站页面点击率过低的原因有哪些？

模块二 SEO 网站的数据分析

网站数据分析是通过观察、调查、统计等方法，通过数据报表显示的形式，了解网站的运营情况，达到调整网站 SEO 的目的。

网站数据分析都是由目标、分析、评估、决策四个环节组成。网站数据分析的内容有行业数据分析、竞争对手分析、域名评估、网站内容分析、网站用户体验测量、SEO 的各项数据分析、网站用户行为和需求分析、客户数据的收集等。

项目 1

竞争对手网站分析

分析竞争对手的目的是通过了解竞争对手网站优缺点，更好地建设自己的网站。那么应从哪些方面分析竞争对手网站呢？网站数据分析具体由哪几个环节组成呢？

竞争对手网站分析围绕六个方面展开：❶ 主机域名年龄；❷ 收录网页的数量与质量；❸ 网站 PR 值和百度权重；❹ 快照更新时间；❺ 网站内部分析；❻ 外链的数量和质量。

分析竞争对手网站的工具有很多，常用工具有：51 啦站长工具、中国站长工具、百度站长工具等。

竞争对手网站分析 项目1

任务 1　收集竞争对手基本情况

任务描述

雅鹿公司是中国羽绒服生产的龙头企业。雅鹿公司电子商务部袁总监给小王布置了新任务：要求完成收集分析公司的竞争对手——波司登网站的基本情况，并写出竞争对手分析报告。请你帮助小王完成这一任务。

任务分析

竞争对手 SEO 分析从确定竞争对手开始，应包括网站域名分析、网站权重分析、网站收录分析、竞品分析等内容。

任务实施

一、竞争对手基本诊断

1. 确定竞争对手

通过天猫首页搜索，获得中国羽绒服十大品牌，这些都是雅鹿公司的竞争对手，其中最大的竞争对手就是波司登，如图 2-1 所示。

图 2-1　确定竞争对手

2. 竞争网站域名信息

域名是网站建设的必要的条件，是互联网公司以及站长最重要的无形资产之一。所有网站内容、流量都与特定域名相联系。一个好的域名对 SEO 及网站运营都有一定的影响。波司登公司网站有两个域名：www.bosideng.com 和 www.bosideng.cn。使用 ChinaZ 站长工具的 whois，进行域名查询结果，完成表 2-1。

表 2-1 域名查询结果

查询项目	http://www.bosideng.com 波司登官方网站	http://www.bosideng.cn 波司登旗舰店官方网站
域名状态		
域名创建时间		
域名更新时间		
域名到期时间		
域名年龄		

3. 域名分析

（1）**波司登公司域名解析**。点击 Windows 操作系统的"开始"—"运行"，打开 DOS 命令窗口，输入 ping www.bosideng.com 命令，进行域名解析，如图 2-2 所示。

该公司域名是 com 域名，IP 地址是 58.211.191.107。使用 ChinaZ 站长工具检测该域名的结果，如图 2-3 所示。

使用爱站网检测 bosideng.cn 公司域名备案，结果如图 2-4 所示。

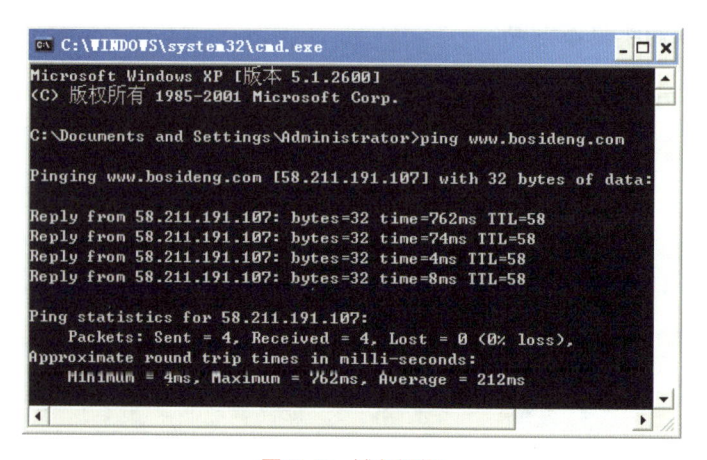

图 2-2 域名解析

竞争对手网站分析 项目1

域名	bosideng.com [whois 反查]
	其他常用域名后缀查询：cn com cc net org
注册商	XINNET TECHNOLOGY CORPORATION
联系人	Yu Zhendong [whois反查]
联系方式	yzd3000@163.com [whois反查]
更新时间	2015年08月21日
创建时间	1997年04月15日
过期时间	2020年04月16日
公司	Jiangsu Bosideng Downwear Co., Ltd.
域名服务器	whois.paycenter.com.cn
DNS	NS17.XINCACHE.COM
	NS18.XINCACHE.COM

图 2-3　域名检测结果

备案查询	请输入你要查询的地址：bosideng.cn
	点击显示 验证码：□ 输入验证码可以查询最新数据，不填则是缓存
主办单位名称	上海波司登电子商务有限公司
主办单位性质	企业
网站备案/许可证号	沪ICP备14036694号-2
网站名称	波司登电子商务
网站首页网址	www.bosideng.cn
审核时间	2015-06-25.

图 2-4　域名备案查询

（2）波司登公司的移动域名。移动域名是针对手机网站设计的域名。但该域名属于新一代顶级域名，波司登公司的移动域名是 bosideng.mobi，如图 2-5 所示。

域名查询结果

bosideng.mobi　　　　　查询Whois

图 2-5　波司登公司手机移动域名

（3）波司登公司的中文域名。网站的中文域名是 www.波司登.com。该域名合理简单。

4. 域名中包含关键词对优化的影响

注册域名时要考虑到域名中要包含主关键词，这可能会对网站主关键词的优化起到相应的作用。从用户体验度的角度考虑，简短的域名更容易被客户记住，更容易表达出品牌的知名度。

53

5. 竞争对手网站基本信息查询

使用 70 分类目录,对波司登羊绒大衣的官方网站 www.ebosideng.com,进行网站基本信息查询,如图 2-6 所示。

图 2-6 网站基本信息查询

上图显示域名为 www.ebosideng.com 网站的百度权重为 0,PR 值为 0,说明该网站是一个新建网站。

6. 网站收录分析

网站建成后,被搜索引擎收录一般要经历的两个阶段:❶将网站域名提交到搜索引擎网站;❷然后过一段时间,查询网站收录情况,并进行收录数据的分析。网站收录分为自动收录和提交收录两种。

查询网站收录方法:"site:后面跟主域名前不加 www",例如:site:bosideng.com,如图 2-7 所示。

图 2-7 搜索引擎自动收录网站

百度收录的情况会返回一个分值。例如，返回"28/-1"：28 说明百度收录了该网站的 28 篇文章，-1 说明该网站首页没出现在百度第一页的搜索记录里。

很多 SEO 新手都会掉入一个误区：仅从收录页面数量来判断网站的收录状况。但事实上，网站收录页面数量只是表面现象，参考价值不大。必须去深入挖掘潜在更有价值的数据——收录比例。收录比例可以通过以下公式进行计算：

$$CR（收录比例）= CW（收录总量）/ TW（网页总量）$$

只要统计出页面总数和收录总数，通过公式计算出来 CR（收录比例），就可以判断出网站整体权重。

影响网站权重的因素有很多，有网站搜索流量、网站信任度、站内优化、站外链接等，如图 2-8 所示。

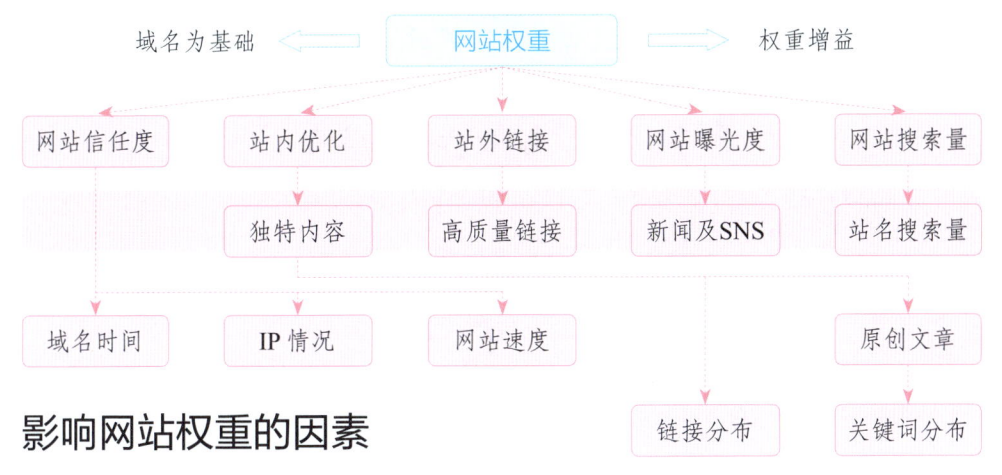

图 2-8　影响网站权重的因素

进入爱站网的百度权重 http://baidurank.aizhan.com/，波司登网站的百度权重分析，用站长工具来查看，如图 2-9 所示。

图 2-9　波司登网站百度权重

从图 2-9 中可以分析出波司登网站的百度权重、百度移动权重、百度来路等相关信息。如果收录比例太低，说明网站权重不高。通过这个数据可以进一步查找问题所在，可能存在的问题有页面内容相似度太高、原创性太低、服务器不稳定、内链结构缺陷、权重太低等诸多影响收录因素。

7. 竞争对手目标用户群分析

（1）**用户定位分析**。使用百度指数的舆情分析功能，从性别、年龄、爱好、职业、身份、价格、物流服务、用户体验等角度，分析己方产品与竞争对手产品的相同与不同之处。

（2）**产品使用场合分析**。用户会在什么场景下使用产品？从这些场景会对用户使用产品的影响方面考虑问题。

动手做一做

1. 选定某一网站，通过域名 whois 信息分析，填写表 2-2。

表 2-2　域名 whois 信息分析

网　　站	日　　期
创建时间（created time） 到期时间（expired time）	
更新时间（updated time）	

2. 网站被搜索引擎收录情况分析

使用爱站网站长工具统计网站被各大搜索引擎的收录数量和网站反向链接数，填写表 2-3。

表 2-3　搜索引擎的收录数量和网站反向链接数

搜索引擎	百度	谷歌	雅虎	微软	搜狗
收录数量					
反向链接数					

3. 关键词密度分析，请填写表 2-4。

表 2-4 关键词密度分析

网站	关键词密度	关键词在本页中文字的比例	关键词分布

任务 2 竞争对手网站 SEO 分析

任务描述

小王是雅鹿公司电子商务部的 SEO 专员，作为 SEO 新手，小王开始使用百度站长平台（http://zhanzhang.baidu.com/）和中国站长平台（http://tool.chinaz.com），查询竞争对手网站，了解网站流量统计，从网站结构、网站 PR 值、网站访客数据、网站收录量等方面进行对照分析，完成竞争对手网站的分析报告，请你帮助小王完成这一任务。

任务分析

首先是选择竞争对手，雅鹿公司主营羽绒服。2016 年羽绒服十大品牌有波司登、艾莱依、雅鹿、千仞岗、鸭鸭、鸭宝宝、红豆、雁皇、雪中飞、杰奥。查询确定其竞争对手，然后使用站长工具，选择竞争对手网站搜索相关网站数据，进行对比分析。

知识准备

分析竞争对手网站常用的五步分析法。

一、确定主要竞争对手

做 SEO 第一点就是要找到竞争对手，百度一下自己的核心关键词，查看前 5 页的文章页面，就可以确定主要竞争对手的网站。

二、网站大数据分析

使用 5118 大数据平台（http://www.5118.com/）进行分析。首先输入竞争对手的网站地址，点击搜索，就会出现该网站的综合分析，会详细列出该网站详细的 SEO 状况，这些信息都会间接反映该网站的优化状况。从权重、快照更新时间、域名年龄、排名趋势等信息可以了解竞争对手的具体实力情况。关键词分析，可以让 SEO 工作者知道竞争对手流量是来自哪些关键词。

三、网站基本数据分析

网站基本数据可以通过 ChinaZ 站长工具分析来获取。打开站长工具 SEO 综合分析网址：http://seo.chinaz.com/，输入需要查看的竞争对手的网址。

注意：带 www 和不带 www 是有区别的，两者代表不同的站点，查询出来的数据是不一样的，所以输入的时候，根据自己的时间情况查看，然后点击查询。

查看竞争对手的权重信息，PR 值信息和首页导出链接、导入链接信息、域名年龄，可以全面了解到竞争对手的信息。

四、网站内容数据分析

1. 网站整体结构框架分析

通过对竞争对手网站进行整体结构框架，可以了解竞争对手网站内容建设方向及占比，可以通过 robots.txt 文件（路径为：www.域名.com/robots.txt）找到竞争对手网站地图（http://www.域名.com/sitemap.xml），然后做进行数据清洗，统计出不同页面模板的占比，制作饼图，直观分析出各页面模板占比。

2. 站内优化分析

一个网站的 SEO 优化效果可以从观察分析网站的页面设计是否符合用户体验、目录的深浅，网站各栏目内容相关性，title、keywords、description、图片 ALT 标签设置，栏目结构是否清晰，网站 URL 是否静态化处理、URL 规则是否统一，内链结构、外链建设等。

3. 站外推广分析

了解竞争对手在各大社交网站、网址导航、自媒体平台、SEM、BD 合作、EDM 等各种渠道的投入。

五、网站品牌名称热度分析

用户搜索网站品牌名称的次数能很好地显示网站的知名度，一般用百度指数。在此罗

列出常用的指数查询大全：

百度指数：http://index.baidu.com/

京东数据罗盘：http://luopan.jd.com/

SEO 数据风向标：http://www.chaoji.com/seoreport.aspx

阿里研究中心：http://www.aliresearch.com/

cnzz 数据中心：http://data.cnzz.com/

任务实施

一、竞争对手网站整体分析

1. 竞争对手网站整体流量分析

使用 ChinaZ 站长站点的 alexa 工具，网址：http://alexa.chinaz.com，竞争对手波司登网站的日均 PV 浏览量查询，如图 2-10 所示。

图 2-10　竞争对手日均 PV 浏览量查询

2. 竞争对手网站域名年龄与网站结构

查看竞争对手网站的域名时间，就是查看域名的注册时间以及续费时间，也可以了解注册人的信息。分析域名用于判断这个域名的时间长短以及对网站的作用，一般一个域名注册的时间越长，续费时间的越久，对权重的提升帮助就越大。

竞争对手网站的域名年龄和排名情况。域名年龄越大其权重越高，首先，分析网站注册时间，一般域名在 10 年以上的网站，搜索引擎会予以非常高的域名权重。其次，域名是否涵盖网站的主关键字，比如域名含有关键词拼音或者地域性代码等都是要考虑的因素。

查看竞争对手网站结构包括查看网站服务器的软硬件配置、网站导航结构设计等。

3. 竞争对手网站的内外链建设分析

竞争对手网站的内外链分析包括链接的质量、数量以及内外链的分布，可重点从链接权重、流行度、增长方式等方面进行分析，如图 2-11 所示。

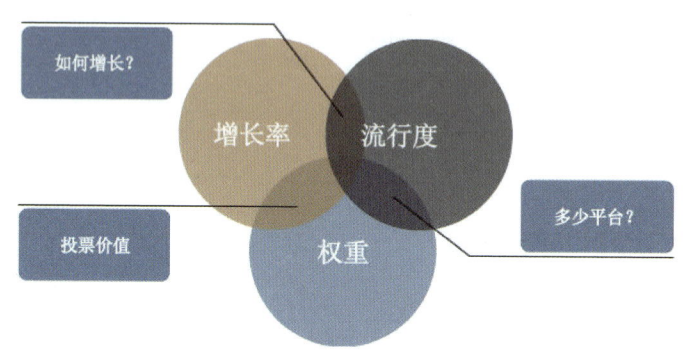

图 2-11　竞争对手网站内外链建设分析

竞争对手的外链分析。首先，考察对方的外链数量，外链数量越多，说明其网站竞争性越强；其次，通过反链查询工具分析外链的分布情况；最后，分析外链的质量，从外链的相关性、权威性、来源等方面分析。

竞争对手反链查询，使用站长工具的反链查询 http://outlink.chinaz.com/，如图 2-12 所示。

图 2-12　竞争对手反链查询

进入做了反链的中国质量检验协会 http://www.c315.cn/，查找到链接到波司登官方网站的图片链接，如图 2-13 所示。

图 2-13 图片反链

4. 竞争对手在搜索引擎的收录量查询

搜索引擎的收录量是指搜索引擎对网站页面的收录数据，搜索引擎中使用 Site 命令查询出来的数据结果就是收录的数据。分析雅鹿公司和其他国内知名羽绒服品牌公司，了解网站的推广和流量现状。

分析竞争对手的 PR 值极具参考价值。PR 值越高可以说明其网站被搜索引擎收录的时间越长，因为新站在短时间内是很难获得高 PR 值。

请使用 ChinaZ 等站长工具，以真实统计数据为基础填写完成表 2-5。

表 2-5 网站的现状分析

目录	雅鹿	波司登	艾莱依	千仞岗	鸭鸭
IP／日					
PV／日					
PR 值					
Alexa 排名					
百度收录					
百度反向链接					

5. 分析竞争对手网站关键词部署

使用百度关键词工具，分析竞争对手波司登网站使用的关键词，如图 2-14 所示。

百度关键词		更多>>
关键词	指数	排名
1. 波司登	410	1
2. 波司登官网	27	1
3. 波斯登	133	1
4. bosideng	19	1
5. 波司登股份有限公司	61	1

图 2-14　竞争对手关键词查询

使用中国站长的"关键词优化分析"工具，网址 http://tool.chinaz.com/kwevaluate，查询"波司登羽绒服"关键词的长尾关键词，如图 2-15 所示。

长尾关键词	指数	收录量
波司登羽绒服女款 波司登羽绒服旗舰店 波司登羽绒服价格	566	106万

排名前10网站分析						竞价网站数量	优化难度
权重>=4	首页	内页或目录页	权重<=4	首页	内页或目录页	0（竞价量时刻在变化）	竞争度　中等偏上
8个	1个	7个	2个	2个	0个		

图 2-15　竞争对手长尾关键词查询

二、竞争对手网站运营模式分析

选定雅鹿公司的竞争对手波司登公司网站，从以下两方面分析：

（1）分析竞争对手网站的是否包含有广告业务，主要看一下竞争对手的网站广告内容是哪些，与哪些合作商产生合作关系。

（2）分析竞争对手网站的用户类型和用户忠诚度，分析用户对该网站访问量和客户黏度，完成用户忠诚度分析的分析报告。

动手做一做

利用爱站网（http://www.aizhan.com/siteall/）的查询站群功能，查询一个网站持有者是否持有多个域名和网站。

项目 2

网站 SEO 诊断分析

网站 SEO 诊断分析主要分为现状分析和 SEO 效果分析两个阶段，主要围绕网站类型分析、网站关键词排名分析、用户体验度分析、网站流量分析、竞争对手网站分析等展开。

任务 1　网站数据分析

任务描述

使用免费的专业网站流量分析工具——百度统计（网址 http://tongji.baidu.com），它能够告诉站长，访客是如何找到并浏览的网站，这些访客到达网站后，在网站上做了些什么。根据百度统计返回的信息进行 SEO，去改善访客在网站上的用户体验，不断提升网站的投资回报率。

任务分析

网站百度统计工具进行网站数据的统计分析，提供了多种图形化分析报告、全程记录访客的行为，提供了改善用户体验的数据支持。如果是百度推广的客户，可在其后台获取代码后直接使用百度统计工具。

流量统计工具需要统计的内容有：

❶ 统计独立的访问者数量；
❷ 访客总数量；
❸ 统计独立的 IP 地址数量；
❹ 访客来源；
❺ 统计页面被刷新查看的数量；
❻ 访客的站内移动路径。

知识准备

一、网站 SEO 的检测指标

SEO 工作者每天需监控网站的主要检测指标，如表 2-6 所示。

网站SEO诊断分析 项目2

表2-6 SEO工作者监控网站的主要检测指标

检测指标	意　义
跳出率	跳出率是指在某个时间段内，用户进入一个网站只浏览了一页即离开网站的访问次数占总访问次数的比例
PV量	直接反映了网站内部链接质量，它比跳出率更准确，因为跳出率还有一些不确定因素在内，比如，用户已经找到喜欢的内容，所以离开网站，而PV量就是用户在网站上浏览的反映

二、使用百度工具

1. 百度统计的功能及作用

百度统计提供几十种图形化报告，可以全程跟踪访客的行为。同时，和Google分析一样，百度统计也集成百度推广的数据，帮助用户及时了解百度推广效果并优化推广方案（Google统计集成的是GoogleAdWords）。

百度统计的功能

百度统计提供的常用功能包括：趋势分析、来源分析、页面分析、访客分析。百度统计目前提供四个SEO工具是：SEO建议、搜索词排名、百度收录量查询以及百度网站速度诊断，其中SEO建议是其中最重要的工具，展示了百度官方对整体网站的一个分析情况。

2. 搜索词排名

百度搜索词排名可设置一些需要跟踪的关键词，百度则计算出该关键词在百度的排名位置，做出趋势图，展现了关键词的历史趋势。

3. 百度收录量查询

百度收录量查询是对网站的整体收录量记录最准确的工具，可以了解网站被百度收录了多少页面，每月更新几次，并且通过历史趋势图直观分析。

4. 百度网站速度诊断

百度网站速度诊断也是非常有用的工具，网页打开速度影响用户体验度，进而影响搜索引擎的排名。

三、使用其他检测分析工具

网站分析系统常用的数据分析工具还有coremetrics、webtrends、CNZZ、omniture、iwebtracker、99click等，这些可了解网站转换率、回访者比率、用户体验度分析、关键词排名分析等。

任务实施

一、流量趋势统计

1. 网站流量统计

网站流量（Website Traffic），是指网站的访问量，就是用来描述访问一个网站的用户数量以及用户所浏览的网页数量等指标。其常用的统计指标包括网站的独立用户数量、总用户数量（含重复访问者）、网页浏览数量、每个用户的页面浏览数量、用户在网站的平均停留时间等。

请选定一电子商务网站，使用百度统计，完成填写网站流量统计，如表2-7所示。

表2-7　网站流量统计

网站地址	独立访客数量（UV）	页面浏览量（PV）	二跳客户的比例

统计数据需要包含网站的 PV 值以及访客访问页面的平均时间，数据汇总后，需要生成用户每天的访问趋势图以及一天内时段访问趋势图，如图2-16所示。

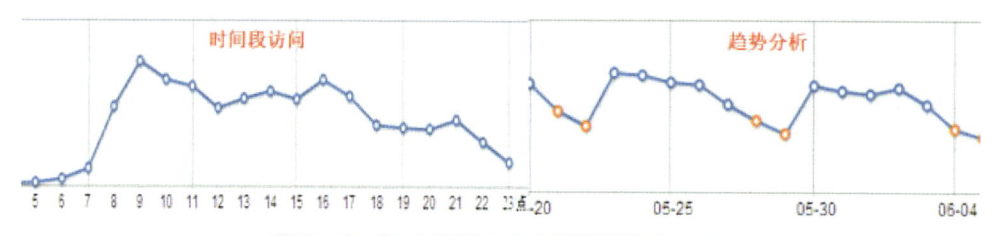

图2-16　PV 值以及访客访问页面的平均时间

通过上面的趋势图可以看出，网站的访问量高峰为 9 点左右，也就是刚刚上班的这段时间；从趋势分析图上可看出一周内访问量呈现递减，在一周之内一般周一的访问量最高。

2. 流量来源统计

流量来源统计包含直接访问来源、搜索引擎来源、外部链接来源等指标。通过绘制来源比例趋势图，可以直观地看出来源比例，如图2-17所示。

此外还要给出主要搜索引擎的来源比例图，这样就可以清晰地掌握网站的来源路径，如图2-18所示。

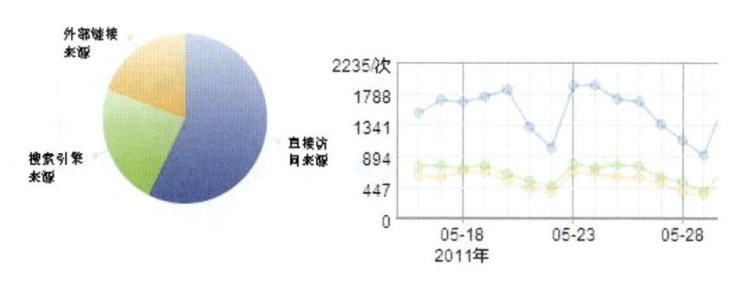

图 2-17　来源比例趋势图

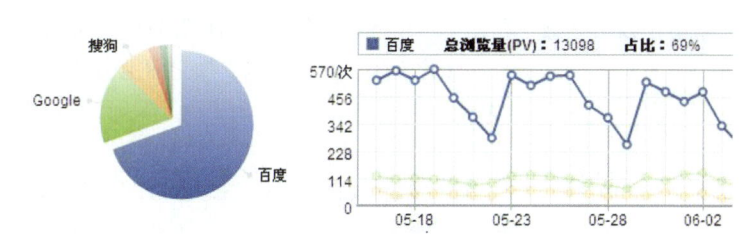

图 2-18　主要搜索引擎的来源比例图

3. 访客特征分析

在百度统计中，可以利用"访客分析"功能，进行访客特征分析。

"地域分布"——可以清晰地看到各个地域给网站带来的流量对比情况。通过这些数据来掌握全国网民对网站的关注度，从而制定有针对性的地域优化方案。

"忠诚度"——可以查看用户对网站的回访情况。通过此数据掌握用户对网站的忠诚度，对内容页面的访问深度，尤其在对网站内容改进后。可以通过此报告了解网站吸引力是否有所提升。

"系统环境"——可以查看用户所使用的系统环境。通过对用户浏览器、操作系统、屏幕分辨率、是否支持 java、是否支持 cookie 等系统信息的了解，作为网页设计的参考，尽可能地适应所有用户的需求，从而有效提升用户的网站交互体验。

4. 网站访问统计

在百度统计中，利用"网站访问统计"功能，进行网站访问统计分析。

"受访页面"——了解用户最关心网站的哪些页面或者哪些内容。

"访问详情"——了解用户访问的页面、时间、关键词、地域、页面停留时间等信息。

二、百度统计搜索词报告

通过百度统计搜索词报告，可以从中了解以下三个方面的内容：

1. 获取搜索词

百度统计搜索词报告按照浏览量依次列出访客通过搜索引擎来到网站时所使用的搜索词，还原访客意图。为避免数据太多影响报告浏览，百度统计会按访问量从高到低提供每天绝大多数关键词的详细数据，如果需要所有搜索词的详细数据，也可以点击报告的"预定全部搜索词"获取。

2. 搜索词质量

百度统计不仅提供搜索词，还提供了各搜索词带来流量的详细表现数据，包括浏览量、访客数、新访客数、IP 数、跳出率、访问时长等基础指标数据，还可结合网站的转化设置，查看到各搜索词给网站带来的转化效果，从而可以更加全面地衡量搜索词的效果。

3. 搜索词的相关信息

为了提供更全面的信息，百度统计搜索词报告还提供"搜索词排名"报告，通过搜索词的百度指数，了解搜索词排名，从而帮助网站 SEO 工作者确定对不同搜索词优化的力度。

三、网站 SEO 效果的监测

SEO 效果检测可以分为以下四个部分：排名检测、收录检测、转化率检测和外链检测。

1. 排名检测

在对网站优化操作完成一段时间后，为了完整地了解工作成果，需要系统地检测关键词排名情况。除了检测首页目标关键词排名之外，还要检测典型分类页面目标关键词，和产品或文章页面关键词。

针对排名检测，站长最好养成良好习惯，用一张 EXCEL 表格仔细记录需要检测关键词，然后定期（每周或者每个月）检查它们的排名情况。

2. 收录检测

收录检测主要检测以下三方面内容：总收录数量、特征页面收录数量以及各分类页面收录数量。

总收录数量表明了网站受搜索引擎欢迎的程度，反映了网站整体运作的健康状况；特征页面数量收录情况反映了网站内页优化情况，可以看出在长尾关键词优化方面起到的效果；各分类页面收录数量则可以让对整个网站不同部分收录情况有一个整体把握，对网站后期建设给出针对性措施。

3. 转化率检测

SEO 工作者往往有一个误区，以为关键词排名就是最终目的。其实对企业来说，关键

词排名可以认为只是"过程",最终带来业务量的增加才是最终目的,所以在工作过程中注意转化率检测是非常有必要的。站长可以建立一个表,记录不同时期网站来访流量和业务单数对比图。如果发现业务量增长速度显著低于流量增长速度,就说明优化方向上出现了偏差。一般来说很可能是关键词定位不够准确,或者长尾关键词做得不够好。在这种情况下,就要仔细分析网站目标客户群体是什么人,他们在互联网上搜索习惯是怎么样的,然后重新制定网站关键词,进行优化改进。

4. 外链检测

外链数目也是 SEO 效果中很重要一部分,主要需要检测首页外链数、网站总外链数、特征页面外链数。一般来说,用雅虎工具来查询外链数目是比较准确,此外使用外链查询工具 Open Site Explorer 效果也不错。

动手做一做

选定某电商网站,利用百度统计目前提供的 SEO 工具:SEO 建议工具、搜索词排名工具、百度收录量查询工具以及网站速度诊断工具,对整体网站做分析,写出网站优化建议书。

任务 2 网站流量分析

流量意味着用户,用户意味着网站的生命。每天有多少流量是评价网站质量的重要指标。

任务描述

雅鹿公司电子商务部小王通过对公司网站流量统计和网站访问数据分析,统计数据生成后,需要撰写一份网站流量分析报告,以对网站推广给出指导意见。请你帮助小王完成上述任务。

任务分析

网站 SEO 目的就是提高流量，流量分析内容涉及流量的数量、流量的质量、流量的转化这三个方面。

知识准备

常用的网站分析系统有很多，最常用的有 coremetrics、webtrends、omniture、百度统计、iwebtracker、99click 等，电子商务网站最常用的数据分析平台是生意参谋。监控流量的分析可细化到流量的数量、跳出率、转化率、展现量等具体指标，如表 2-8 所示。

表 2-8　流量分析项目表

分析项目	流量分析
流量的数量	统计后台中会有 UV 这个概念，UV 就是独立访客的意思。这是一天一个内网 IP 访问网站完整打开的数量。通常这个可以作为网站流量的数量指标
流量的质量	跳出率：只浏览了一个页面就离开的人数除以总的访问人数 平均访问时长：用户浏览网址时打开一个网站到关闭网站的平均时长 平均访问页数：用户访问网址时平均浏览页面的数量
流量的转化	转化率=转化次数/点击量（访问次数） 平均转化成本=总消费/转化次数 还有一些指标：展现量、点击量、点击率

任务实施

一、网站添加流量统计代码

1. 使用 51 啦服务商提供的流量统计

一般网站上都添加有常用的流量统计代码，51 啦是由深圳市广晟德科技发展公司提供的第三方数据统计分析的免费流量统计代码服务，从 2002 年开始已经为众多客户提供流量统计服务，以下介绍一下 51 啦的详细使用方法。

（1）打开 51 啦网页，在页面右上角会员登录位置注册新用户，然后登录。

（2）在导航位置点到控制台栏目，查找是否添加过的一些其他网站的统计代码。

（3）点下边挨着导航位置的添加统计 ID，根据提示输入相应的网站信息。

（4）点获取统计代码，可看到详细的代码情况，选择合适的代码，然后复制到网站对应的位置。

（5）查看流量详细信息时，只需要点击图片中的小图标，就可以看到流量统计数据。

2. 给网站添加上 CNZZ 站长统计工具

阿里妈妈旗下 CNZZ（http://www.cnzz.com）是全球最大的中文互联网数据统计分析服务提供商，为中文网站及中小企业提供专业的数据统计与分析服务。目前累计超过 500 万家网站采用了 CNZZ 提供的流量统计服务。

（1）注册成为 CNZZ 会员，添加自己的网站。

（2）点击统计代码，进入添加代码界面，选择喜欢的图片形式，复制里面的代码。

（3）打开自己网站的后台，找到模板文件里的 footer 文件，把 CNZZ 代码复制。

通常用到的还有百度流量统计（tongji.baidu_com/web/we_come/login），这是百度推出的免费的流量分析工具，该工具提供了几十种不同样式效果的图形化说明，同时也集成了百度的推广数据，方便用户分析。

二、设计网站流量统计报告

1. 网站流量主要统计指标

根据给出的网站流量统计数据，设计一个网站流量统计月度报告，包括流量统计指标内容及统计报告摘要信息，主要统计指标包括：

（1）该月页面浏览总数、独立用户总数；

（2）每个用户平均页面浏览数；

（3）每天平均独立用户数量和页面浏览数量；

（4）日访问量最高的 5 天、最低的 5 天及其每天的页面浏览数和独立用户数；

（5）搜索引擎带来访问量占总访问量的比例；

（6）带来访问量最高的 3 个主要搜索引擎及其对访问量的贡献率；

（7）用户检索比例最高的 5 个关键词访问量最高的 5 个网页；

（8）除搜索引擎之外带来访问量最高的 5 个网站（URL），其他对网站访问分析具有价值的信息。

2. 撰写网站访问分析报告

根据网站流量统计数据，分析网站访问量与网站推广策略之间的关系，主要包括以下五个方面：

（1）网站访问量是否具有明显的变化周期；

（2）本月网站访问量的增长趋势；

（3）用户来源主要引导网站的特点；

（4）可能进一步增加访问量的改进方法以及网站搜索引擎推广的效果；

（5）存在的问题分析。

搜索引擎优化

动手做一做

分析网站流量使用铂金分析 Ptengine 提升用户体验，提高网站转化率，国内用户注册终身免费使用。请免费注册使用 Ptengine 进行分析网站流量。

任务 3 网站日志分析

作为一名 SEO 工作者，对网站日志分析是必须要掌握的基本技能，通过日志分析可以分析爬虫抓取页面有效性。

任务描述

雅鹿公司电子商务部优化专员小王，接受了一项新任务：每天第一件工作就是负责查看公司网站日志文件，分析查找可能存在的问题，写出网站日志分析报告给电商总监参考。请你帮助小王完成此项任务。

任务分析

网站 SEO 日志分析需要借助日志分析工具软件，进行网站日志代码解读。常用的日志分析软件有三款：光年 SEO 日志分析系统、逆火网站日志分析器、Web Log Explorer。

通过日志分析蜘蛛返回的状态码，能及时发现网站是否存在错误或者蜘蛛无法爬取的页面，排查网站页面中存在的 404 错误、500 服务器错误页面。

知识准备

网站 SEO 日志分析包括以下内容，如图 2-19 所示。

网站 SEO 诊断分析 项目 2

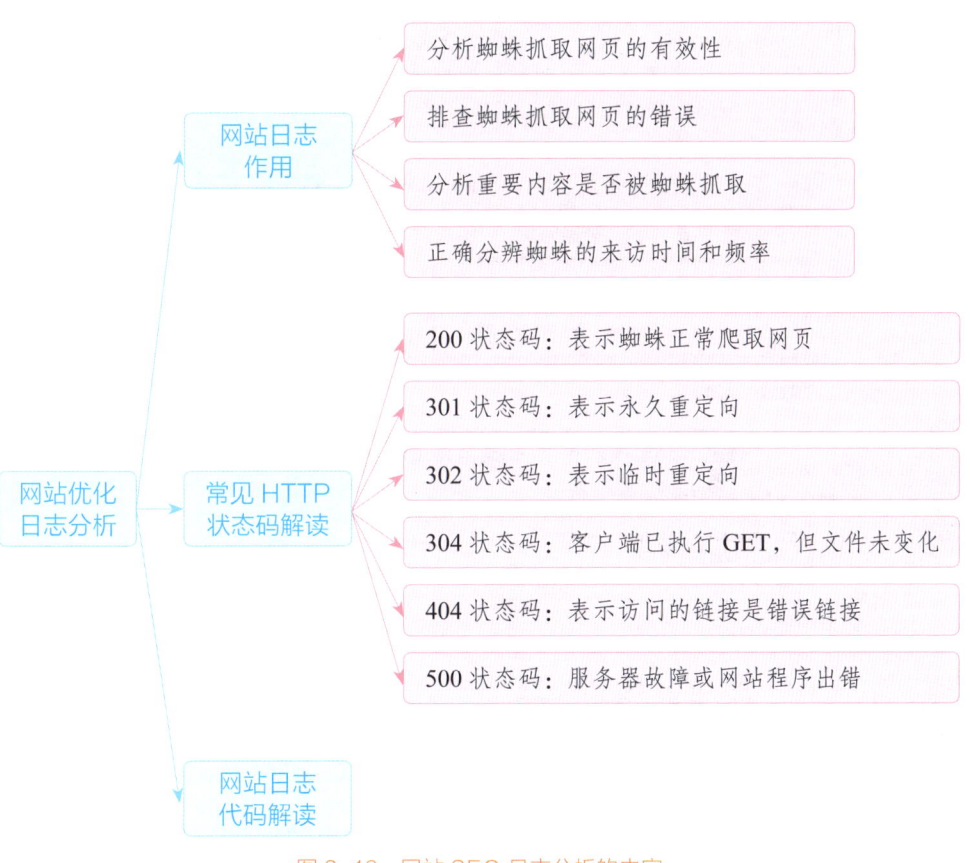

```
                          ┌─ 分析蜘蛛抓取网页的有效性
              ┌─网站日志─┼─ 排查蜘蛛抓取网页的错误
              │  作用    ├─ 分析重要内容是否被蜘蛛抓取
              │          └─ 正确分辨蜘蛛的来访时间和频率
              │
              │          ┌─ 200 状态码：表示蜘蛛正常爬取网页
              │          ├─ 301 状态码：表示永久重定向
  网站优化    │常见 HTTP ├─ 302 状态码：表示临时重定向
  日志分析 ──┼─状态码解读├─ 304 状态码：客户端已执行 GET，但文件未变化
              │          ├─ 404 状态码：表示访问的链接是错误链接
              │          └─ 500 状态码：服务器故障或网站程序出错
              │
              └─网站日志
                代码解读
```

图 2-19 网站 SEO 日志分析的内容

任务实施

一、网站日志的作用

SEO 工作者应重视网站日志的作用，具备查看分析网站日志的必备技能。通过日志分析工具，SEO 工作者可以了解到搜索引擎蜘蛛在网站中的访问时间、访问次数、停留时间、抓取页面数、抓取目录等，具体可以完成以下四项任务。

（1）正确分辨搜索引擎蜘蛛，分析爬虫抓取页面的有效性；

（2）排查网站页面中存在的 404 错误页面、500 服务器错误等；

（3）判断页面的重要内容是否被搜索引擎蜘蛛抓取；

（4）维护网站安全、防止盗链等黑帽 SEO 行为的发生。

二、常见 HTTP 状态码解读

网站日志中的 HTTP 状态码详解如下：

网站日志中的
HTTP状态码详解

（1）200 代码，表示蜘蛛爬取正常，服务器成功返回网页。

（2）404 代码，表示访问的这个链接是错误链接。网站中 404 错误提示页面，如图 2-20 所示。

图 2-20 网站中 404 错误提示页面

（3）301 代码，表示永久重定向，网页跳到了浏览器中新的 URL 指向的页面。

（4）302 代码，表示临时重定向，302 转向可能会有 URL 规范化及网址劫持的问题。

（5）304 代码，表示客户端已经执行了 GET，但文件未变化。

（6）500 代码，表示网站内部程序或服务器有错。

三、日志代码解读

通过日志代码解读，可以计算出用户所检索的关键词排行榜、用户停留时间最高的页面，分析用户行为特征，可以使用 awstats、Webalizer 等专业用于统计分析日志的免费程序，帮助站长完成日志分析，如图 2-21 所示。

以 IIS 服务器日志为例，首页日志开头声明格式如下：

#Fields: date time s-sitename s-ip cs-method cs-uri-stem cs-uri-query s-port cs-username c-ip cs（user agent）sc-status sc-substatus sc-win32-status sc-bytes

其中涉及客户端与服务器相互访问的四个代码含义，如表 2-9 所示。

日志代码解读：
- date：表示日期
- time：表示时间
- cs-method：表示客户端试图执行的操作
- cs-uri-stem：表示客户端访问的资源（访问网站页面）
- cs-uri-query：表示客户端正在尝试执行的资源
- cs-username：表示访问服务器的已验证用户名称
- cs（user-agent）：表示客户端使用的浏览器类型
- cs-referer：表示临时重定向
- sc-status：表示协议的子状态
- sc-bytes：表示服务器发送的字节数
- time take：表示所用的时间
- c-ip：表示服务器的客户端IP地址
- cs-bytes：表示服务器接收的字节数

图 2-21　日志代码解读

表 2-9　客户端与服务器操作的代码含义

前缀	含义
s-	服务器操作
c-	客户端操作
cs-	客户端到服务器的操作
sc-	服务器到客户端的操作

（1）date 表示日期；
（2）time 表示时间；
（3）cs-method 表示客户端试图执行的操作；
（4）cs-uri-stem 表示客户端访问的资源；

（5）cs-uri-query 表示客户端正在尝试执行的资源；

（6）cs-username 表示访问服务器的已验证用户名称；

（7）cs（user-agent）表示客户端使用的浏览器类型；

（8）cs-referer 表示临时重定向；

（9）sc-status 表示协议的状态，以 http 或 ftp 术语表示的操作的状态 sc-substatus 表示协议的子状态；

（10）sc-bytes 表示服务器发送的字节数；

（11）time take 表示所用的时间；

（12）c-ip 表示服务器的客户端 IP 地址；

（13）cs-bytes 表示服务器接收的字节数。

从日志文件当中可以解读出两部分内容：搜索引擎抓取情况和用户访问网站情况。

四、一个网站日志的分析案例

每一条日志代表着用户的一次访问行为，包含了访问者的 IP、访问的时间、访问的目标网页、来源地址及所使用的客户端的 useragent 信息。

1. 解析 useragent

浏览器访问网站时，会提交 useragent 信息，里面包含操作系统/浏览器类型/渲染引擎，可以据此大致评估网站的客户端分布。特别是移动设备会在 useragent 中包含设备型号信息，所以有可能根据 useragent 分析移动设备类型，进而针对不同设备实施改善用户体验等优化工作。

一个 useragent 的例子：

Mozilla/5.0（Linux; Android 4.4.2; Che2-TL00M Build/HonorChe2-TL00M）AppleWebKit/537.36（KHTML, like Gecko）Version/4.0 Chrome/30.0.0.0 Mobile Safari/537.36

分析：这是来从 Android 4.4.2 的华为手机 Che2-TL00M 的 HTTP 请求中提取出来的 useragent 信息，使用浏览器是 Chrome 3.0。

很多网站会根据 useragent 信息判断应该如何给客户端应答。从日志中提取出来的 useragent 可以使用网上在线解析工具：https://github.com/HaraldWalker/user-agent-utils。这个工具使用方便，通过一行代码：useragent.parseuseragentString（ua），提取设备类型（Computer / Mobile / Tablet / Game Console / Wearable 等）、操作系统类型（Windows x / Linux / Android / Mac OS / iOS / Blackberry / Chrome OS 等）、浏览器类型（IE / Edge / Firefox / Safari / Chrome / OPERA 等）。

2. 解析网站日志内容

网站日志内容，标注下划线之处是需要重点解析的内容，如图 2-22 所示。

```
#Software: Microsoft Internet Information Services 7.5
#Version: 1.0
#Date: 2016-04-02 05:59:35
#Fields: date time cs-method cs-uri-stem cs-uri-query cs-username c-ip cs-version cs(User-Agent) cs(Referer) sc-status sc-bytes time-taken
2016-04-02 05:59:35 GET /seoyouhua/ - - 182.118.70.97 HTTP/1.1 Mozilla/5.0+(compatible;+MSIE+9.0;+Windows+NT+6.1;+Trident/5.0);+360Spider
http://www.ying88.net/seoyouhua/ 200 9092 12015
2016-04-02 06:08:32 GET /seoyouhua/ - - 182.118.60.216 HTTP/1.1 Mozilla/5.0+(compatible;+MSIE+9.0;+Windows+NT+6.1;+Trident/5.0);+360Spider
http://www.ying88.net/seoyouhua/ 200 9093 12031
2016-04-02 06:19:28 GET /seoyouhua/37.html? - - 114.106.68.162 HTTP/1.1 Mozilla/5.0+(Windows+NT+10.0;+WOW64)+AppleWebKit/537.36+(KHTML,+like
+Gecko)+Chrome/45.0.2454.101+Safari/537.36 http://www.chinaz.com/web/2016/0401/518358.shtml 200 2088 109
2016-04-02 06:48:46 GET /default_2.html - - 123.125.71.51 HTTP/1.1 Mozilla/5.0+(compatible;+Baiduspider/2.0;++http://www.baidu.com/search/spider
11562
2016-04-02 06:48:46 GET /date-2016-01.html - - 101.226.166.245 HTTP/1.1 Mozilla/5.0+(Windows+NT+6.1)+AppleWebKit/537.1+(KHTML,+like
+Gecko)+Chrome/21.0.1180.89+Safari/537.1;+360Spider(compatible;+HaosouSpider;+http://www.haosou.com/help/help_3_2.html) http://www.ying88.net/da
5323 1173
2016-04-02 06:49:26 GET /downloads/ - - 66.249.64.139 HTTP/1.1 Mozilla/5.0+(compatible;+Googlebot/2.1;++http://www.google.com/bot.html) - 200 46
2016-04-02 06:50:44 GET /author-1.html - - 59.40.98.23 HTTP/1.1 Mozilla/5.0+(Windows+NT+10.0;+WOW64)+AppleWebKit/537.36+(KHTML,+like
+Gecko)+Chrome/47.0.2526.106+Safari/537.36 http://www.baidu.com/link?url=R0YvYXTI6b6NMPIXsbefIDhIg-i0EEfkRZUS3xYQrZxp95-
G7YKYjBJmlrRQVmon&wd=&eqid=cd3f63ea000450050000000656 8db5a4 200 9168 7921
2016-04-02 06:59:20 GET /tags-6.html - - 203.208.60.129 HTTP/1.1 Mozilla/5.0+(compatible;+Googlebot/2.1;++http://www.google.com/bot.html) - 200
2016-04-02 06:19:28 GET /zb_users/theme/txcstx/source/style.css.asp - - 114.106.68.162 HTTP/1.1 Mozilla/5.0+(Windows+NT+10.0;+WOW64)+AppleWebKit
+Gecko)+Chrome/45.0.2454.101+Safari/537.36 http://www.ying88.net/seoyouhua/37.html%E2%80%8B 200 528 31
```

图 2-22　网站日志内容

这个文件是记录 2016 年 4 月 2 日这一天发生在网站上的一些行为。在记录的用户行为中，其中包含了百度蜘蛛的抓取行为。

从日志文件中，可以看到搜索引擎抓取了一些 404 页面及低质量重复页面：

❶ /date-2016-01.html（低质量重复页面）；

❷ /author-1.html（低质量重复页面）；

❸ /downloads/（低质量页面）；

❹ /contact.html（死链接）。

五、撰写网站日志分析报告

网站日志分析报告统计蜘蛛对网站页面的抓取情况、蜘蛛访问次数、停留时间、抓取量，解析 http 状态码，分析网站安全情况。报告主要围绕以下五项进行分析，如表 2-10 所示。

表 2-10　网站日志分析项目

分析项	蜘蛛抓取情况分析
蜘蛛访问	查看蜘蛛是否访问网站，如果没有访问，可能是被网站屏蔽了，需要检查网站的 robots 文件设置
抓取目录分析	统计蜘蛛对网站目录的抓取情况，网站各层级目录是否抓取正常，如果重点推广的目录没有被抓取，需要对网站内链进行调整或者增加外链，提升栏目权重，引导蜘蛛抓取

续　表

分析项	蜘蛛抓取情况分析
抓取哪些页面	发现蜘蛛经常抓取的一些页面，分析蜘蛛为什么喜欢这些页面，这些页面跟其他页面相比有什么不同。通过分析页面抓取情况，了解网站的问题，比如重复页面问题、URL 规范化问题等
http 状态码	主要关注 404、500、302 错误。如果出现 500 错误，是服务器的问题，就会出现超时、无法访问的情况
网站安全情况	分析网站是否安全，可以发现网站是否被挂了黑链，也可以发现一些不存在的目录

动手做一做

请从访问时间、用户 IP 地址、访问的 URL，端口、请求方法（"GET""POST"等）、访问模式、agent（即用户使用的操作系统类型和浏览器软件）五个方面分析下列网站日志的内容：

❶ 20061017 00:00:00；

❷ 202.200.44.43；

❸ 218.77.130.24 80；

❹ GET；

❺ /favicon.ico；

❻ Mozilla/5.0+（Windows；+U；+Windows+NT+5.1；+zh-CN；+rv：1.8.0.3）+Gecko/20060426 +Firefox/1.5.0.3。

实验　网站数据统计分析

一、实验目的

1. 了解网站 SEO 数据的统计方法。
2. 掌握网站常见的 SEO 数据统计分析工具的使用方法。
3. 学会对电子商务网站进行比较分析。

二、实验内容

1. 在网上寻找 3 个有一定知名度的电子商务企业；
2. 对这些电子商务网站进行 SEO 内容的调研。

三、实验过程

1. 登录"CNZZ 数据专家"（中国站长联盟）（http://www.cnzz.com/），点击"统计演示"，进入统计演示页面，了解"统计报表"中"统计概况"里的各统计项目，包括"在线情况""时段分析""搜索引擎""来路分析""受访分析""访客详情""用户忠诚度分析"，对选定的网站进行上述项目的统计。

2. 登录"alexa 中文官方网站"（http://www.alexa.com/），在"搜索 alexa"的输入框中，输入选定的网站的网址，点击"查询"，在搜索结果页面中，点击"具体信息"按钮，分别了解"流量统计""搜索分析""点击流"和"观众（用户统计）"标签中的相应内容，对选定的网站进行总体信息的统计。

3. 对这些电子商务网站进行以下三个方面内容的评价：

（1）评价网站的易用性、用户信心、站点资源、客户关系服务和总成本等，如表 2-11 所示。

表 2-11　网站的评价内容

评价内容	网站评价	所用工具
易用性		
用户信心		
站点资源		
客户关系服务		
总成本		

（2）对网站流量、网站使用方便性（设计、导航、订单及取消、广告）和网站内容（分类深度、产品信息、个性化）指标进行评价。

（3）对站点的浏览器的兼容性、站点速度、链接的有效率、被链接率、站点设计等指标进行评价。

四、实验结果

实验完成后，按照实验内容书写实验报告，内容包括实验的操作过程和实验体会。

课后练习题

一、填空题

1. SEO 的英文全称：_____，SEO 中文名字：_____。
2. 电子商务两款最常用的数据分析软件：_____和_____。
3. 常用的网站分析系统有很多，请列举最常用的六种：coremetrics、_____、omniture、_____、_____、99click 等。
4. 列举五种关键词优化工具：（1）_____；（2）_____；（3）_____；（4）_____；（5）_____。
5. 网站数据分析由_____、_____、_____、_____四个环节组成。
6. 请解释百度收录的中"28/-1"，是什么意思？_____。

二、选择题

1. 下列哪个不属于站长工具（　　）。
   A. 爱站　　　　B. chinaZ　　　　C. chinaren　　　　D. 站长帮手网
2. 百度统计工具不具备的功能是（　　）。
   A. 趋势分析　　B. 数据存储　　　C. 页面分析　　　　D. 地域来源访客比例
3. 网站日志中的 301HTTP 状态码表示的含义是（　　）。
   A. 表示永久重定向，网页跳到了浏览器中新的 URL 指向的页面
   B. 表示访问的这个链接是错误链接
   C. 表示网站内部程序或服务器有错
   D. 表示蜘蛛爬取正常，服务器成功返回网页
4. 网站转化率公式正确的是（　　）。
   A. 网站转化率=点击量/转化次数　　　　B. 网站转化率=转化次数/点击量
   C. 网站转化率=转化次数/点击量　　　　D. 网站转化率=点击量/访客浏览次数

三、问答题

1. 百度统计提供几十种图形化报告，可以全程跟踪访客的行为，其功能及作用是什么？
2. 搜索引擎优化（SEO）和搜索引擎营销（SEM）是什么关系？

模块三 关键词优化策略

据统计，人们搜索时使用平均 2~5 个关键词，因为关键词代表着用户的需求，所以关键词是做 SEO 的基础和根本，选择恰当的关键词对于优化网页内容变得越来越重要。

项目 1

关键词的设计

关键词代表着用户的需求，SEO 工作者需要从用户和产品的角度去选择关键词，主要从关键词的竞争度和相关度分析，筛选出合适的核心关键词和长尾关键词。

关键词的设计 **项目 1**

任务 1　关键词的选择

🔍 任务描述

雅鹿公司电子商务部小王接受了电商部总监的一项新任务：进行"雅鹿品牌羽绒服"关键词的选择和拓展。

小王准备从羽绒服市场的网络调研入手，通过对国内现有的羽绒服品牌进行调研分析，筛选出适合本公司网站关键词。

🔍 任务分析

关键词的来源，有来自网站页面、搜索查找、搜索引擎推荐、统计工具等途径。使用百度指数工具、百度下拉框和百度相关搜索工具、百度后台关键词推荐工具、追词网扩展等方式，可以完成关键词的查找及拓展。

🔍 知识准备

关键词从搜索目标的角度分为核心关键词、次要关键词（相关关键词）、长尾关键词。

目标关键词指的是网站的首页要优化的关键词。这些关键词能带来比较多的目标客户。目标关键词包含核心关键词和长尾关键词。目标关键词的特征：

❶ 一般作为网站首页的标题；
❷ 一般是 2~4 个字构成的一个词或词组；
❸ 在搜索引擎中每日都有的稳定搜索量。

核心关键词又称主关键词。每个网站都会有一个核心关键词，核心关键词通常出现在首页，具有三个特征：

❶ 描述网站展示的主要产品或服务；
❷ 具有行业竞争性，即同行业的网站也会设置该关键词；
❸ 网站的核心关键词一般不超过三个。

相关关键词是指与目标关键词存在着一定相关的关系，能够延伸或者细化它的定义，或者是当用户搜索某个关键词时搜索引擎对其进行相关推荐的关键词。

长尾关键词指的是网站上非目标关键词但也可以带来搜索流量的关键词，长尾关键词的特征是比较长，往往是 2～3 个词组成。

关键词优化包括：关键词确认、关键词扫描、关键词拓展、竞争对手分析、百度竞价等内容。关键词优化的思维导图，如图 3-1 所示。

图 3-1　关键词优化的内容

任务实施

一、使用工具进行关键词选择

1. 使用百度工具进行关键词选择

（1）使用下拉框工具和百度"相关搜索"工具，进行关键词的扩展，要求对输入的关键词在百度的前两页所有自然排名的网站进行分析。使用百度下拉框工具查询"雅鹿羽

绒服"关键词的拓展有哪些，如图 3-2 所示。

通过"百度相关搜索"获得目标关键词。搜索引擎的搜索下拉框和底部的相关搜索，当输入目标关键词就可以获得很多提示，特别是底部的"相关搜索"，受关注度非常高，如图 3-3 所示。

图 3-2　百度下拉框工具 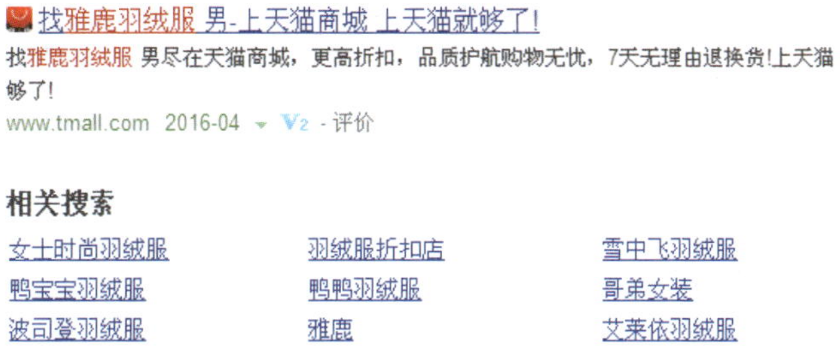　　　　图 3-3　百度相关搜索

调查显示当用户搜索的词语没得到最合适的结果时，往往喜欢点击百度最下面的"相关搜索"，而懒得再键入关键词，"相关搜索"可以带来不错的流量。

（2）借助百度关键词工具 http://www2.baidu.com/inquire/dsquery.php，完成对关键词的常见查询、扩展匹配及查询热度。

（3）英文关键词，可以使用国外的关键词工具 https://app.wordtracker.com/，完成关键词的查询。

2. 百度后台关键词推荐工具

百度后台关键词推荐工具集成在百度推广平台，是比较精准的关键词扩展工具，如图 3-4 所示。

3. 依据追词网选择

追词网（http://www.zhuici.com）发布的追词助手是一款辅助 SEM 的智能化分析软件，也是一款 SEO 关键词分析优化工具，如图 3-5 所示。

追词网主要有以下三个常用功能：

（1）SEO 工具集，包含了 whois 查询、淘宝客调用代码、Hosts 编辑器、IP 反查网站、域名信息批量查询等模块。

（2）网站监控，包含了监控域名的快照、百度收录、谷歌收录、yahoo 反链、导出链接、PageRank 值、alexa 值，对网站进行深度分析。

（3）排名监控，针对目前主流搜索引擎，对网站的关键词排名进行批量监控和查询。

搜索引擎优化

图 3-4　百度关键词推荐工具

图 3-5　追词网

4. 使用爱站关键词工具

爱站 SEO 工具包是一款免费的 SEO 查询工具软件，包括了批量查收录、批量查长尾关键词、批量查 IP、批量查死链、批量查站群等共 20 项功能，如图 3-6 所示。

使用站长工具综合分析
站点 SEO 优化信息

关键词的设计 **项目1**

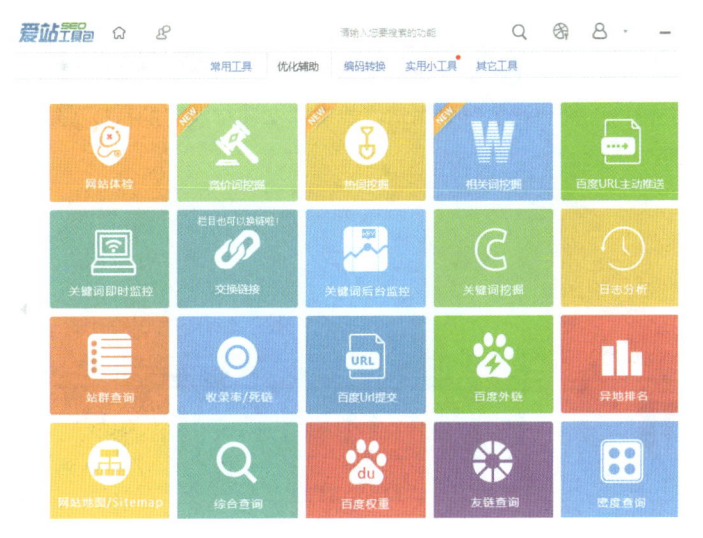

图 3-6 爱站关键词工具

例如，查询"雅鹿羽绒服"关键词的难易度，查询结果是该关键词优化的难易度为中等偏下，如图 3-7 所示。

图 3-7 查询"雅鹿羽绒服"关键词难易度

二、从竞争对手网站查找关键词

到同行业或竞争对手的网站去找目标关键词，关注行业事件中出现的新词汇（百度风云榜、谷歌趋势）获得目标关键词。

搜索引擎优化

🔍 动手做一做

借助百度关键词工具和竞争对手网站，找出"女装行业"的目标关键词，并设计自己公司网站的主推关键词。

任务 2　关键词的分析

🔍 任务描述

现在雅鹿公司电子商务部小王要就某一款式的羽绒服产品进行 SEO，小王已经利用了关键词工具搜集到羽绒服的关键词 55 个，请你帮助小王，从这 55 个关键词中挑选出合适的关键词，如图 3-8 所示。

使用百度指数工具（http://index.baidu.com/）或中国站长网的关键字优化难易分析工具（http://tool.chinaz.com/kwevaluate/）进行分析，要求给出关键词的竞争度等指标。

1：羽绒服 女	16：羽绒服 女 带帽	31：羽绒服 加厚 带帽	46：羽绒服 长袖 带帽
2：羽绒服 新款	17：羽绒服 女 修身	32：羽绒服 加厚 修身	47：羽绒服 长袖 修身
3：羽绒服 加厚	18：羽绒服 女 纯色	33：羽绒服 加厚 纯色	48：羽绒服 长袖 纯色
4：羽绒服 拉链	19：羽绒服 女 中长款	34：羽绒服 加厚 中长款	49：羽绒服 长袖 中长款
5：羽绒服 韩版	20：羽绒服 新款 加厚	35：羽绒服 拉链 韩版	50：羽绒服 带帽 修身
6：羽绒服 长袖	21：羽绒服 新款 拉链	36：羽绒服 拉链 长袖	51：羽绒服 带帽 纯色
7：羽绒服 带帽	22：羽绒服 新款 韩版	37：羽绒服 拉链 带帽	52：羽绒服 带帽 中长款
8：羽绒服 修身	23：羽绒服 新款 长袖	38：羽绒服 拉链 修身	53：羽绒服 修身 纯色
9：羽绒服 纯色	24：羽绒服 新款 带帽	39：羽绒服 拉链 纯色	54：羽绒服 修身 中长款
10：羽绒服 中长款	25：羽绒服 新款 修身	40：羽绒服 拉链 中长款	55：羽绒服 纯色 中长款
11：羽绒服 女 新款	26：羽绒服 新款 纯色	41：羽绒服 韩版 长袖	
12：羽绒服 女 加厚	27：羽绒服 新款 中长款	42：羽绒服 韩版 带帽	
13：羽绒服 女 拉链	28：羽绒服 加厚 拉链	43：羽绒服 韩版 修身	
14：羽绒服 女 韩版	29：羽绒服 加厚 韩版	44：羽绒服 韩版 纯色	
15：羽绒服 女 长袖	30：羽绒服 加厚 长袖	45：羽绒服 韩版 中长款	

图 3-8　羽绒服的关键词

关键词的设计 项目1

任务分析

关键词分析从关键词相关性和竞争度这两个方面进行。

关键词的搜索数量，关键词访问的页面数量，关键词的入口页面，关键词的访问分布时间、通过哪种途径而来，这些都能通过关键词的分析总结得出。

知识准备

关键词相关性是指用户输入的关键词和搜索引擎返回的产品搜索结果的匹配程度。相关性是搜索引擎排序最重要的因素，产品信息和用户输入的关键词匹配的相关性好，排名才有可能靠前。相关性不好，则一定不会排名靠前。

例如：当用户输入一个关键词进行搜索时，如"连衣裙"，返回的产品信息中会包含"连衣裙"这个关键词。

关键词竞争度的含义：关键词竞争度就是关键词热度，热度越高，说明用户使用这个关键字搜索的频率越大。

任务实施

一、关键词相关性分析

1. 相关性主要相关的三个方面：

（1）**产品标题**。产品标题是衡量该产品与用户所搜关键词是否相关最重要的内容之一。产品标题的填写尽量规范化，不要堆砌多个产品词，即不要在标题里面填写不相关的内容。建议一个产品标题只包含一至两个相关的产品名称。当然也可在标题里面加入一些促销内容来吸引用户，例如："供应 2016 秋冬新款韩版修身圆领加厚长袖女式毛衣 毛绒装 毛裤 毛外套"。这个标题如果改成："供应 2016 秋冬新款韩版修身圆领加厚长袖女式毛衣 毛外套"，就会比较不错。因为"女式毛衣 毛绒装 毛裤 毛外套"这四个产品词堆在一起，会被系统判定成堆砌，导致相关性得分不高，排名就会靠后。

避免标题关键词堆砌应注意以下三点：

❶ 核心产品词最好只有 1~2 个，否则容易被判定为关键词堆砌。

❷ 产品词要相关，比如标题："供应手机 计算器"，即使只有两个产品词，但因为手机和计算器是完全不相关的产品，系统对于这类堆砌判定非常严格。但像土豆、马铃薯这类同义词，或者服装、连衣裙这类包含词，一般情况下是不会被判定成堆砌的，除非词的个数偏多。

关键词的相关性判定

❸ 品牌词堆砌，比如标题："供应苹果手机 三星手机 华为手机"，就会被判定成关键词堆砌，建议品牌名不要超过 2 个。

（2）**产品类目**。产品类目是指发布的产品信息要归类准确，如果类目填写错误，或者类目故意乱填，则会导致相关性低，排名靠后。因此，建议为每条产品信息选择合适的类目，比如卖的是雪纺连衣裙，则一定要把产品信息放在"连衣裙"这个类目下面。

（3）**产品属性**。产品属性在产品信息的相关性上也有很重要的作用。建议产品属性如实填写，并尽可能填写完整。不要乱填，如果被系统识别有问题，也会降低产品的相关性。比如产品是女式毛衣，在女式毛衣这个类目下，有一个属性为"款式"，选择"款式"里的"套头"。这时，如果有人搜索"套头女式毛衣"，即使产品标题里面没有套头，只有女式毛衣，系统也会匹配到产品信息，认为属性里面填写的套头，与套头毛衣也是相关性高的产品。

二、关键词竞争度分析

1. 查看关键词的日搜索量和出现网页数

首先使用百度搜索引擎，查看关键词出现的网页数。其次，使用百度指数工具（http://index.baidu.com/），查看关键词搜索次数。搜索结果与关键词竞争度的关系，如表 3-1 所示。

表 3-1 搜索结果与关键词竞争度的关系

关键词竞争度	关键词日搜索量 （频繁度指标）	关键词出现的网页数 （网页数指标）
竞争度较小关键词	搜索次数介于 0～100 次	搜索结果少于 50 万
竞争度中等偏小关键词	搜索次数在 100～300 次	搜索结果 50 万～100 万
竞争度中等关键词	搜索次数在 300～500 次	搜索结果 100 万～300 万
竞争度中等偏上关键词	搜索次数 500～1000 次	搜索结果 300 万～500 万
竞争度高的关键词	搜索次数 1000 次以上	搜索结果 500 万以上

百度日搜索量，反映了关键词的用户搜索频繁度。搜索频繁度越大，说明该词商业度越高，因此竞争难度也会越大。

2. 查看百度竞价的关键词

在百度的推广系统开设账户，通过查看参与竞价推广的网站数量和出价，进行关键词的取舍，如图 3-9 所示。

图 3-9　查看参与竞价推广的网站数量和出价

如果某关键词在百度首页快照中，显示"推广"超过十个，说明这个关键词的商业价值非常大，但是这个关键词的推广难度也就增大，需要慎重考虑是否值得选择该关键词。

百度竞价可以细分成的数值范围，如表 3-2 所示。

表 3-2　百度竞价排名与关键词竞争度的关系

关键词竞争度	参与竞价排名站点数量
竞争度较小关键词	参与竞价排名站点 0～3 个
竞争度中等关键词	参与竞价排名站点 4～6 个
竞争度中等偏上关键词	参与竞价排名站点 7～10 个
竞争度高的关键词	参与竞价排名站点 10 个以上

3. 分析 intitle：搜索结果

根据搜索结果判断关键词竞争程度还不够，用另一方面来看关键词的竞争程度，要根据"intitle:"搜索结果来得出数据，判断关键词竞争力度。

4. 分析搜索结果首页和内页

在分析搜索结果数量后，还要对前 30 名的页面进行分析，这样才能掌握关键词的竞争力度要点。把前 30 名的页面全部列出来，看看首页和内页的数量有多少，如果首页多内页少，那么竞争程度是极大的；反之如果是内页多首页少，则竞争力度就小，这也是判断竞争程度的依据。

搜索引擎优化

任务 3　关键词的拓展

任务描述

最近雅鹿公司女装类目开发了许多新品牌，电子商务部小王决定选取女装类目"百芙伦"品牌，确定其推广的产品及服务，针对核心关键词，进行长尾关键词的拓展。请你帮助小王完成这一任务。

任务分析

在关键词的分析上，可从客户、供应商、品牌经理和销售人员四类人群获知其想法。应从客户角度去分析考虑，关键词的选择主要是与网站的经营主体相关的。和客户交流，可通过询问客户使用的关键词，明白客户来源的途径。

知识准备

1. 长尾关键词

长尾关键词从字面上看就是指那些字数比较长的关键词，通常出现在内容页，具有三个特征：

（1）**长尾关键词个性化突出**。长尾关键词由几个关键词组成，能够精准描述产品属性或服务信息，个性化突出。

（2）**长尾关键词的页面流量**。长尾关键词单一流量小，单个长尾关键词搜索流量可能只有几十个甚至几个 IP。但是，大量长尾关键词可以聚沙成塔，其带来的总搜索流量甚至可以超过核心关键词整体流量。

（3）**长尾关键词的客户成交转化率**。长尾关键词由于比较精准，带来的客户成交转化率往往比较高。

2. 目标关键词和长尾关键词的区别

长尾关键词就是目标关键词的相关关键词，也是目标关键词的拓展词。例如：关键词是"杯子"，那么"杯子"的长尾关键词有很多，"杯子的盖""带花纹的杯子""什么杯子耐用""防烫杯子"等。

3. 长尾关键词的拓展

长尾关键词的拓展，就是从一个核心关键词扩展出多个长尾关键词。其方法有很多，将核心关键词、同义词、近义词、相关词、地名品牌限定词等放在一起交叉组合成多种变化形式。具体的拓展方法，如表3-3所示。

目标关键词和长尾关键词的区别

表3-3 关键词拓展方法

方法	特点	举例
地域拓展法	某个国家、省份、城市、区域	苏州丝绸、苏州婚纱、韩版女装
季节拓展法	适用于季节性产品、快销品类	春季服装、夏装、秋裤
职业拓展法	专业的手法，强化对产品的专一	女装职业装、时尚职业女装
性别拓展法	区别于适用的人群，不同性别的选择需求	女式睡衣、男式休闲裤、亲子装
用户思维法	客户角度、使用过程中的要求	打底裤裙装假两件，一件当两件穿
询问拓展法	运用询问的方式展现	T恤裙、韩范美裙哪个穿着更舒适
对比关键词法	两个产品的性能进行对比	2017新款女装款式，2017流行女装
质地特点法	产品材料的特点	薄款透气

任务实施

一、核心关键词的选取

确定网站核心关键词的方法：第一，明确网站提供什么样的产品；第二，明确网站提供什么样的服务；第三，明确用户使用什么样的搜索词能够找到该网站。

选取服装网站推广的产品服务相关的关键词，从客户角度去考虑，向客户调查或者通过市场了解用户的搜索习惯，确定"女装"关键词，如图 3-10 所示。

选择长尾关键词的方法：确定核心关键词，再结合产品的品牌，围绕核心关键词进行多重排列组合产生长尾关键词。

另外，产品类的标题也可以作为一个比较具体的长尾关键词。例如，产品标题为"深色女式休闲装"，结合用户的一些搜索习惯，来确认长尾关键词。

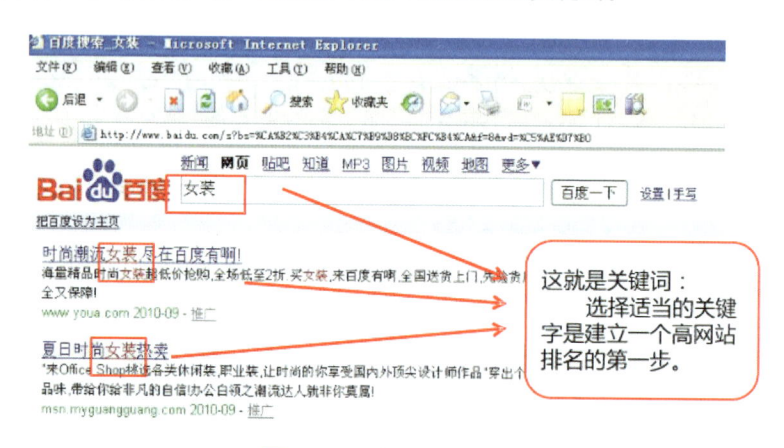

图 3-10　选择确定关键词

二、长尾关键词的分析方法

通过长尾关键词搜索结果数量、长尾关键词搜索指数、长尾关键词竞价指数、长尾关键词自然排名等指标，分析长尾关键词的竞争程度。

1. 关键词搜索结果数量分析

关键词搜索量可以通过百度指数工具（http://index.baidu.com/）获取，查看关键词在百度中的搜索量，也可以使用搜狐的 http://db.sohu.com/regurl/pv_price/query_consumer.asp 进行关键词频率查询。

搜索量在 100 万以下属于竞争较低的关键词，介于 100 万～1 000 万之间属于中等的关键词，高于 1 000 万以上属于竞争激烈的关键词。

2. 关键词搜索指数分析

关键词搜索指数反映了这个关键词搜索的热度，关键词搜索指数是指在一定周期内关键词的搜索量指标。搜索指数的统计周期可以是七天，也可以是三十天。

搜索引擎都会在搜索结果右上角列出某个关键词返回的总相关网页数，这个数字大致反映了与这个关键词相关的网页数，这些相关网页都是竞争对手。然后再使用百度和谷歌关键词工具，分析某一关键词每日搜索次数，然后进行关键词的取舍。

关键词的设计 项目 1

3. 关键词竞价排名和自然排名查询

关键词竞价是出现在竞价排名广告中需要付的价钱。可以使用百度竞价排名查询工具和百度推广后台，完成关键词竞价排名查询。

在百度搜索引擎中，竞价排名的网页快照上会出现"商业推广"字样，除去排在前几位的竞价排名外，剩下的是自然排名。

例如，使用"女装"关键词，查询在前 10 个自然排名网站有多少独立域名或内容页，竞争对手网页的外链数量和质量如何，如图 3-11 所示。

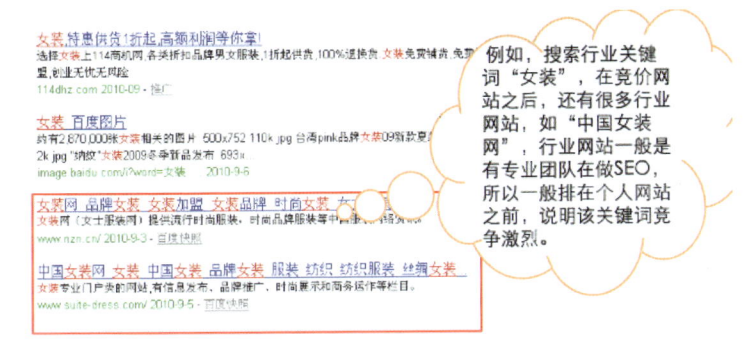

例如，搜索行业关键词"女装"，在竞价网站之后，还有很多行业网站，如"中国女装网"，行业网站一般是有专业团队在做SEO，所以一般排在个人网站之前，说明该关键词竞争激烈。

图 3-11　百度首页网站"女装"关键词的自然排名

三、关键词的拓展

1. 通过产品相关的组合词拓展

品牌关键词、行业及地区关键词、通用关键词的相互组成，可以作为长尾关键词，如图 3-12 所示。

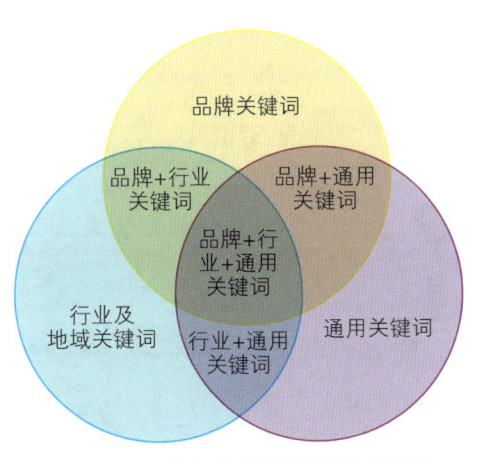

图 3-12　产品相关的组合词作为关键词

95

例如，酒店机票预订行业，进行关键词拓展，应该考虑的是以下这类词：
（1）城市名+酒店（例如：北京酒店预订），城市名+机票（例如：北京机票预订）。
（2）城市名+城市名+机票（例如：北京到广州机票预订）。

2. 扩展出更多二级关键词的方法

在百度页面底部，可以找到"相关搜索"栏目，搜索"韩版女装"可以拓展出"艾诗尚韩版女装"等二级关键词，如图 3-13 所示。

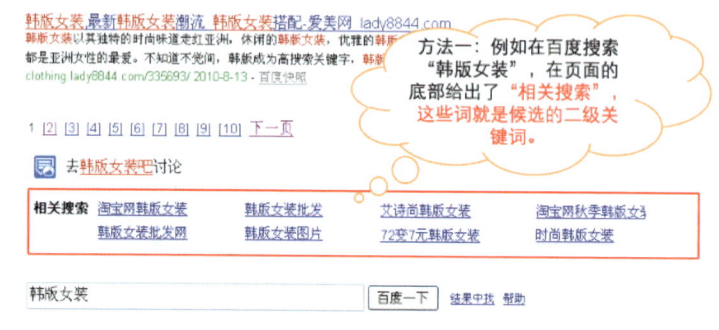

图 3-13 "韩版女装"的百度"相关搜索"结果

动手做一做

通过在站长工具关键词优化难易度查询工具（tool.chinaz.com/kwevaluate/），关键词密度检测工具（tool.chinaz.com/Tools/Density.aspx），分析竞争对手女装雪纺衫页面的关键词，总结设置关键词的思路，女装雪纺衫页面，如图 3-14 所示。

图 3-14 女装雪纺衫页面

女装产品的选词思路，如图 3-15 所示。

选词思路	选词角度	示例
产品词	产品名	雪纺衫、雪纺裙
流行词	流行词	瑞丽、米娜、昕薇、潮、爆、小辣椒、小凡
属性词	风格	欧美、日式、韩版、公主、甜美、个性、复古、波西米亚、民族风、田园、水手风、学院派……
	款式	短款、七分袖、性感、一字领、修身、宫廷雪纺、荷叶边、蛋糕雪纺、宽松
	图案	纯色、花朵、字母、蝴蝶、彩虹、碎花、豹纹
	颜色	白、白色、糖果、米白
	材质	雪纺、棉、全棉、纯棉
	季节	夏、16夏
	品牌	韩国U-GO、U-GO

图 3-15　女装产品的选词

通过站长工具关键词优化难易度查询工具（tool.chinaz.com/kwevaluate/），关键词密度检测工具（tool.chinaz.com/Tools/Density.aspx），得到输入的关键词查询结果，例如，比较"雪纺衫短袖长款"与"雪纺衫短袖正品"关键词比较的结果，如图 3-16 所示。

关键词	雪纺衫短袖长款	雪纺衫短袖正品
长尾关键词	暂无长尾关键词	暂无长尾关键词
指数	0	0
收录量	625万	444万
首页网站(前50名)	0	0
排名前10网站分析	权重>=4的网站有6个 其中属于首页的有0个 内页或目录页的有6个 权重<4的网站有1个 其中属于首页的有0个 内页或目录页的有1个	权重>=4的网站有7个 其中属于首页的有0个 内页或目录页的有7个 权重<4的网站有0个 其中属于首页的有0个 内页或目录页的有0个
竞价网站数量	13(竞价量时刻在变化)	11(竞价量时刻在变化)
优化难度	竞争度　较小	竞争度　较小

图 3-16　关键词比较的查询结果

任务 4　关键词的组合

任务描述

雅鹿公司新开发的"雅鹿"品牌内衣，电子商务部张总监要求小王对关于"内衣"的关键词做出分析，然后使用长尾关键词的挖掘工具，构建并优化"雅鹿"品牌内衣的长尾关键词。请你帮助小王完成该任务。

任务分析

使用关键词挖掘工具完成长尾关键词的挖掘，然后进行关键词的组合方法。

知识准备

长尾关键词分析的 SEO 挖掘工具有很多，比较常用的是爱站网长尾关键词挖掘工具、百度关键词挖掘工具、站长助理等。

关键词优化的三个阶段，即长尾词阶段、组合词阶段、热词阶段，如图 3-17 所示。

```
                                    后期（热词）
                                    大流量
                    中期（组合词）
                    中流量
早期（长尾词）
小流量

连衣裙 雪纺 修身    连衣裙 雪纺    连衣裙
```

图 3-17　关键词优化的三个阶段

前期做小流量的长尾关键词优化，中期做组合关键词优化，后期做大流量的关键词热词优化。

任务实施

一、长尾关键词的选择

SEO 工作者可以从淘宝直通车的规则——"推广初期将更多的投入放在精确推广，推广后期开始进行广泛的推广"中得到启发：长尾关键词的选择要围绕精准性展开。

1. 使用 SEO 长尾理论分析

大中型网站的典型的 SEO 长尾理论概念图，如图 3-18 所示。

长尾关键词的选择

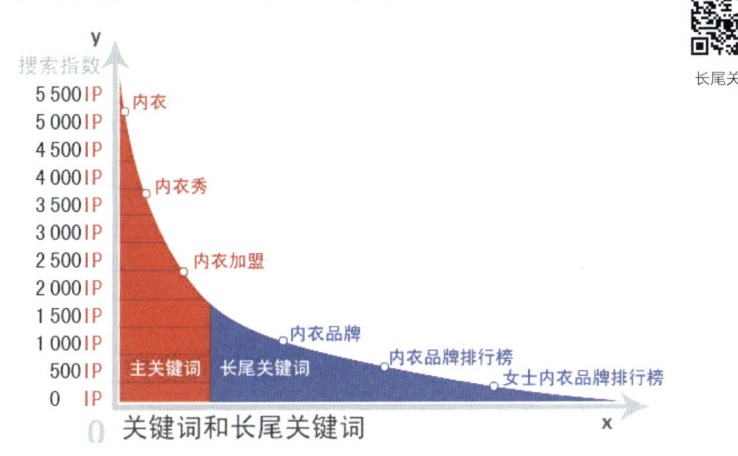

图 3-18　SEO 长尾理论概念图

2. 分析结果描述

（1）**曲线分析**。在 SEO 长尾理论图上，坐标轴数值向上向右递增。X 轴是指网站的每日访问量 IP 数，Y 轴定义为关键词的长度和数量，因为从左到右关键词的长度越来越长、关键词的可选择范围越来越大。

从图上能看出，"内衣""内衣秀""内衣加盟"是主关键词，"内衣品牌""内衣品牌排行榜""女士内衣品牌排行榜"长尾关键词是由主关键词衍生出来。

不同的关键词对应着不同的每日访问量 IP 数的值，把这些对应的值连起来是一条先是急降，然后是缓慢下降的曲线。

（2）**形状区域分析**。曲线和坐标轴组合成一个燕尾的形状，这个形状的面积是网站目标客户的数量。面积用红、蓝色分成了两个不同的区域，这两个区域的面积之差表示主关键词和长尾关键词引流的差异。

（3）总访问量分析。红色区域代表主关键词，而蓝色区域代表长尾关键词。长尾关键词字数长，搜索的人数少，但是长尾关键词的数量多，所以由长尾关键词带来的总访问量也很大，即总流量非常大。

二、使用关键词的挖掘工具筛选长尾关键词

SEO工作者使用相关工具获取大量的长尾关键词，比如爱站网长尾关键词挖掘工具、百度指数工具、百度下拉框等方式，筛选长尾关键词。

长尾关键词记录单的作用是将获取到的长尾关键词进行分类整理，长尾关键词记录单，如表3-4所示。

表3-4　关键词记录单

序号	分类	关键词	对应的URL地址

并非每个长尾关键词都是适合的，想要在长尾关键词库里筛选出适用的长尾关键词，可以用百度指数或者百度统计后台，筛选出用户搜索经常使用的关键词，做成长尾关键词流量转化率报表，一个月后根据后台统计数据进行微调，经过二次筛选能够将比价类、询问类、地区服务类这些高转化的长尾关键词保留。

判断一个长尾关键词的竞争度，可以从关键词搜索结果数量、关键词搜索次数、关键词相关性这三个因素进行分析，如表3-5所示。

表3-5　长尾关键词竞争性分析表

序号	关键词	相关性（好/中/差）	关键词搜索结果数量	关键词搜索次数

三、组合长尾关键词

SEO工作者需要选定关键词适合组合。产品类关键词和地域类关键词，适合用组合，但符合搜索习惯的关键词组合起来才可以。例如，文章中图片的关键词和修饰词组合起来，完全符合搜索习惯，就可以按照这类词去组合。

组合关键词是把多个关键词拼合成一个长尾关键词。例如，地区类和同类的关键词，可以快速批量组合大量的长尾关键词。具体操作的实施有手动组合和工具组合两种方法。

关键词的设计 项目 1

1. 手动组合关键词

地域词竞争度更低，并且地域词信赖度高，一般作地域词的关键词并不多，通常都是比较常用的几个关键词与每个地区的地域词进行组合。这种的关键词可以手动快速组合成长尾关键词。

2. 工具组合关键词

关键词组合工具适合组合量更大的词，通过 SEO 长尾理论概念图可以看出，不只是地域词，其他类关键词同样都适合组合。

影视行业关键词词库

四、关键词词库的建设

1. 建立关键词词库

建立关键词词库是 SEO 最重要的工作。规模大的公司都有专门的 SEO 专员负责网站的词库建设，每天负责收录和整理关键词。可以通过百度指数、百度下拉菜单、百度相关搜索、百度凤巢、爱站网同行关键词、站长之家词库等工具查询得到关键词。

关键词词库可以通过 EXCEL 表来建立。

2. 关键词分类

对于获取到的大量关键词，需要进行分类。电子商务网站的关键词，可以根据关键词价值分组为一级关键词（黄金词）、二级关键词（白银词）、三级关键词（普通词），也可以根据行业产品特性分组，还可以根据爆款覆盖词进行分组。

3. 关键词词库的积累

一个网站优化到后期，更应注重关键词词库的积累，词库中关键词的数量越多，就能够通过 SEO 引来越多的流量，一个中等规模的电子商务网站词库的关键词一般有 4 000 多个。

五、在淘宝宝贝中应用组合关键词

1. 自身特征的组合关键词

在阿里平台上，关键词有自身特征，分为以下四种类型：

（1）属性关键词是指介绍商品的类别、规格、功用等介绍商品基本情况的字或者词。

（2）促销关键词是指关于清仓、折扣、甩卖、赠礼等信息的字或者词。

（3）品牌关键词包括商品本身的品牌和店铺的品牌两种，如"耐克""雅戈尔"等属于商品本身的品牌关键词，"柠檬清茶"等属于店铺的品牌关键词。

101

（4）评价关键词是指主要作用是使人产生一种心理暗示的字或者词，一般都是正面的、褒义的形容词，如 X 钻信用、皇冠信誉、百分百好评、市场热销等。

2. 产品标题的组合关键词

产品标题关键词的组合有多种组合方式：

组合方式一：品牌关键词＋行业关键词＋通用关键词。

组合方式二：促销关键词＋品牌关键词＋属性关键词。

组合方式三：品牌关键词＋评价关键词＋属性关键词，例如，加入品牌关键词"罗莱家纺"，宝贝标题为"罗莱家纺纯棉斜纹印花床品四件套"。

组合方式四：评价关键词＋促销关键词＋属性关键词，例如，加入评价关键词"双钻信誉"，宝贝标题为"双钻信誉七折包邮纯棉斜纹印花床品四件套"。

动手做一做

设置淘宝宝贝标题关键词的组合

在发布宝贝商品的时候，给宝贝的标题尽量多设置几个关键词是很有必要的。淘宝网商品名称的容量是 30 个汉字、60 个字节，可以根据顾客的消费需求和定位的区别，在容量能够满足的前提下，可以尽可能选用更多的关键词，扩大消费者搜索的范围，可有效增加宝贝被搜索到的概率。

项目 2

关键词的部署

在优化网站时,使用关键词可以为网站吸引更多的流量,关键词部署在网站内容页面,除了内容页的标题和正文,还存在于网页代码中。

任务1 统计页面关键词密度

任务描述

为了防止 SEO 过度优化，雅鹿公司电子商务部小王需要对网站关键词进行密度统计，打开 http://tool.chinaz.com/Tools/Density.aspx，使用站长工具，完成对雅鹿公司网站的页面关键词密度统计，填写统计表格，最后给出分析改进意见。请你帮助小王完成这一任务。

任务分析

利用工具挖掘出大量关键词之后，要对关键词进行分析筛选，主要分析精准度、竞争度、搜索量三个指标。

网站的页面关键词密度统计需要通过站长工具来完成。供参考使用的关键词密度查询工具有如下五种：

http://www.webconfs.com/keyword-density-checker.php

http://www.seobox.org/keyword_density.htm

http://tool.chinaz.com/Seo/Key_Density.asp

http://www.keyworddensity.com

http://www.seo-sh.cn/keywords

关键词密度

知识准备

一、关键词密度

搜索引擎利用自身的算法来统计页面中每个字的重要程度。关键词密度是指关键词在网页上出现的总次数与网页文字的比例，这是搜索引擎优化策略最重要的一个依据。为了得到更好的排名，关键词必须在页面中出现若干次，或者在搜索引擎允许的范围内。关键字密度的计算公式如下：

关键字密度=关键词所占字节÷网页内容总字节

量度关键词在网页上出现的总次数与其他文字的比例，一般用百分比表示。相对于页面总字数而言，关键词出现的频率越高，关键词密度也就越大。

二、长尾关键词的特性

在引流的能力上，长尾关键词一点都不比核心关键词弱。长尾关键词的竞争小，虽然搜索次数小，但是其总体数量是庞大的，加起来比热门关键词的搜索次数还要多。所以如果在网站中能大量地累积长尾关键词，会为网站带来大量的流量。

长尾关键词比之目标关键词具有明显的特征：关键词比较长，往往是2～3个词语组成，甚至是短语。长尾关键词的特性包括：搜索量很小、搜索频率不稳定、竞争程度小、词量无限大、目标较精准、转化率高、大型网站占优势、有几个词组成，如图3-19所示。

图3-19 长尾关键词的特性

网页关键字密度检测工具

任务实施

一、关键词密度分析

分别以雅鹿公司和波司登公司网站首页面作为分析对象，查找网页内容和代码中出现的关键词，进行关键词密度分析，关键词密度的建议值在2%～8%之间。填写完成关键词密度分析表，如表3-6所示。

表3-6 关键词密度分析表

统计项目	雅鹿公司	波司登公司
关键词组成		
页面文本总长度		
关键词出现频率		
关键词密度计算结果		

二、关键词的建议

完成关键词插入后，再次使用站长工具进行检测，了解关键词密度变化情况。

当一个关键词搜索结果的前三页中，有超过 10 个以上的内容页面（非首页面），说明这个关键词是比较容易优化的。

🔍 动手做一做

使用分析关键字密度工具：http://tool.chinaz.com/Tools/Density.aspx 分析某电子商务网站的一个内容页面。该内容页面的关键词密度具体数据检测结果如下所示。

页面文本总长度：2324 字符

关键字符串长度：5 字符

关键字出现频率：31 次

关键字符总长度：155 字符

请你计算此页面的关键词密度是多少？分析此关键词部署的密度是否合理？

任务 2　关键词的部署应用

对于产品类型的网站或企业站，长尾关键词具有明显的转换率，因为这样的长尾关键词高度符合用户的搜索目标。存在大量长尾关键词的大中型网站，其总流量非常大。将长尾关键词合理地嵌入到网站中，是 SEO 工作者值得研究的课题。

🔍 任务描述

雅鹿公司电子商务部小王，通过使用长尾关键词的挖掘工具挖掘选取，已经构建出 10 个关于"内衣"的长尾关键词。现在请你帮助小王，将这些长尾关键词应用于网站页面中。

关键词的部署 项目2

任务分析

在首页和频道页主要部署核心关键词，在内容页和详情页主要部署长尾关键词。根据客户的浏览习惯，文章中关键词的部署尽量放在最显眼的位置，即在文章开头或中间的位置。

知识准备

长尾关键词基本属性是：可延伸性，针对性强，范围广。

选好关键词后，就要把关键词有序的排列分布。一个网站比较合理的关键词的分布应该符合金字塔结构。

关键词布局的金字塔结构

1. 金字塔结构

塔尖： 网站的两三个核心关键词应该放在首页，也就是塔尖部分。

塔身： 网站的一级分类关键词应该有十几个，每种分类词可以放两三个意思相近的关键词；大中型网站有二级甚至更多分类，这些分类的首页可以放再次一级的关键词。这些一级和二级分类页面的关键词组成塔身部分。

塔底： 更多的长尾关键词可以放在文章、帖子、产品等详细页面，组成金字塔的底部。

关键词金字塔分布如图 3-20 所示。

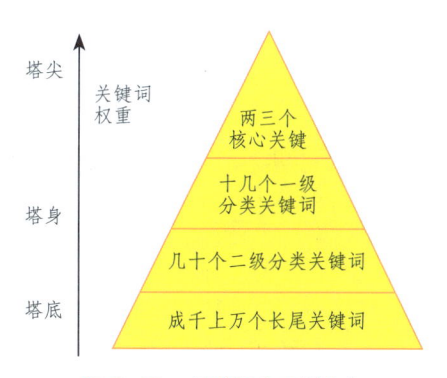

图 3-20　关键词金字塔分布

关键词分布在符合金字塔形结构的前提下，还要注意以下三点：

（1）每个页面的关键词不可太多，一般 2～3 个。

（2）每个关键词只能在一个页面优化。

（3）关键词的研究决定了网站内容的策划。只有明确了每个版块的关键词，网站的

内容才能围绕主题详细有序地增多。

2. 每层关键词的分组

在选好核心关键词后，把剩下的关键词按逻辑分类，每一组关键词都针对一个分类。关键词分组更多的是需要对行业的了解。

例如，假设核心关键词选为羽毛球；一级分类关键词可以是羽毛球馆、羽毛球培训、羽毛球活动、羽毛球资讯、羽毛球装备等；每一级分类下还可以有二级分类，如羽毛球培训可以分为：专业羽毛球培训、青少年羽毛球培训等；最后，羽毛球培训的文章可以放在二级分类下的文章列表。

任务实施

一、关键词的整体布局

（1）核心关键词的部署位置。指数高、竞争力大的关键词，部署在网站首页，也比较容易和其他网站竞争大的关键词，进行竞争排名。

（2）目标关键词位于一级和二级导航页，将一些竞争难度比较小的词部署在导航页里面，因为很多网站这些词都是用内容页或者栏目来做的，就没必要浪费首页的权重来做竞争力没那么大的关键词。

（3）网页标签中部署关键词。

（4）网页文章中部署关键词。

二、网页标签中布署关键词

1. 关键词插入到标题标签 title 和 meta 标签中

\<title>关键字1，关键字2，--\</title>

\<meta name="keyword" content=关键字1，关键字2，--->

例如，查看波司登官网的源代码文件中的 meta 标签，如图2-21所示。

```
<!DOCTYPE html>
<html xmlns="http://www.w3.org/1999/xhtml">
<head><meta http-equiv="X-UA-Compatible" content="IE=edge,chrome=1"
charset="UTF-8" /><title>
波司登国际控股有限公司 官方网站
</title><meta name="renderer" content="webkit" /><meta name="keywords"
content="波司登,雪中飞,冰洁,康博,波司登男装,康博男装,羽绒服,羽绒衣,防寒服,男装,女
装,男款,女款,休闲服,休闲衣,摩高,杰西,童装,时尚,科技,中国,国际,英国,海外,发展,创新,
高德民" /><meta name="description" content="波司登国际控股有限公司连同其附属公司
是以羽绒服设计、制造与销售为主营业务的多品牌综合服装经营集团，旗下核心羽绒服品牌包括波
司登、雪中飞、康博和冰洁。通过这些品牌，本集团提供多种羽绒服产品以迎合不同阶层的消费
者，藉此巩固了在中国羽绒服行业的优势地位。" /><link rel="stylesheet"
```

图 3-21 查看网页 meta 标签

2. 关键词插入到图片标签的 ALT 属性

关键词插入到图片的 ALT 属性中，更加更有利于 SEO。

3. 关键词插入到 tag 标签

（1）tag 标签。tag 标签是由操作者自己定义的能够概括文章主要内容的关键词，tag 标签也是网站内部链接的重要组成部分。

通过给文章定制标签，可以让访客更方便准确地找到所需求的文章，可以为每篇文章添加一个或多个标签，发表成功后，点击 tag 标签，可快速查看网站内所有相同标签的文章、产品，增加用户黏度。tag 标签起到文章关联的桥梁作用，如图 3-22 所示。

（2）tag 标签中部署关键词。tag 标签应设置为主站或者频道页涉及不到的关键词，这样才能起到互补的作用。但是，tag 标签不宜设置过多。一般设置 2~3 个即可，并尽量保证每个 tag 标签列表页下面至少有 3 篇文章。

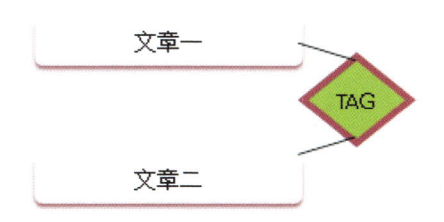

图 3-22　tag 标签起到文章关联的作用

三、站内文章部署关键词

一般情况下用户浏览习惯是先看网站左侧再看右侧，而 title 的布局习惯也应该这样设置，重要的放左边，这样有利用户第一眼看到重点信息。在文章页里边也是一样，重要的信息直接放在标题或者正文头部最显眼的地方，用加粗标签说明也是突出的方法之一。

（1）正文插入关键词涉及的两个指标。正文中的关键词牵扯到两个概念。一个是词频，也就是关键词出现的次数。另一个是关键词密度，也就是关键词出现次数除以页面可见文字总词数。

最初的搜索引擎算法认为，关键词出现次数越多，也就是词频越高，页面与这个关键词越相关。但词频概念没有考虑内容长度。页面正文如果是 1 000 个词，显然关键词词频很容易比 100 个词的页面高，但并不必然比 100 个词的页面更相关。用关键词出现次数除以总词数，得到关键词密度，是更合理的相关性判断标准。

现在的搜索引擎算法已经比简单词频或密度计算复杂得多。一般来说，篇幅不大的页面出现两三次关键词就可以了，篇幅比较长的页面出现 4~6 次也已经足够，千万不要堆砌关键词。

（2）正文关键词的权重。正文前 50~100 个词中出现的关键词有比较高的权重，通常建议第一段文字的第一句话就出现关键词。实际上这也就是自然写作的必然结果。和写议论文一样，页面的写作也可以分为论点、论据及最后的总结点题。文章最开头首先需要点明论点，也就自然地包含关键词。接下来的论据部分再出现两三次，结尾点题再次出现关键词，一个页面的可见文字优化就完成了。

（3）正文关键词的相关性。编辑网页页面内容时可以适当融入关键词的变化形式，包括同义词、近义词、同一件事物的不同称呼等。比如电脑和计算机是同义词，可以在页面中交叉出现。

语义分析，搜索引擎可以掌握词之间的关系，这就涉及语义分析。SEO业界很热烈地谈论过一阵潜在语义索引。潜在语义索引研究的是怎样通过海量文献找出词汇之间的关系，当两个词或一组词大量出现在相同文档中时，这些词之间就被认为是语义相关的。

例如，电脑和计算机这两个词，在人们写文章时经常混用，这两个词在大量的文档、网页中同时出现，搜索引擎就会认为这两个词是极为语义相关的。实际上它们是同义词。

在进行网页写作的时候，不要局限于目标关键词，还应该包含与主关键词语义相关、相近的词汇，以支持主关键词。例如"培训"这个词，要加强相关性，并不是多出现几次"培训"这么简单，还可以通过出现其他语义相关词汇。和"培训"语义相关的词包括：老师、学生、理论、技巧、师父、徒弟、考试、实践、学校、师资、教育等。由于语义分析的因素，这些词在搜索引擎看来是比较相关的，在进行网页写作时，就要把这些词符合逻辑地融入进去。

四、页面关键词的部署

关键词部署得好坏决定网页的收录量和流量。网站关键词部署应遵循金字塔定律，一般合理的整个网站的关键词部署类似金字塔形状：核心关键词部署在首页、每个页面最多不超过3个关键词、关键词避免页面相互竞争。

任务3　关键词锚文本部署

任务描述

雅鹿公司电子商务部的小王和小李今天在讨论"SEO过程中，网站锚文本如何部署？"的话题，就网站锚文本部署的疑惑，两人讨论的焦点为：

（1）网站锚文本部署的位置；
（2）网站锚文本部署的数量。
请你参与到讨论中，说出你的观点和理由。

任务分析

1. 锚文本的优化，主要涉及锚文本在网页中如何部署和锚文本部署的数量。

2. 关键词的部署，主要涉及"网站关键词放在什么位置好？关键词密度要控制在多少范围内为合适？"这两个问题。

知识准备

1. 锚文本

狭义的锚文本就是网页文章中带了超链接的关键词，实际上是建立了文本关键词与URL链接的关系，锚文本的"锚"就是文字中的超链接。广义的锚文本分为包含关键词的锚文本和不包含关键词的锚文本两种。例如通常指向首页的内部链接锚文本为"首页"或"主页"，就不属于关键词锚文本。

2. 合理部署关键词锚文本

合理的分布站内锚文本，会使搜索引擎蜘蛛更快速地在网站目录爬行，是对搜索引擎友好的一种表现，同时可提高用户体验。

锚文本的部署方式：上、左、下。浏览者的阅读习惯都是按照从上到下，从左到右的顺序的，那么如果将一些关键词出现在网页的上、左、下三个部位，那么就很容易被搜索引擎蜘蛛抓取到，对于排名是很有益处的。

锚文本的部署数量：锚文本的部署数量根据文章的长度适当调整，文章在 1 000 字左右，部署 2~3 个锚文本比较合适。

任务实施

一、网站锚文本的部署原则

第一，锚文本链接要与本页面的相关。例如：网站锚文本是"SEO"，链接的页面就应该是关于 SEO 的介绍及相关内容，因为对于搜索引擎和用户而言，点击该锚文本链接，能对这个词语的详细描述进行深入了解。

第二，同一页面下相同关键词的锚文本不要出现不同的链接。

第三，关键词锚文本部署的"四处一词"原则。四处就是网页的四个地方，一词就是指关键词。关键词锚文本应部署在以下四处：

（1）当前页面的标题上部署关键词锚文本。

（2）在页面的 keywords 和 description 标签中部署关键词。

（3）在页面的文章中，部署关键词锚文本，并在正文第一次出现时需要设置文本加粗；起到强调作用，有利于搜索引擎抓取。

（4）部署在其他网页的文章页面内关键词锚文本。

关键词锚文本切忌都链向首页，如果都集中导向网站首页，会导致网站权重下降。

二、网页中部署锚文本

将关键词插入锚文本。关键词插入到网页正文的锚文本中，如图 2-23 所示。

图 3-23　关键词的插入位置

三、网站页面的关键词锚文本密度控制

（1）关键词锚文本部署要注重密度。一篇 500~800 字的页面文章内，合理的关键词部署应该在 3~5 个之间。

（2）关键词锚文本部署切忌刻意加锚文本链接。在文章开始、结尾如果刻意加入众多的关键词，出现次数过多可能会造成关键词的堆砌，被判定为作弊。

动手做一做

使用网页编辑软件，读取文章内容，使用字符查找替换功能，找到网页文章中的关键词替换为锚文本链接。

关键词的部署 项目 2

实验二　设计网站关键词

一、实验目的

1. 了解关键词筛选的流程；
2. 掌握关键词扩展的相关方法；
3. 熟练应用常用的关键词分析工具。

二、实验内容

利用百度指数、谷歌趋势、追词等工具进行关键词的查找和筛选。

三、实验过程

为一个销售玩具的网站，进行关键词选取。

1. 核心关键词的选取

（1）备选核心关键词的查找。核心关键词主要是与网站的经营主体相关，其选择原则是需要兼顾关键词的搜索量和竞争量。选取某销售玩具的网站，首先通过站长工具查询竞争对手网站包含的核心关键词，组成备选核心关键词。首先根据顶级的核心关键词，然后进一步细分、扩展。

（2）核心关键词的筛选。通过百度指数中的 intitle 指标查询备选核心关键词 10 个，进行备选核心关键词综合评分，并填写表 3-7。

表 3-7　备选核心关键词分析列表

备选关键词	搜索量	intitle 数	竞价数	竞争度	关键词转化率
芭比娃娃					
青少年玩具					
儿童玩具					

续　表

备选关键词	搜索量	intitle 数	竞价数	竞争度	关键词转化率
变形金刚玩具					
毛绒玩具					
儿童益智玩具					
电动玩具					
遥控玩具					
智能娃娃					
音乐玩具					

在选词时，除了考虑搜索量和竞争程度外，还要考虑关键词转化率等因素，最后从中选择两个关键词作为核心关键词。

2. 相关关键词的选取

相关关键词也叫作扩展关键词，就是对核心关键词的一个扩展。以分类"遥控玩具"和"电动玩具"为例，分别选取合适的相关关键词。

3. 长尾关键词的选取

长尾关键词是对相关关键词的扩展，以"毛绒玩具"，选取拓展出来的长尾关键词80个，并从搜索量、点击量、竞争量、产品属性、地域性等五个方面进行列表分析。

四、实验结果

实验完成后，按照实验内容书写实验报告，内容包括实验的操作过程和实验体会。

课后练习题

一、填空题

1. 目标关键词是_____。

2. 百度统计、Google 分析中的"访问者"类似，百度统计中的"_____"也是统计访客对网站的访问情况、忠诚度等信息，包括地域、当天回头客、访问页数、访问时长、网络提供商、浏览器、操作系统、分辨率等报告。

3. 百度统计之"_____"的主要功能是分析网站上流量的来源分布情况，比如推荐网站、搜索引擎搜索、直达等。

4. 百度统计之"_____"是指一段时间内网民对被统计网站的访问情况。流量上涨，表示网民对网站的关注度提升；流量下跌，表示网民对网站的关注度降低。

5. 百度统计之"_____"就是访客对被统计网站的各个页面的访问情况，包括子目录、最常访问、入门页面、退出页面、转化路径、页面上下游等统计项。

6. 关键词的插入方法主要有五种：_____、_____、_____、_____、_____等。

7. 长尾关键词是_____。

8. 跳出率是指_____，转化率是指_____。

9. 选择优秀关键词的三大标准：_____、_____、_____。

10. 关键词密度是关键词出现的频率除以_____，网站首页的关键词密度一般在_____。

二、选择题

1. 不属于选择关键词的策略是（　　）。
   A. 不断寻找关键词　　　　　B. 使用更长的关键词
   C. 词意相反的关键词　　　　D. 关键词组合

2. 索引网站的方式基本分为使用 Spider 对网站进行索引和（　　）。
   A. 全文索引　　　　　　　　B. 目录索引
   C. 选择索引　　　　　　　　D. 关键索引

3. 竞争度中等关键的特点是（　　）。

  A. 搜索次数介于 0 ~ 100 次，搜索结果少于 50 万

  B. 搜索次数在 100 ~ 300 次，搜索结果 50 万 ~ 100 万

  C. 搜索次数在 300 ~ 500 次，搜索结果 100 万 ~ 300 万

  D. 搜索次数 500 ~ 1 000 次，搜索结果 300 万 ~ 500 万

4. 关键词竞争度分析中，参与该关键词竞价排名站点在（　　），是属于优化难度中等偏上的词。

  A. 0 ~ 3 个　　　　　　　　　　B. 3 ~ 6 个

  C. 6 ~ 10 个　　　　　　　　　 D. 10 个以上

5. 以下选项不是长尾关键词特征的是（　　）。

  A. 搜索量很小　　　　　　　　 B. 词量无限大

  C. 搜索频率不稳定　　　　　　 D. 转换率小

6. 目标关键词放在（　　）效果最佳。

  A. 关键词标签　　B. 标题标签　　C. 描述标签　　D. 链接标签

7. 以下不属于关键词分类的是（　　）。

  A. 核心关键词　　　　　　　　 B. 扩展关键词

  C. 长尾关键词　　　　　　　　 D. 属性关键词

8. 关键词最佳密度是（　　）。

  A. 1% ~ 5%　　　　　　　　　 B. 5% ~ 10%

  C. 10% ~ 20%　　　　　　　　 D. 20% ~ 30%

9. 在关键词分析时，以下（　　）思路是错误的。

  A. 选择热门关键词，一旦成功就会有非常高的流量

  B. 罗列关键词，并合理分布到网站的目录页和内容页

  C. 用网站上的流量统计工具去分析有搜索价值的关键词

  D. 找与产品相关的词或地域来扩展关键词

10. 提供关键词排名，以下（　　）办法是不可取的。

  A. 在 ALT 标签中写关键词

  B. 导出链接锚文本中包含关键词

  C. 重复关键词以增加关键词密度

  D. H1、H2 标签中出现关键词

三、问答题

1. 目标关键词和长尾关键词有哪些？请列出四种以上区别。

2. 什么是搜索跳出率？如果页面的跳出率过高，代表什么含义？

模块四 网站链接优化策略

搜索引擎在决定一个网站的排名时,不仅要对网页内容和结构进行分析,而且要对网站的链接展开分析。

网站链接分为外链和内链两种。入站链接是指来自外部网站的链接,简称外链。同一个网站的页面之间的互相链接,简称内链。内链、外链、友情链接的关系,如图4-1所示。

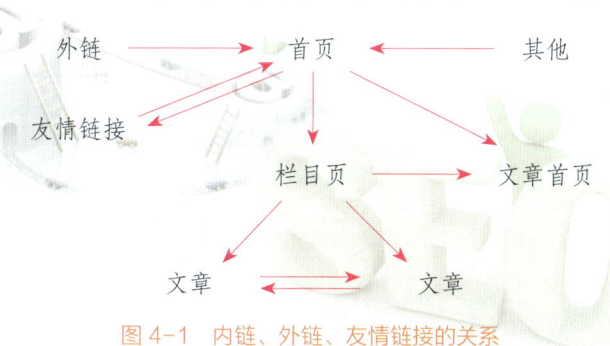

图 4-1 内链、外链、友情链接的关系

项目 1

友情链接优化

友情链接是指网站双方站长约定，双方同时在自己的网站加上对方的链接，友情链接是首页与首页的交换，通过点击友情链接，即可到达对方网站首页。链接的质量更高。

友情链接优化 项目1

友情链接会给网站带来流量（通过对方网站导入流量）；友情链接可以增加网站曝光率（通过同行网站高展示地带动）；友情链接可以提高关键词排名，让搜索引擎更多地收录网页。

友情链接的思维导图，如图4-2所示。

友情链接的优化包括了友情链接的查询、友情链接的交换、友情链接效果检测。

友情友链
- 什么是友链？
- 友链特点
- 友链作用？
- 寻找
- 友链交换注意
- 友链维护

图4-2 友情链接的思维导图

任务1 寻找友情链接

任务描述

雅鹿公司电商部小王使用站长帮手网（http://check.linkhelper.cn/）的友情链接检测工具，检测网站的友情链接各项统计数据，然后利用友情链接优化本公司网站。

任务分析

寻找网站友情链接的方法包括：找合作伙伴寻求友情链接；在竞争对手的反向链接查找；在流量高的平台类或论坛类网站中查找。

知识准备

一、寻找高质量的友情链接

寻找高质量的友情链接的方法

友情链接质量，质量指标主要由友情链接网站页面PR值、网站相关性、导出链接的数目、页面内容的更新、网站首页的快照日期等五个方面组成，具体如表4-1所示。

表 4-1　判定友情链接的质量

统计项目	作用
友情链接网站页面的 PR 值	对方网站的网页 PR 值越高，权重越大
友情链接网站与网站的相关性	假如网站是一个化妆品网站，而对方网站是一个重型机械的网站，相关性差
友情链接页面导出链接的数目	假如对方做了太多的友情链接，效果下降
友情链接页面的内容更新情况	友情链接页面的内容经常更新，搜索引擎经常来抓取这个页面，那么效果就比较好
网站首页的快照日期	快照日期反映对方网站的权重和更新速度

二、避免友情链接牵连处罚

1. 友情链接具有网站权重传递的特性

友情链接实际上是高质量外链的一种，在传递权重上的能力要高于其他链接。由于大部分友链交换都会选用链接锚文本的形式，所以对目标关键词排名的影响也是相当大。

由于友情链接的这种特点，在传递处罚时，也会起到较大的影响。如果交换友链的网站遭到处罚，那自身的网站必然受牵连，也会被搜索引擎降权。

2. 不能做友情链接的网站

（1）已经加入太多导出链接的网站。

（2）有 SEO 作弊现象的网站，比如堆砌关键词、加入链接基地等。

（3）非法内容的网站。含有非法内容的网站，容易受到搜索引擎的打击，网站容易被降权，与之相链接的网站会受到其牵连。

（4）快照日期更新比较慢或长期不更新的网站。此类网站不会获得用户和搜索引擎的认可，只有那些每天更新优质内容的站点，才会被搜索引擎青睐。

任务实施

一、寻找友情链接

1. 到竞争对手网站首页去查找友情链接

使用站长帮手网提供友情链接检查工具，批量查询某一网站的友情链接在百度的收录、百度快照、PR 值、百度权重、百度流量等指标。例如，打开站长帮手网（http://

check.linkhelper.cn/），在域名文本框中输入查找关键词，进行网站友情链接的统计分析。例如，输入波司登公司的域名，可以看到有七条友情链接，如图 4-3 所示。

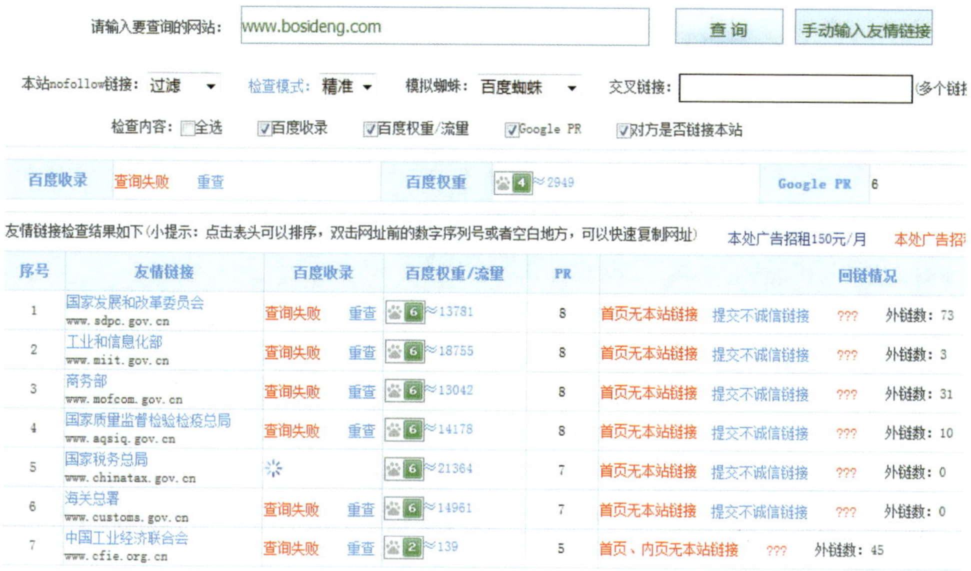

序号	友情链接	百度收录	百度权重/流量	PR	回链情况
1	国家发展和改革委员会 www.sdpc.gov.cn	查询失败 重查	6 ≈13781	8	首页无本站链接 提交不诚信链接 ??? 外链数：73
2	工业和信息化部 www.miit.gov.cn	查询失败 重查	6 ≈18755	8	首页无本站链接 提交不诚信链接 ??? 外链数：3
3	商务部 www.mofcom.gov.cn	查询失败 重查	6 ≈13042	8	首页无本站链接 提交不诚信链接 ??? 外链数：31
4	国家质量监督检验检疫总局 www.aqsiq.gov.cn	查询失败 重查	6 ≈14178	8	首页无本站链接 提交不诚信链接 ??? 外链数：10
5	国家税务总局 www.chinatax.gov.cn		6 ≈21364	7	首页无本站链接 提交不诚信链接 ??? 外链数：0
6	海关总署 www.customs.gov.cn	查询失败 重查	6 ≈14961	7	首页无本站链接 提交不诚信链接 ??? 外链数：0
7	中国工业经济联合会 www.cfie.org.cn	查询失败 重查	2 ≈139	5	首页、内页无本站链接 ??? 外链数：45

图 4-3 友情链接检查结果

2. 到友情链接交换平台查找

友情链接交换平台可以免费发布信息，方便站长交换友情链接。站长可以在这些平台上发布自己的网站，设置友情链接交换条件。常见的友情链接交换平台有站长前线、站长帮手网、阿里微微、站长之家。

3. 使用百度高级搜索功能查找

进入百度高级搜索页面，搜索结果栏目，包含以下搜索的关键词：“友情链接申请产品词”，会发现很多友情交换页面，该页面写着链接交换要求及站长联系方式。

4. 通过腾讯 QQ 群查找

在 QQ 中输入关键词“友情链接”，搜索 QQ 群，通过这样的搜索方式找到的群相关性高，但需要后期深入了解对方网站后，挑选合适的网站进行友情链接交换。

二、建设高质量的友情链接

友情链接无疑是作用最好的外链，高权重友情链接的作用可能等价于几百个甚至上千个论坛外链的作用，可以明显地提升网站权重和关键词排名。高质量的友情链接的一个重要指标就是相关性。友情链接的相关性包括两个方面：

（1）网站内容相关性。交换友情链接的网站内容相关，是指网站产品和服务相关，网站关键词有一定的相似度，所以会给双方的网站带来一定的排名提升。

（2）PR值相关性。交换友情链接的PR值相关，是指网站的PR值相差不多的网站进行友情链接交换，如果与PR低的网站交换友情链接，则自己的网站权重得不到提高。

动手做一做

淘宝友情链接的作用能增加各个店铺的联系，同时获得更多的买家进入店铺。快速添加淘宝店铺高质量友情链接，具体操作方法如下：

（1）进入淘宝主页，点击右上角的"公告、规则、论坛、安全、公益"这些栏目中的"论坛"栏目，进入消费者社区。

（2）进到社区后，使用关键字搜索帖子，只要在帖子搜索栏里输入"友情链接"进行搜索。

（3）找到关于友情链接的帖子后，进行比较分析，找出可以交换链接的卖家。然后可以和对方卖家沟通，如果对方也有交换链接的意向，就可以给你的店铺链接上高质量的友情链接了。

（4）登陆淘宝"我是卖家"后台，点击"店铺装修"，完成友情链接的设置。

任务2 交换友情链接

任务描述

雅鹿公司电子商务部的小王接到电商部总监布置的一项新任务，要求使用Alexa工具和站长帮手在线检测工具，检测和监控雅鹿公司网站友情链接的使用效果，并使用爱站工具包进行友情链接优化，最后进行友情链接的交换，制作完成友情链接交换统计表。

任务分析

友情链接的检测工具有很多，经常使用的工具有 Alexa 工具软件、爱站工具包、站长帮手在线检测工具、ChinaZ 的站长工具等。

知识准备

友情链接是指互相在自己的网站上放对方网站的链接，友情链接交换的基本原则：

（1）与行业相关的网站做友链交换。从 Google、百度等各大搜索引擎来看，它们更看中链接中"相关性强"的网站。比如我们是做网站建设的，那么友链最好就跟网络公司去交换。

（2）与高 PR 值的网站做友链交换。高 PR 值（PR≥6）的网站意味着高权重，也意味着更多的关注，直接与这类网站做链接是极其划算的，也可以间接地获得他们的链接。例如：A 网站与 SOHU 交换链接，我方网站与 A 网站交换链接。

但是，如果网站的权重比较高，但是里面的内容比较差，广告也比较多，那么就不建议跟这种网站去交换友链。

（3）与经常更新的网站做友链交换。因为"更新频率"的可传递特性，导致搜索引擎蜘蛛会频繁抓取更新的页面时，也抓取到与之做友情链接的网站页面。

（4）与友情链接少的网站做友链交换。对方网站的友情链接数量不能太多，正常不要超过 30 个。本身一个企业网站的权重就不会很高，如果交换了 30 多个友情链接了，那么再交换的效果也不明显。再则是交换了太多友链，如果其中一个网站被降权，会影响到与之做友链的网站也被降权，所以不建议和友链数量过多的网站去交换链接。

（5）与传递权重的网站做友链交换。要判断对方友链是否传递权重：首先，检查对方的 Robots.txt，查看是否写了友链不传递权重的语句；其次，在链接里面检查是否加了 nofollow 标签。如果都没有发现问题，则确定与对方网站进行友链交换。

nofollow 标签是超链接<a>的一个属性值，nofollow 标签可以避免网站权重的流失，也可以加在不重要的栏目，减少 PR 值的导入。nofollow 标签的使用，如表 4-2 所示。

表 4-2 nofollow 标签的使用

使用之处	作　用
网页的 meta 标签中使用	告诉搜索引擎不要抓取网页上的所有外部和包括内部链接，例 <meta name="robots" content="nofollow" />

续 表

使用之处	作　用
网页源代码使用 rel="nofollow"	网站上添加了 nofollow 属性标签，告诉搜索引擎不计算入反向链接，例如果 A 网页上有一个链接指向 B 网页，但 A 网页给这个链接加上了 rel="nofollow" 标注，则搜索引擎就不会把 A 网页计算入 B 网页的反向链接。\<a href="#" target="blank" rel="nofollow">###\</a>

任务实施

一、使用工具软件判定对方网站是否值得进行友情链接的交换

nofollow 标签

1. 使用 Alexa 工具查看对方网站的 Alexa 排名和 PR 值

Alexa 是一家专门发布网站世界排名的网站，根据 Alexa 排名的原则，排名越高的网站，就意味着流量越高，而流量越高的网站，则代表用户越喜欢这个网站，而用户喜欢的网站，搜索引擎也会喜欢，这样的网站就是优质链接。因此在交换友情链接时，第一个参考标准就是 ALexa 排名，对方网站的 Alexa 排名越高越好，理论上不应低于本网站的排名。PR 值是也是判断网站质量的指标，理论上也是不应低于本网站的排名。

2. 使用站长帮手工具查看网站友情链接的内容关联性

所谓关联性，是指对方网站与我方网站在主题内容上有一定的相似性。例如，行业相关性、产品服务相关性、地域相关性等。进入站长帮手网站 http://check.linkhelper.cn/，输入要检测的公司网址，查看对方网站的主题、内容与我方网站的关联性，记录站长帮手工具查看网站友情链接的指标数据。

3. 查看对方网站的搜索引擎收录数量

使用查询收录量在线工具 http://tool.chinaz.com/seos/sites.aspx 查看对方网址的搜索引擎收录量。收录数量多，说明获得搜索引擎的展示机会多，带来的流量自然就越多，意味着网站质量高。

4. 查看对方网站的网页快照日期

网页快照：即网页缓存。搜索引擎在收录网页时，会对网页进行备份，存在搜索引擎的服务器缓存中。当用户在搜索引擎中点击"网页快照"链接时，搜索引擎将 spider 系统当时所抓取并保存的网页内容展示出来。快照日期越近，证明搜索引擎越关注这个网站，说明网站越有交换价值。例如，查看有关羽绒服网站的快照日期，如图 4-4 所示。

友情链接优化 项目1

图 4-4　网页快照日期

二、与对方网站进行友情链接的交换

确定好与之交换友情链接的网站后，交换友情链接的具体方法如下：

（1）在论坛和链接交换网站等平台，发布友情链接交换的信息。

（2）给对方网站写交换链接的请求信，请求内容包括：❶ 如何找到对方的网站，对方网站的优点，要进行真诚地赞美。❷ 自己网站的介绍，以及阐明交换链接后，给对方带来的好处；❸ 介绍自己的链接中要加上所优化的关键字、链接地址等具体细节。

在换友情链接的时候一定要和对方强调一下是长期合作，然后做好记录，把对方的 QQ 号、关键词和网址都记录下来，一旦出了问题，立刻找到对方寻求解决问题。

（3）友情链接是首页对首页的交换，在己方网站首页加入对方网站的友情链接。

（4）使用爱站工具包进行友情链接的交换和监控。

爱站工具包安装完成后，可使用其中的爱链工具，进行友情链接的交换和监控，如图 4-5 所示。

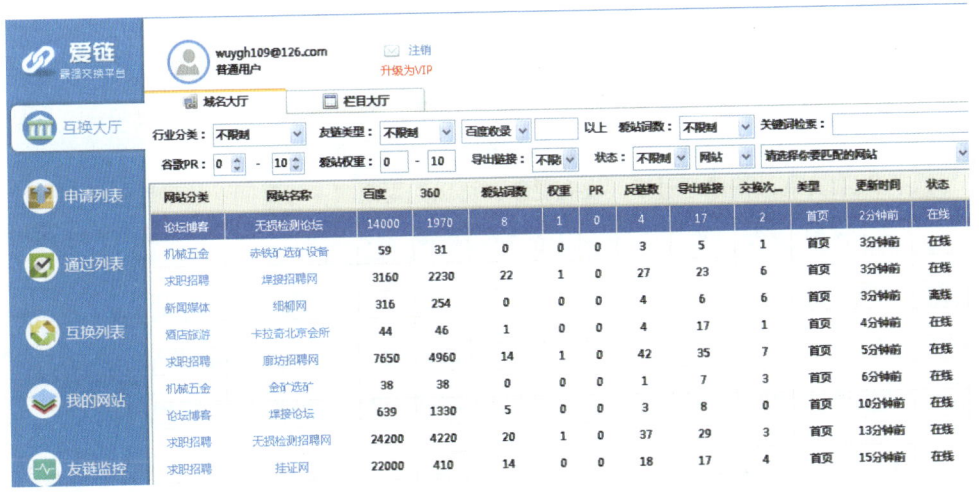

图 4-5　进行友情链接的交换和监控

（5）完成友情链接交换后，进行建档，填写友情链接交换统计表，如表 4-3 所示。

表 4-3　友情链接交换统计表

交换日期	对方锚关键词	己方锚关键词	网址	PR 值	alexa 排名	百度收录	百度反链	导出链接	状态

三、管理友情链接

（1）**定期检查友情链接**。定期检查友情链接，有的站长交换友链后，过一段时间会删掉对方的链接，所以定期检查很重要。定期统计友情链接网站的 alexa 排名、收录量、外链数。

（2）**制作友情链接反馈表**。友情链接情况反馈，包含了链接地址、PR 值、alexa 值、快照日期、相关行业、链接时间等，如表 4-4 所示。

表 4-4　友情链接情况反馈表

链接地址	PR	alexa 值	快照日期	相关行业	链接时间	目标关键词排名

（3）**与对方进行联系沟通**。如发现与自己网站做友情链接的网站，存在被降权的迹象，或者发现对方网站的收录量降低等问题，要及时与对方联系、沟通。在有必要时，要果断删除与对方的友情链接，以免影响自己的网站也被连带降权。

如发现对方网站快照超过十天没有更新，可以先再观察一段时间，如果发现对方网站经常性地不更新，则只能删除与对方的友情链接。

动手做一做

请使用友情链接检查工具检测易聚网 http://www.1joint.com 的基本情况，然后决定是否与之合作友情链接。

（1）查询该网站友情链接在百度的收录、百度快照、PR、百度权重、百度流量等指标。

（2）与相关性强的网站进行友情链接合作。

项目 2

网站外链优化

网站外部链接简称外链，也称反向链接，就是其他网站指向本网站的链接。外链可以为自己的网站带来流量，将其他网站的流量导入到自己网站。

网站外链种类从技术角度讲可以分为锚文本外链、URL 外链和纯文本外链。从推广人员角度可以分为免费提交外链和付费提交外链。

搜索引擎优化

网站外链与友情链接的区别在于：友情链接是双向链接，外链是单向链接。例如，假如需要优化的网站用 A 表示，对方的网站用 B 表示，按照友情链接的原理是 A 链接到 B，同理 B 也链接到 A 的双向链接叫友情链接，但外链是 B 链接到 A，但是 A 却不链接到 B，这样的单向链接叫外链。

任务 1　高质量外链的判定

任务描述

雅鹿公司电子商务部小王发现公司网站做的所有外链，没有全部被搜索引擎收录，而且新建的外链被搜索引擎收录时间是在外链生成的一个月以后，甚至被收录的时间会长达六个月以上。他决定使用"站长帮手"工具查看网站外链的各项指标，进行外链质量判定。请你帮助小王完成这一任务。

任务分析

网站外链的查询方法可通过站长工具来实现，外链的质量判断指标主要由四个：相关性、权威性、广泛性、健康性。外链被搜索引擎收录慢的原因是外链的质量不高。

知识准备

外链主要有三种表现形式，网址链接、锚文本链接、文本链接。外链的分类，如图 4-6 所示。

图 4-6　外链的三种表现形式

网址超链，其主要作用是加快网站收录。

文本链接：在网页中只显示一个 URL，没有链接功能，无法直接点击进入所指向的网站。

锚文本融入网页文章中，其链接指引用户去不同的页面继续浏览，锚文本链接的作用要优于网址链接，锚文本可以直接告诉搜索引擎机器人，所指向的页面。锚文本对于关键词的排名、文章页面的收录以及网站的权重，都是非常重要的，起到了提升关键词排名的作用。锚文本链接的缺点就在于不会增加百度的外链数量。

锚文本的 HTML 代码：<a href="URL 链接">文本关键词</a>。

锚文本的分类：站内锚文本和站外锚文本。站内锚文本和站外锚文本都是 SEO 中非常重要的优化手法，所以做好这两方面优化对网站排名的整体提升是非常有帮助的。站内锚文本，通俗地讲就是我方网站内部做的锚文本，站外锚文本就是其他网站上的锚文本指向我方网站。

任务实施

一、外链的查询

（1）**搜索引擎查询方法**。百度：domain:+网页地址，谷歌：link:+网页地址。

（2）**使用站长工具**，检查 www.njglobalielts.com 网站外链，如图 4-7 所示。

图 4-7　友情链接查询工具

说明：如果对方外链数的检查结果中，表现形式为：40/1，表示对方网站有 40 个导出链接，我方网站在他们这 40 个导出链接中，排列第一的位置。

二、分析竞争对手的外部链接

学习行业大型网站的外链建设方法：通过 domain 可以检测出网站的具体外链情况。

（1）**分析竞争对手网站的外链来源**。首先在百度上输入"DOMAIN：对手的网站地址"，查看一下对手发布的外链，例如："DOMAIN：www.bosideng.com"，如图 4-8 所示。

图 4-8　分析竞争对手网站的外链来源

对手波司登的外链主要来源有论坛、博客、友情链接等。

（2）**查看竞争对手的外链构成**。查看对手前三页都是由什么外链构成的，对手网站友情链接的相关性等链接建设指标。

（3）整理出相关性高，且权重高的外链网站。

三、判断外链质量的指标

判断外链质量的指标主要涉及相关性、权威性、广泛性、健康性这四个，其中相关性是判断高质量外链的最重要指标。

1. 链接的相关性

（1）**主题相关的外链**。如果两个网站具有共同的主题，那么这两个网站具备很强的相关性，因此如果两个网站直接做外链，其效果是非常好的。

（2）**同行业相关的外链**。通过百度外链分析工具挖掘行业相关的外链，挖掘同行业优质外链资源使用百度外链工具，其网络地址为 http://zhanzhang.baidu.com/inbound/index。

（3）**地域相关的外链**。特别是移动类网站，更加要注重地域相关的外链建设。可以利用地域+地方网+论坛来挖掘外链。例如，你的网站业务范围在上海地区，如果上海地域网站的论坛上有你的网站外部链接，这样的链接就是有价值的。

（4）受众相关的外链。SEO 工作者应当想一想自己网站的用户真正的需要。SEO 工作者必须分析公司服务、产品品牌、业务战略、竞争对手、业务构成，确定网站的目标群体、受众用户，到流量大的论坛、博客发布受众用户相关的主题帖，然后在帖子中加入本网站外链，这样的外链就是受众相关的外链。

2. 链接的权威性

链接的权威性是指外链的权重，即点击流量高的网站，所发出的外链权威性高。如果能得到来自大流量网站的链接，那应该是一个非常好的外部链接。因为 alexa 排名可以反映网站的流量，所以与对方网站做外链时，可以查看对方网站的 alexa 排名了解其网站流量。

3. 链接的健康性

链接健康性是指链接源是否有不良记录。有不良记录的网站是不受搜索引擎信任的。

4. 链接的广泛性

链接广泛性是指外链来源 IP 要分布广泛。外链的范围越广，对外链权重的影响越大。链接广泛性的考虑选择 B2B、博客、论坛等平台网站进行链接。

四、问题外链的鉴别

1. 垃圾外链

垃圾外链对指向网站没有推荐意义，不是被指向站点特意制作的超链接。垃圾外链包括站长服务类网站自动生成的链接，和垃圾作弊站点自动采集时生成的链接等。对于此类外链，98% 以上已经被搜索引擎识别，并且在链接索引计算中被自动过滤掉。

判断垃圾外链和作弊外链

SEO 工作者经常容易犯的错误是：将完全相同的一篇文章转载到很多论坛上面，虽然收录效果不错，但这确实就是所谓的垃圾链接，大量的重复链接对网站权重是没有益处的，如图 4-9 所示。

2. 作弊外链

作弊外链就是以欺骗搜索引擎、蓄意干扰搜索引擎排序为目的，由受益网站主导、人为故意或机器制作的外链。作弊外链的方式有锚文本作弊、购买高权重外链、黑链、批量大规模增加的低质量外链、链轮等。对于此类外链，搜索引擎进行识别过滤的基础上，同时将对链接指向的网站，也进行一定的处罚。

（1）黑链。黑链是通过一些作弊手段，把链接隐藏而获得的外链。常用黑链代码有以下三种方式：

搜索引擎优化

图 4-9 垃圾外链

❶ 通过 overflow:hidden 这个 CSS 样式隐藏文字：

<div style="display:none;"><a href="http://www.yalu.com">雅鹿官方网站</a></div>，这是比较常用的一种方式。

❷ 通过设置字体链接和网站背景是相同颜色的，或者设置链接文字的高度是 1px（1 像素）让人看不到，但搜索引擎可以看到。

<a herf=http://www.yalu.com/ style="color:#000000;font-size:1px;line-height:1px;">雅鹿官方网站</a>

❸ 通过 JS 代码控制链接。

<script language="javascript" type="text/javascript">document.write（"<div style='display:none;'><a href="http://www.yalu.com">雅鹿官方网站</a></div>"）;</script>

❹ 通过 CSS 移动位置高级隐藏层。

<div style="position:relative"><div style="position:absolute;left:0;top:0;z-ndex:999;width:90%;height:100px;border:1px solid #333;background:#eee">遮挡层</div><div>隐藏内容</div>

（2）**锚文本作弊**。使用锚文本作弊的表现特征为：在论坛个人签名处加入超链接，在论坛内多次发言，每次发言都有带超链接内容，该超链接都指向某个站点内的某个页面。

五、发布外链的途径

发布外链的主要途径是通过友情链接、QQ 群交换、发高质量软文到各大网站、论坛签名、博客留言区发软文留外链。

六、小结

建设高质量的外链，需要做好三件事：❶ 分析竞争对手的外部链接，学习对手的外链建设；❷ 已经建设完成的外链，做到持续跟踪完善；❸ 查找具备良好前景的合作对象，进行友情链接交换。

动手做一做

统计页面的链接数量，可以使用 JavaScript 代码实现。

（1）将下列代码嵌入网页源代码中，就可以实现整个页面的链接统计功能。

```
<script language="JavaScript1.2">
function extractlinks(){
var links=document.all.tags("A")
var total=links.length
var win2=window.open("","","menubar,scrollbars,toolbar")
win2.document.write("<font size='2'>一共有"+total+"个连接</font><br>")
for (i=0;i<total;i++){
win2.document.write("<font size='2'>"+links[i].outerHTML+"</font><br>")
}
}
</script>
```

（2）了解黑链接嵌入到网页源代码的方法。

❶ 嵌入到 head 标签中的黑链代码。

在<script>脚本嵌入包含 display:none 语句的代码，例如：

document.write（" <a href='http://www.yalu.com'>雅鹿官方网站</a> "）；

❷ 嵌入到 body 标签中的黑链代码。

<a href="http://www.yalu.com">雅鹿官方网站</a>
　<a href="http://www.yalu.com">雅鹿官方网站</a>
　　<a href="http://www.yalu.com">雅鹿官方网站</a>
　　　<a href="http://www.yalu.com">雅鹿官方网站</a>

（3）运行网页，显示结果如图4-10所示。

一共有8个链接
雅鹿官方网站
雅鹿官方网站
雅鹿官方网站
雅鹿官方网站
雅鹿官方网站
链接1
链接2
链接3

图 4-10　页面链接数量显示

任务 2　外链的推广

任务描述

雅鹿公司电子商务部的小王和小李今天在讨论"网站如何获取高权重外链？"的话题，小王认为：通过撰写原创的文章，然后将文章发布到各大论坛和博客平台，会带来高质量的外链。

小李非常赞同小王的观点，决定利用"百度知道""百度百科""百度贴吧""博客论坛"，进行外链接优化推广。请你帮助小王实现外链的推广优化。

任务分析

外链就是指从别的网站导入到自己网站的链接。导入链接对于网站优化来说是非常重要的一个过程。

外链优化需要注重导入链接的质量（即导入链接所在页面的权重），外链的好坏是搜索引擎评价网站权重的决定因素之一。

外链推广需要注重在后期检测外链推广的效果。

知识准备

一、外链的作用

外链是站外优化最重要的操作方式，网站外链的作用有如下四点：

（1）外链可以吸引蜘蛛收录网站文章，加快网页收录；
（2）外链可以为网站带来流量；
（3）外链可以给网站提升权重；
（4）外链可以提升网站关键词的排名。

外链平台对搜索引擎优化的贡献度对比，如图 4-11 所示。

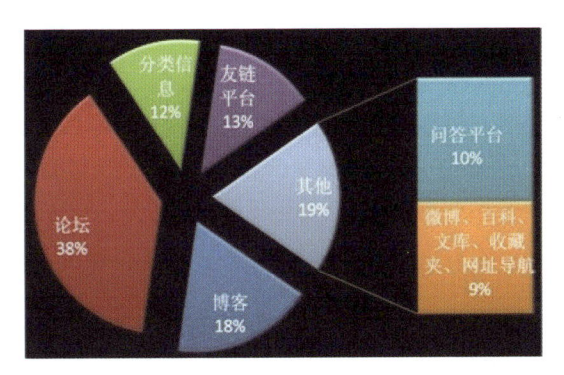

图 4-11 外链平台对搜索引擎优化的贡献度对比

从图 4-11 可以看出，在论坛、分类信息网站、博客发布外链是外链推广优化的主流渠道。

二、外链推广的途径

外链推广的途径有很多，如图 4-12 所示。

图 4-12 外链优化的渠道

（1）在"百度百科""百度知道"等知识问答类百科平台上发布含有外链的文章内容，同时加入 QQ 等社会化标签，有助外链推广。

（2）将本网站提交专业搜索引擎目录网站，到网址导航分类网站，进行链接交换。

（3）通过论坛、博客、百度贴吧、虚拟社区等发帖链接本网站提供外部链接。在选择论坛的时候，要留意两点：❶ 论坛与自己网站的相关性要高；❷ 到一些高权重的论坛留外链，论坛的人气要高，发帖量要大。

任务实施

一、使用论坛进行外链推广

1. 在主帖中留外链

在发表的文章中加入目标关键词，通过 [url=www.xxxx.com]xxxx[/url] 这样的方式加入进去，或者在文章中直接加入 www.xxxx.com 这样的文本链接，只要该文章被百度收录，在文章中加入的关键词锚文本或者是网站链接，都同时会被收录，就等于是直接增加了一个反链。

在论坛发帖，主帖中留外链的策略过程如下：

（1）先注册账号，不要马上做签名，将撰写的有实用性的原创文章上传到论坛，这时文章内不要带有任何链接。

（2）在接下来的几天发几篇文章，文章内容是跟你网站相关的文章（跟论坛相关的内容更佳），并且包括关键词，注意一定不要有链接。这样是为下面做链接做准备。

（3）过一两个星期后，等这些文章都沉到主题帖下面以后，就可以修改文章，在文章中的关键词做相关的外链，加上签名。

（4）最后把论坛上相关文章的地址向搜索引擎提交，进行免费推广。

论坛使用的注意事项：

（1）论坛发帖，请一定要选择高相关性的版块，尽量不要去论坛特意地专门灌水，在版块专区发帖。

（2）发布的内容需要原创。

（3）帖子回复，请一定要找刚发布的新帖子进行回复，回复的内容要跟当前帖子相关，与目标页面、论坛所处行业都相关。

（4）尽量不要在签名中留外链，这种方式已经被百度搜索引擎判断为作弊。

2. 在论坛回复中进行外链推广

论坛回复中关键词链接中留外链。这类形式的外链就是在回复中，利用 URL 标签写出的目标关键词链接，如：[url=www.xxxx.com]xxxx[/url]，这种外链方式跟签名相类

似，而在搜索引擎中的比重也跟签名一样，权重不高，而且并不是所有论坛都支持这样的功能。

3. 其他形式论坛外链

其他形式论坛外链还有：加好友带链接、短消息带链接、图片带锚文本、留言带链接等。

二、使用博客进行外链推广

1. 选定权重高的博客做外链

（1）**选定权重高的博客**。确定做博客外链时，先选定10个权重高的博客进行注册，注册好的博客最好更换默认模版，把博客个人信息填写完整。个人使用的博客推荐包括：百度空间、搜狐、新浪、网易、博客大巴、中金博客、和讯、天涯、中金在线、51.com、博客网、瑞丽博客等，其中部分权重高的博客如表4-5所示。

表4-5 部分权重高的博客

博客	推荐原因
百度空间	百度目前在国内搜索一家独大，百度的空间在百度的权重也比较高，所以很多做博客推广的营销人员都首选百度空间
搜狐	产品权重高，收录快，分享到微博很方便
新浪	转载方便，收录也不错，而且权重都高
网易	网易文章的底部有一个分享按钮，可将文章分享到QQ书签
博客大巴	收录快
中金博客	收录快，而且文章左下角也有收藏夹

（2）**了解博客的禁忌以及维护细节**。博客维护时，一定要先了解博客被搜索引擎封杀的原因。目前，只要博客中有企业名字、营销和推广以及优化为主题的空间，会被百度搜索引擎封杀。

在做博客文章更新频率，做到每天天更新一篇，并在博客之间互相转载，增加权重。

在博客建立了1个月之后，可以尝试发布带链接的文章。但发布的文章不要每篇都带上链接，如果每篇文章都带上链接容易被搜索引擎识别，导致容易被搜索引擎删除收录。

2. 使用博客的注意事项

（1）不要使用博客群发软件；

（2）不要发垃圾外链；

（3）建设外链的时候，把能够发布外链的博客地址，整理成表格，找出更多的能够发外链的博客；

（4）通过博客留外链，一定要先把博客的权重做起来，否则外链的效果会比较差。

注意：要进一步增加博客的权重，就应该保持博客的更新频率。假如能坚持天天更新一篇文章，不用半年，这个博客的权重就能提升起来。博客的文章要围绕一个主题，并且这个主题与链接到的网站内容相关，这样才能达到最好的效果。博客里每篇文章留1~2个外链就可以了，过多的外链会稀释每个链接的权重，而且有可能被搜索引擎认定为作弊。

三、利用网盘进行外链的推广

（1）**准备文本内容**。撰写高质量的文章，切中用户需求是核心。然后上传文本内容，使你的文章能够让读者产生阅读的欲望而对文章进行转载，达到让用户帮你制造外链的目的，这比自己建设外链更重要。

（2）**上传文本内容**。应当避免把相同内容的文章上传到很多地方，这样做的效果不仅很差，而且有欺骗搜索引擎蜘蛛的嫌疑。

（3）**借助网盘评论进行外链推广**。百度网盘是有评论内容的，由于网盘可以发布推广的版面很有限，可以考虑借力其他用户网盘发布的内容，对该内容添加评论，在评论内容中留自身网站外链。

四、利用网站的留言板进行外链推广

教育类和非营利组织等网站都会有留言板的版块，在很多资讯站的文章评论中也可以留外链，因为这些网站的自然权重都比较高，这些资源都是需要不断去积累。

五、利用网摘平台进行外链推广

网摘平台也称为网络书签、网络收藏夹，有些网摘平台的权重非常高，像乐收、diglog、冬瓜网都是很不错的网摘平台，这些平台的外链能很快被搜索引擎收录。

六、使用百度贴吧进行外链推广

1. 进入百度贴吧

进入百度贴吧里的"羽绒服"吧，如图4-13所示。

2. 发表文章

贴吧不只是发外链的地方，它也是为你的网站引来流量的地方，只要在内容里面合理布置关键词，这个主题帖子在百度搜索引擎上也会有一个很好的排名。

网站外链优化 项目2

图4-13 百度贴吧的"羽绒服"吧

例如，在贴吧中发表一篇主题为"雅鹿，会呼吸的软文"。

史上最温暖、轻薄、透气的羽绒服

　　大概一年前，我所在的学校安排我们大一新生去一家太仓有名的公司参观学习，我没有想到是雅鹿公司，在那里我们不仅了解到雅鹿公司的公司发展、运营情况和公司理念，还参观了他们的加工厂，看到了他们所做的羽绒服。这些羽绒服不仅摸起来手感好，款式新颖，柔软超薄，试穿后还特别保暖，当下我们便对雅鹿羽绒服产生了好感，然后又听卖场人员说雅鹿羽绒服在淘宝、天猫和唯品会等网站都有专门的网店，我们便觉得雅鹿羽绒服不愧为大品牌，值得我们很多人的信赖和喜爱。

　　去年冬天，我偶然一次逛京东商城，想要购买一件保暖轻薄的羽绒服，我选了一件销量比较高的雅鹿羽绒服，货到付款，回家立即试穿，觉得真的和其他的羽绒服感觉不一样，特别的轻薄保暖透气，而且我出去跑步活动什么的，都感觉的不会像穿其他羽绒服一样笨重，身体活动不开，然后过了一段时间我拿去干洗店洗过后，还是一样的保暖柔软，就推荐给了其他的同学，他们也觉得不错，后来上网一搜索才了解到它推出了新材料，雅鹿在2010年所推出的国内唯一的"金朵绒"及新型材料，突破了目前市场上"90绒"蓬松度最高450的羽绒服填充物标准，以蓬松度高达600~700的标准制作了史上最温暖、轻薄、透气的羽绒服，足以满足"最挑剔顾客"的需求，最终目的即是力求使羽绒服从科技到设计更趋完美，全力打造至臻品质，引领新一代羽绒服标准。

　　另外，雅鹿于2009年收购的国内知名女装品牌"百芙伦"，经重新整合后更是得到了长足发展。时至今日，在国内新增专卖店超百家，预计今年销售额可达到1.5亿元，到2012年门店数量达到300家，销售额达到5亿元。我相信雅鹿羽绒服会发展得更好，在不远的将来走向全世界，受到更多人的喜爱和支持。

请讨论：
（1）这篇软文中包含了哪些锚文本外链？
（2）请统计出关键词出现的频率及仔细体会关键词部署方法。

七、网站外链的增长方式

网站外链最友好的增长方式就是平稳持续。一个网站一天要发多少外链并没有定量的规定，一天保持发十条外链，只要每天都持续进行，随着时间的增长，网站权重会比较显著地增长。否则如果今天发 100 条外链，明天只发 5 条外链，后天就又不发了，这样的外链增长大涨大跌，会被搜索引擎降权。

八、外链推广效果的检测

在外链优化操作完成一段时间后，使用流量检测工具查询网站转化率的数据指标。网站转化率是指用户进行了相应目标行动的访问次数与总访问次数的比率。相应的行动可以是用户登录、用户注册、用户订阅、用户下载、用户购买等一系列用户行为，因此网站转化率是一个广义的概念。简而言之，就是当访客访问网站的时候，把访客转化成网站常驻用户，也可以理解为访客到用户的转换。

动手做一做

申请四个博客，然后在博客中使用外链，并对四个博客进行收录速度等优劣比较，并填写表 4-6。

表 4-6　四个博客的比较

博客名称	收录原因
搜狐博客	
新浪博客	
网易博客	
博客大巴	

项目 3

网站内链优化

网站的内部链接，简称内链，是指在一个网站域名下的不同内容页面之间的互相链接。合理的内链布局有利于提高用户体验和搜索引擎爬虫对网站的爬行索引效率，利于网站权重的有效传递，从而增加搜索引擎的收录与提升网站权重。

搜索引擎优化

内链的作用是加快网站被搜索引擎收录，提高用户体验度，增加 PV 值和减少搜索跳出率。站内链接优化包括导航链接的优化、网站地图优化和页面间链接优化，如图 4-14 所示。

内部链接优化
- 主导航优化策略及方案
- 二级导航优化策略及方案
- 面包屑导航策略及方案
- 页脚导航策略及方案
- 网站地图优化方案
- 页面间链接优化方案

图 4-14　站内链接优化

任务 1　网站导航的优化

成功的网站导航是将主动控制权交给网站的访问者，可以为用户解决三个问题：让访问者知道"我现在在哪里"，"下一步想去哪里"，告知访问者"我应该去哪里"。

任务描述

雅鹿公司电子商务部小王最近对网站大数据进行分析，发现公司网站导航有缺陷，访客到达网站后有迷失现象，因此小王向电子商务部总监建议进行网站导航优化。请你协助小王完成公司网站导航优化工作。

任务分析

网站导航是搜索引擎蜘蛛向下爬行的重要线路，也是保证网站频道之间的互通的桥梁，制作网站导航需要考虑以下三个问题：网站导航的层次结构、网站导航的合理布局、网站导航的锚文本关键词嵌入。

网站导航优化，具体包括主导航栏、次导航栏、侧边导航栏，以及面包屑导航的优化。

知识准备

1. 网站导航的类别，如表 4-7 所示。

表 4-7　网站导航的类别

类型	特点
整站导航	全站一级、二级关键词。如果在网站所有页面的基部增加整站导航功能，这里应该放置主推的一级、二级关键词，重点以二级关键词为主。
栏目导航	栏目下的关键词。在网站的各个栏目下，可以在页面右侧开辟出栏目导航，这里需要用当前栏目下的关键词进行填充。
内容导航	面包屑导航，就是让用户明白自己当前所处的网站位置的导航。面包屑导航的作用是让用户可以更容易地定位到上一层目录，增加内部链接，降低跳出率。

2. 设计网站导航要注意的事项

（1）**网站导航尽量使用文字链接**。千万不要使用 JAVASCRIPT 文件的方式实现网站导航，如果用搜索引擎蜘蛛模拟爬行来检测"爬行"到的 URL，那么网站导航中的链接对于搜索引擎来说根本看不到，虽然这样更新起来比较容易，但对搜索引擎是极其不利的。

（2）网站导航中的文字链接放置要考虑用户的体验度，这跟网站频道的特色有关，一般是重要的频道放置在开头。当然，可以对频道做分类来加以区分。

（3）网站导航中的图片导航的 ALT 一定要加入说明。

3. 面包屑导航

面包屑导航，来自童话故事"汉赛尔和格莱特"，当汉赛尔和格莱特穿过森林时，不小心迷路了，但是他们发现在沿途走过的地方都撒下了面包屑，让这些面包屑来帮助他们找到回家的路。在网站优化中，"面包屑"是指引用户可以更容易地定位到上一层目录的超链接

面包屑导航的优化

组合，面包屑导航的作用是告诉访问者目前在网站中的位置以及如何返回。

电商网站的面包屑导航，如图 4-15 所示。

图 4-15 面包屑导航

网站中的面包屑导航是一种作为辅助和补充的导航方式。面包屑导航是最能体现网站用户体验的部分，有助于用户更好浏览网站，减少网站跳出率。

任务实施

一、网站主导航的优化

网站主导航又称为一级导航，要符合行业类型，导航目录分类操作：

1. 根据行业属性分类

唯品会等电子商务类网站的主导航，就是根据行业属性分类的，如图 4-16 所示。

图 4-16 电子商务类网站的主导航

2. 根据地区分类

地区分类就像分类信息网站的导航一样，又如地方黄页的网站。通过按照地区的划分，更利于用户在同城中寻找信息。就像太平洋网的导航，大部分使用的是按地区划分的，毕竟网站本身提供是的信息平台，而且还是面向全国的，用户要想在自己的所在地网购时，就会找同城的商家。

3. 根据网站用户喜好分类

按照用户喜好来划分是最好的划分方法，但是导航栏的这种划分方法，是很难掌控的，毕竟很难知道用户喜欢什么，但是如果能摸清用户的喜好，采用此种划分的导航栏，可以提升网站的用户浏览量。

4. 根据价格分类

使用价格区间来划分网站导航的大部分用于商城类的网站，一般的商城都会使用价格来划分网站导航的，如图 4-17 所示。

图 4-17 使用价格型来划分的网站导航

这种导航划分方法，确实能快速抓住用户的心理。毕竟用户有需求访问商城网站时，大部分都是按自己预定的价格来搜索商品的，希望可以通过在预想的价格内找到自己满意的商品，继而发生购买行为。所以商城网站导航要进行细分化分类，最好利用价格的形式，这样更利于让潜在用户搜索自己需要的商品，而且价格的间隔不要太宽，像上图那样的基本就是非常完美了。

5. 根据产品分类

电子商务网站的主导航基本都有下拉扩展分类的功能。每个产品大类下又有很多的产品小分类，就需要一个大分类概括这些产品了，如图 4-18 所示。

该商城网站左边的是大分类，右边的是小分类，这样可以使用户快速寻找到自己所需要的产品，进入产品内容页。

图 4-18 根据产品分类的导航

二、网站二级导航的优化

网站二级导航分为横向导航和垂直导航二种。横向导航（顶部导航），移动端的网站才有横向导航，其缺点是由于屏幕的宽度有限，导航数量有限。垂直导航能够完美匹配网站设计的全尺寸图像背景，其导航菜单可以隐藏。

网站二级导航的优化，如图4-19所示。

图4-19 网站二级导航的优化

三、网站面包屑导航的优化

用户使用面包屑的主要目的：一是返回上级；二是查看页面中展示产品或服务。面包屑导航的分类如下：

1. 基于位置的面包屑导航

基于位置的面包屑导航就是："当前位置：主页> SEO 资源>友情链接交换"类似此种形式。面包屑的架构使用户对所访问的网页，在层次结构上关系一目了然，可以使访客了解自己所处的位置。

精简面包屑导航层级，不仅利于搜索引擎的抓取。尽量把面包屑控制在四个层级以内，对提升用户体验和SEO都有很大的好处，如图4-20所示。

图4-20 苏宁易购的面包屑导航

2. 基于属性的面包屑导航

基于属性的面包屑导航，最常出现在电子商务站点。这种导航可以很好地指示当前页面内产品的其他属性或者类别。通过这种面包屑导航可以让消费者直观地了解产品，可以使访客更加容易地找到产品信息。

3. 基于路径的面包屑导航

基于路径的面包屑导航，可以显示访客在到达页面前所访问过的网页链接。这种面包屑导航不是很受欢迎，功能上基本上是和前进和后退的按钮是一样的。

面包屑的设计规范：面包屑的样式最常采用的面包屑的样式：横向的文字链接，由大于号">"分开。这个符号也暗示了它们之间的层次关系，符合用户的认知水平。

四、网站页脚导航的优化

网页页脚导航，属于次导航。在网页底部增加一个包含所有栏目的文字链接区域。大部分拥有底部网站导航的原因是站长为了增加关键词密度以及提示用户可以通过底部网站导航，返回相应的栏目。

动手做一做

请查看导航页、频道页、栏目页、内容页的关键词，例如，房产网经常为竞争某一个地区的关键词。查看苏州我爱我家房产中介网站 www.5i5j.com，完成以下两个任务：

（1）部署该网站关键词；
（2）更改该网站底部链接次导航。

任务 2　网站地图的优化

SEO 兴起之后，网站地图又有了新的作用：让搜索引擎蜘蛛能够更快地爬行到网站的所有页面提供导航，搜索引擎能更快地收录页面，给网站带来流量。

搜索引擎优化

任务描述

雅鹿公司电子商务部小王最近分析其他电商同类网站的优化。凡客诚品是一个卖男装起家的网站，现在的产品覆盖男女装、童装、鞋、配饰、家居用品等大类。小王准备进入凡客诚品官网，分析该网站地图内容，提出了该网站 SEO 意见。请你帮助小王完成这一任务。

任务分析

网站地图与 SEO 的关系：提升内容收录机会；提升搜索引擎蜘蛛抓取效率；了解网站结构层次。

知识准备

一、网站地图的定义

网站地图（Site Map）又称为站点地图，网站地图是一个指明网站的结构、栏目及其相互链接关系、内容说明等基本信息的索引网页，它为搜索引擎蜘蛛和网站访问者指向。

网站地图有两种：网站用户地图和网站蜘蛛地图。网站蜘蛛地图通常以"sitemap.XML"或者"sitemap.html"为文件名，放置在网站根目录下。网站用户地图是辅助导航的手段，可以让用户方便地了解网站的内容、布局、架构，能够给网站浏览者提供快速查找网站内容的途径。

二、网站地图的特点与组成

1. 网站地图的特点

网站中的用户地图，通常包含以下链接：
❶ 产品分类页面；
❷ 主要的产品页面；
❸ FAQ 和帮助页面；
❹ 联系信息页面或者请求信息页面；
❺ 位于转化路径上的所有关键页面；
❻ 访问量最大的前 10 个页面。

2. 网站地图的位置

网站地图放置的最佳位置是在网站的头部和底部。凡客诚品制作的网站地图，如图 4-21 所示。

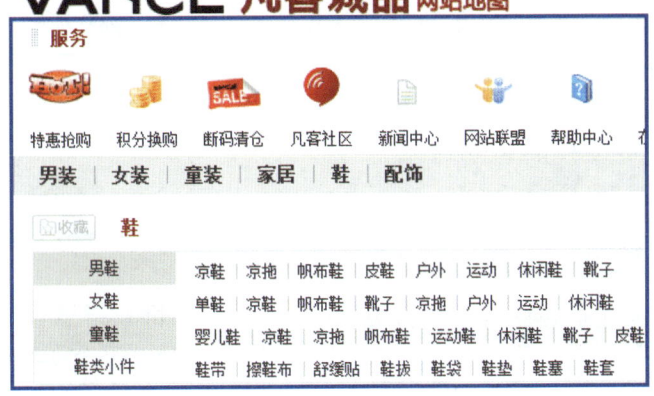

图 4-21　凡客诚品网站地图

任务实施

一、制作网站地图

可以通过以下两种方法在线生成网站地图：

（1）登录 http://www.sitemap-xml.org 生成网站地图；

（2）使用在线工具 Xenu，登录 http://home.snafu.de/tilman/xenulink.html 生成网站地图。

网站地图在具体制作中需要注意以下五点：

（1）地图中除了放置目标页面的链接，最好再写上一些原创的文字，长度不宜太短。文字的内容与网站主题相关，也会对目标页面的排名起作用。

（2）目标页面如果是文章列表的分页，请使用 1，2，3……来做链接文字，千万不要罗列：第 1 页，第 2 页，第 3 页……，因为这样的重复文字会使搜索引擎误以为作弊行为。

（3）加入一些能经常更新的内容，比如随机文章、最新文章等。

（4）在地图页中加上指向其他相关的高权重网站或页面的链接。内页的链接与高权重网站的链接同时出现在一个页面中，对 SEO 有很大作用。

（5）推荐 404 页面做网站地图。进行网站优化做 SEO 的时候，推荐 404 页面做网站地图，当用户没有成功打开页面的时候，跳转到网站地图，用户可以根据需要的类别去查找需要的信息，这也是 SEO 增强用户体验的方法。

制作站点地图

二、提交网站地图

向各大搜索引擎提交网站地图的地址如下：

百度提交地址 http://www.baidu.com/search/url_submit.html。

搜索引擎优化

雅虎提交地址 http://search.help.cn.yahoo.com/h4_4.html。

新从事 SEO 的人员普遍存在的问题：多次向搜索引擎提交网站地图，希望网站尽快被搜索引擎收录。其实，网站一段时间（半个月到一个月的时间）没有被搜索引擎收录，是搜索引擎收录的正常考察期，如果多次提交网站和文章的 URL，会导致搜索引擎发现网站质量不高，影响网站收录和排名。

动手做一做

现在百度站长平台 Sitemap 工具支持移动站页面的提交和收录。移动站的 Sitemap 的制作方法和 PC 端网站的 Sitemap 工具是一样的，只不过增加了几个移动 Sitemap 协议。百度推出了移动 Sitemap 协议，用于将网址提交给移动搜索收录。百度移动 Sitemap 协议是在标准 Sitemap 协议基础上制定的，增加了<mobile:mobile/>标签，有四种取值：

<mobile:mobile/>——提交移动网页数据
<mobile:mobile type="mobile"/>——提交移动网页数据
<mobile:mobile type="htmladapt"/>——代码适配
<mobile:mobile type="autoadapt"/>——提交自适配网页数据，适用于同一网址页面，会随设备不同改变展现的情况。

移动站 Sitemap 数据格式和 PC 端网站是一样的，只不过需要加入以上的标签就可以了。

请完成移动站页面的网站地图制作。

Sitemap 协议

任务3 网站内链的优化

任务描述

雅鹿公司电子商务部小王对公司网站进行内链的优化，站内链接要做到栏目的互联，形成网状结构，相互链接。站内链接优化的具体要求有三项：❶ 死链接的检测；❷ 内链密度的控制；❸ 内链标签的优化。请你帮助小王完成这一任务。

网站内链优化 项目3

任务分析

网站内链的优化，主要包括三部分：❶ 内链的布局设计；❷ 内链密度的控制；❸ 内链的相关性优化。

知识准备

内链的建设可以更有利于搜索引擎蜘蛛爬行全部的页面，而且也会有利于网页的排名。对于网站列表页以及内容页而言，内链优化是相当重要。

一、网站列表页内链的优化

网站列表页内链的优化。网站列表页主要是对站点的产品进行一个大体的分类，有助于用户快速地找到需要的内容。从 SEO 的角度来进行解析，在做网站列表页优化的时候，最好是增加一些相关内容的链接，这样更利于用户体验，方便搜索引擎蜘蛛爬行。

二、网站内容页内链的优化

网站内容页内链的优化。除了网站一些固定的内链优化外，还要保证网站内容的更新频次，以及内容的原创性。网站内容页在做内链优化的时候需要注意的地方有以下四个：

（1）做的锚文本关键词链接指向页面一定要包含关键词；

（2）网站更新的内容最好为原创，因为"新鲜"的网页内容是搜索引擎蜘蛛最为喜欢；

（3）网页内容中的关键词密度，切忌过于密集，否则会被搜索引擎视为关键词堆砌作弊，造成降权；

（4）在文章的最后可以插入一些相关内容的链接进行指向，这样不仅仅利于用户体验，提高网站 PV 值，也更有利于搜索引擎蜘蛛爬行，可谓是两全其美之策。

任务实施

一、内链的布局设计

1. 内页导航链接的布局设计

导航的排列顺序，依从人们浏览页面的习惯，都是从左到右，从上到下的过程。从百度分配权重来说也是一样的道理，放在导航最前面的获得的权重较高。因此，要掌握用户的第一需求：如果用户需求的是图片，那么就把图片放在仅次于"导航"首页的第二位；以此类推。

151

传统的内页导航链接结构，依照频道开始→栏目→文章的顺序进行布局，如图 4-22 所示。

该布局的缺点是文章与文章之间缺少链接，搜索引擎蜘蛛从频道开始→栏目→文章的顺序来抓取链接，如果链接很深，搜索引擎蜘蛛可能只抓取到一部分文章，就直接离开了网站。

合理的网站链接结构，通过 tag 标记，增加了文章与文章之间的链接，如图 4-23 所示。

图 4-22　传统的内部链接结构

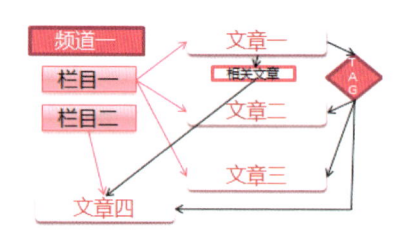

图 4-23　合理的网站链接结构

搜索引擎蜘蛛从爬行到文章一开始就直接爬行了文章二、三、四。蜘蛛只爬行 2 个层级的链接，基本就可以把所有的文章索引到搜索引擎的数据库。

合理的网站内部链接结构，归纳如下：

（1）首页的链接。首页要有链接向所有栏目的链接，可以通过网站面包屑和导航实现。同时，各栏目均要有返回首页的链接；所有内容页都要链向首页。

（2）内容页的链接。所有内容页都链向的上一级频道主页，内容页一般不链向其他频道的内容页；内容页可以链向同一个频道的其他内容页；在某些情况下，内容页可以用适当的关键词链向其他频道的内容页。

内容页一般包括上一篇、下一篇及相关类似内容的导航。总之，如果网站内页应当是个网状结构。搜索引擎蜘蛛在抓取网页的时候，就能够有更多的渠道，也就是通过内链去访问到更多的网页。

（3）栏目页的链接。栏目页要链向属于本身栏目的内容页，栏目页一般不链向属于其他栏目的内容页。包含重要关键词的栏目页 URL，在各主要频道和栏目建立含有主关键词的文本链接，其链接格式为：

<a title="文本描述" href="http://www.xxx.cn/category/web-analytics" target="_blank">

链接文本

</a>

（4）列表页的链接。列表页的链接布局也是引导用户点击的一个重要组成部分。注意点是：如果产品多，列表的链接布局一定要具备筛选功能；如果产品少，则不需要具备筛选功能。

2. 内链的位置布局

内链涉及相关文章的推荐以及相关页面的推荐，可以出现在文章的结尾或者边栏。

二、内链密度的控制

一个网站内链多少的影响表现在每个网页中，而不是网站内链的总数量的多少。同一个网页中内链的数量应当控制在 1%～2% 之间，也就是说在同一个页面之内，内链不可过多。否则造成链接密度过大，就会被搜索引擎视为过度优化，判断为 SEO 作弊行为，导致网站权重下降。关于内链，还应该注意链接到与关键词密切相关的网页。

三、内链的相关性设置

（1）站内搜索：当网站有一定知名度的时候，用户来到网站，找到信息的两个途径，一是导航，二是站内搜索，这就是网站导航对于 SEO 至关重要的原因。站内用户搜索后要展现出相关的内容，这需要在标题关键词上入手。把挖掘的关键词按类别和按层级分好类，布局到页面标题，提高内链的相关性联系。

（2）推荐链接：每篇文章的推荐链接，根据文章标题分词或者文章标签，提取同类或者上下层级文章标题，计算相关性排序，提取相应关键词。然后在发布一篇文章的时候，可以在网站后台布置这些关键词，这样在发布文章的时候，就可以增加包含关键词的内链。

四、向百度自动提交网站链接

（1）主动推送：主动推送是最为快速的提交方式，推荐将站点当天新产出链接，立即通过此方式推送给百度，以保证新链接可以及时被百度收录。

（2）自动推送：自动推送是最为便捷的提交方式，请将自动推送的 JS 代码部署在站点的每一个页面源代码中，部署代码的页面在每次被浏览时，链接都会被自动推送给百度。自动推送可以与主动推送配合使用。

站长需要在每个页面的 HTML 代码中包含以下自动推送如下 JS 代码：

```
<script>
(function (){
    var bp = document.createElement('script');
    bp.src = '//push.zhanzhang.baidu.com/push.js';
    var s = document.getElementsByTagName("script")[0];
    s.parentNode.insertBefore(bp, s);
})();
</script>
```

（3）sitemap：定期将网站链接放到 sitemap 中，然后将 sitemap 提交给百度。百度会周期性的抓取检查提交的 sitemap，对其中的链接进行处理，但收录速度慢于主动推送。

（4）**手动提交**：一次性提交链接给百度，可以使用此种方式。

五、死链接（broken link）检测

网站中出现死链，会导致部分资源无法访问，出现 404 报错，影响 SEO。

检测死链接的方法实例：先把冠龙科技公司的网站源代码压缩文件拷贝到 Windows 服务器的 inetput/wwwroot 中，将压缩文件解压到当前文件夹，重命名网站文件夹为 guanlong，在 360 浏览器或 IE 浏览器中输入 http://localhost/guanlong/index.asp，使用 xenu 死链接抓取工具，抓取该网站所有的问题链接，生成死链接检测报告，查看死链接的产生原因。

六、内链建设的注意事项

（1）同一页面下相同关键词不要出现不同的链接；

（2）同一页面下相同链接不要出现不同关键词；

（3）锚文本链接切记都链向首页。

动手做一做

请选择某一网站，进行网页内链分析，完成表 4-8 相关项。

表 4-8　填写内链分析表

网　站	存在问题	需要改进之处
1. 首页→文章推荐→内页		
2. 首页→文章推荐→栏目页→内页		
3. 首页→网站地图→栏目页→内页		
4. 首页→网站目录→内页		
5. 首页→TAG CLOUD→内页		
6. 内页→内页导航→首页		
7. 内页→内页		
8. 内页→关键词→内页		
9. 栏目页→主题关联→栏目页		

项目 4

网站软文优化

　　软文，是实现产品销售的文字模式，是指企业通过策划在报纸、杂志、网络、手机短信等宣传载体上刊登的可以提升企业品牌形象和知名度，或可以促进企业销售的宣传性文章，包括新闻报道、短文广告、案例分析等。

　　广告从视觉和心理上都会产生审美疲劳，越来越不被人们所接受。相反，软文的出现很好地解决了这个问题，软文广告以委婉的方式出现，令用户更容易接受，能让用户自己去寻找所需要的信息。

任务 1 撰写软文

🔍 任务描述

因宣传需要，雅鹿公司商务部小王需要撰写软文，他将通过对样文的参考学习撰写软文的方法和技巧。

小王参考下面样文的软文撰写的方法技巧，进行软文写作分析。下文是以"化妆不长痘，天然最重要"为主题，撰写软文。500~800字，三段式，可以是新闻类软文、故事式软文、情感式软文、促销式软文，文中出现关键词3次，写作前期涉及产品所需要的文字和图片素材，请查找电商平台雅鹿旗舰店获取。

网站软文优化

化妆不长痘，天然最重要

我和痘痘对抗了很多年，可谓久病成医了。敏感性的皮肤一定要在生活各方面都加以注意，不能吃辛辣油腻的食物，保持良好的心情，注意皮肤清洁彻底，不可以乱用化妆品。我是典型的油性皮肤，而且很敏感，容易起痘痘，只要脸上抹了不适应的东西，痘痘很快就会冒出来"抗议"！为了避免皮肤越来越糟，我收起了那些说得天花乱坠的护肤品，也远离了那些五颜六色的彩妆，因为只有让皮肤保持休息的轻松状态，才能防止痘痘的出现。

正是面临毕业找工作的时候，面试也多了起来。在和人沟通的时候，我就会想起自己脸上的痘印和糟糕的皮肤，一下子失去了信心。我尝试着用化妆遮盖，可是卸妆之后脸红红的，第二天就有难看的痘痘又冒出来，有时候严重到粉底也难以遮住，这让我苦恼不已。怎样才能让化妆与护肤抗痘结合起来呢。听上去的确很难实现，但是我发现了一个让我惊喜的好东西，那就是青缇子BB霜！

本来是朋友送给我一个青缇子BB霜的试用装让我试试看，正赶上一次面试，我着急地洗完脸就把青缇子BB霜抹在脸上了，抹到一半想起来还什么护肤品都没用。本来我的皮肤毛孔很大，而且有痘痘有痘印凹凸不平的，抹其他的粉啊霜啊都会呈"纹理状"，脸上根本涂抹不均匀，结果用了这个之后，竟然很容易的抹开了，抹

上薄薄一层，脸色也立即提升了不少。为了遮盖住痘印，我又一咬牙在痘痘区拍上一层，化妆效果的确是不错，肤色均匀自然的，同学看了也说好看了不少。不过心里还是没底，这样直接把化妆品抹在脸上，皮肤肯定又要受苦了，明天又要"迎接"新痘痘了。不过看起来美观了不少，信心自然也大大提高了，面试很成功，让我暂时忘记了皮肤的顾虑。而且也没有往常皮肤干干痒痒的不适感觉，卸了妆之后，感觉脸上还光滑了不少，第二天竟然没有新痘痘出来，当时心里就一阵窃喜。后来我又接着用了几天，密切观察效果。可能是因为天然成分的滋养效果吧，不但没有长痘痘，皮肤也越来越光滑，痘痘脸也能化妆了，而且效果很好，对皮肤改善也很明显。我现在的皮肤变化很大。不用怀疑，就是一个人，我使用了前后不到两个月，纯天然的东西，大家要耐心使用，效果一定会慢慢显现出来的。那些涂上去就立即显效的化学添加成分的护肤品，会让皮肤越来越危险！现在看到自己和以前的对比，真的希望能够早些发现青缇子BB霜，少走弯路，让皮肤少受许多"摧残"。

现在我化妆和护肤都只用青缇子BB霜，再加上点天然的蜂蜜、植物水之类的护肤品，相信皮肤一定会越来越好，终于可以和痘痘说拜拜了！

点评： 随着消费者对护肤品使用和要求越来越高，消费者越来越关注的是使用产品后的结果，所以以往的软文已经起不到一针见血的作用。该软文的作者以自身使用后的感受来推广"青提子BB霜"这一护肤品，看准了消费者关注的使用后效果，能更好得到消费者的反应和需求部分，不仅吸引眼球，而且符合大部分消费者购买使用护肤品的心理。

（1）上述"化妆不长痘，天然最重要"软文采用什么形式？
（2）该软文的切入点是什么？软文的写作步骤有哪几步？
（3）软文中出现了的关键词是什么？出现频率是多少？

任务分析

好的软文，不是说文采有多华丽，而是在软文发出来后能吸引读者，能为网站带来流量，阅读后能让读者感受到传达的推广信息，满足上述标准的软文就是一篇成功的软文。

优秀软文应同时具备两点：第一，文章首先要有读者需要的实际内容，读者愿意看、喜欢看，并且读者看后会认可企业的产品，留下深刻印象；第二，软文中关键词布局合理，能快速被搜索引擎收录。

知识准备

一、软文的题材

软文的题材可以是记叙文、议论文、说明文。软文的正文可从以下三个方面来撰写：

第一，软文要符合事实。软文要朝着完全符合事实方向的构思。这种方法比较容易，就是列出商品的名称、规格、性能、价格、质量、特点、电话地址等要素，如商品简介类文章。

第二，软文有说服性。这主要是以买家的心态去说服消费者，可以采用比较法、证明法、警告法。比如，写药物的软文，就可以写成警告式的软文，可以先写这个病不治疗会怎么样，危害后果，具体内容可以查询相关报告，列出详尽数据，这样看起来真实可信，让消费者信服。想要使读者看后对产品、企业留下深刻印象，并产生认同感，可以从以下两个方面着手：一是在软文中要自然地嵌入产品关键词；二是从文章中渗透公司品牌形象和企业文化。

第三，软文要情感化。这就是要求软文从感情方面构思，用富于感染力的说辞打动消费者。比如，有关妇科药的软文，就可以写成感情类，增加故事的可读性。

一般情况下，文章如果分四个自然段，可以在第二段、第三段融入广告内容，结尾应当与读者的互动。

二、软文写作要点

（1）找准文章的切入点。写软文首要选切入点，即如何把需要宣传的项目或产品、服务或品牌等信息完美地嵌入文章内容。

（2）采用合适的写作形式。常见软文的形式，如表4-9所示。

表4-9 常见软文的形式

形式	软文特点
故事式软文	通过讲述一个完整的故事带出产品，使得产品的光环效应和神秘性给消费者心理造成强烈暗示，促进该产品的销售
情感式软文	通过极富人情味的广告诉求方式，去激发消费者的情绪、情感，满足消费者的心理需求，进而使之产生购买动机，实现购买行为
促销式软文	结合时间节点，配合其他推广方式，配合促销使用效果，通过利用大众的"攀比心理""影响力效应"等多种因素来促使消费者产生购买欲望
新闻式软文	以新闻事件的手法去写，在写作的时候可以运用新闻惯用的一些词汇，来增强文章的"新闻性"
悬念式软文	提出一个问题，然后围绕着这个问题自问自答。通过设问引起话题和关注，但提出的问题要具有吸引力，答案要符合常识，不能作茧自缚、漏洞百出，否则软文可能会起到相反的作用

原创文章的撰写技巧，如表 4-10 所示。

表 4-10　原创文章的撰写技巧

方法	目的
第一招：断句分词	挖掘目标关键词，把目标关键词按照顺序排列，备用扩展长尾关键词
第二招：词语重组	为了扩展更多的长尾关键词，用长尾关键词再扩展更大的长尾关键词，即用长尾关键词作为文章的标题，以达到关键词和文章相关性的目的
第三招：标题定位	通过长尾关键词的扩展来抓住有流量的长尾关键词，从而促进目标关键词和长尾关键词的权重提升，利用百度的第一页搜索页面决定文章标题
第四招：大纲定位	考虑文章能部署的长尾关键词，促进其长尾关键词权重的提高，同时增加网站的黏度，提高用户体验，减少跳出率和退出率
第五招：素材查找与整合	找到流量大的文章的相同点作为素材，另外找到不同点作为对比，在找素材的同时，可以写两篇文章，一篇共同点的文章，一篇异同点的文章
第六招：素材串联	把文章的标题和文章大纲串联，串联文章的目的是让文章承上启下

（3）**合理布局关键词**。关键词在软文中出现的频率及位置，即软文的密度布局不要是均衡式的布局。关键词的位置分布，建议把关键词集中在头尾两个部分，因为阅读一篇文章，人们对开头与结尾的文字记忆是最清晰的。

首段一定要有关键词，通常部署 1 个或者 2 个关键词即可，否则就有关键词堆砌的嫌疑。首段之所以要有关键词其目的就是告诉搜索引擎，本文的内容和标题是具有相关性的。在第二段、第三段中，就需要适当的增加关键词密度，因为这两段基本上论述本文提出的论点，承接首段提出的论点，加以深刻地阐述。在这个过程中自然会更多地涉及关键词。软文最后一段往往是总结，这个自然段应部署关键词。

关键词出现频率太高，容易使用户产生厌恶感，从而产生抗拒情绪，无法再继续阅览该软文，而关键词出现频率太低，又无法在用户脑海当中形成鲜明的记忆，达不到软文推广的效果，所以关键词的出现频率应该适中，一篇软文的关键词出现频率最好不要超 6 次，6 次是关键词最适中的出现频率。

SEO 软文编辑的总体流程，如图 4-24 所示。

图 4-24　SEO 软文编辑的流程

任务实施

一、软文标题的写作

同样的文章，不同的标题，点击量可能会有天壤之别。所以确定一个有吸引力的标题就等于软文已经成功了一半。软文标题的写作，应尽量突出产品及服务的优势和承诺，通用六种软文标题如下所示：

（1）**命令式**，例如，"不能×××的诺言""不能×××的做法"。

（2）**亲近式**，例如，"你空闲时间最想做的放松心情的事情"题中应该突出"你"，因为用第二人称可加强语气，同时也可以拉近和读者的关系。

（3）**直接式**，例如，"华硕推出新一代显卡""NV 推出 ×× 芯片显卡"，一目了然。

（4）**间接式**，例如，"×× 事件的背后发生了什么"，该标题会激发起读者的兴趣。

（5）**数字式**，例如，"100 个不能做的 ×× 事""10 个不为人知的秘密"，从软文的点击量来看，对于带有数字标题的文章，其点击率相对来说比较高。

（6）**提问式**，例如，"金融风暴，电子行业该怎样走下去""哪里能买到便宜的电子产品""如何购买合适的电子产品"。

对照标题修改前后的变化，请仔细体会区别，如表 4-11 所示。

表 4-11　对照标题修改前后的变化

标题修改前	标题修改后	备注
天津华水仪表厂专业提供流量计	华水仪表专业产销高精度流量计	修改后的标题，扩大了信息量，体现了公司实力
赛克数码：CNC 影像仪、显微测量软件、工业用显微镜	赛克数码研发、销售显微镜	修改后标题，去除了杂乱信息，在标题中突出了关键词

二、软文正文的写作

下面以情感式、新闻式软文为例进行软文撰写的学习。

1. 情感式软文的写作要领

（1）要明白软文的目标对象是谁，然后根据这些人的需求和爱好去撰写。

（2）把握消费者心理，要突出消费者切身的感受。以服装产品为例，要突出女人们爱瘦、爱美、爱表现的心理，一定要写出顾客的"真情实感"。

（3）把握住每一个细节，从软文的内容、版式、思想各方面着手，将用户的感受转化为消费理由，将非刚性需求转化为刚性需求，所以软文要以用户的感受来组织吸引人的文章。

情感式软文示例

美丽的邂逅

随着曼妙的音乐，一组组俊男美女款款而来，尽显着欧美风情。筱红一边欣赏着，一边认真地比较着各种款式，尤其是琳琅满目的女装，想象着穿在自己身上会怎样？不过，筱红的目光也时不时地被男模们所吸引，以英伦风为主的"sixcation"男装正以其既古典高雅又时尚潮流的绅士风度呵护着台上以法国"浪漫主义情怀"为主要特点的优雅女装。"天哪，那不是那个那个吗？"筱红心里顿时涌现出一种莫名的情感，真是好潇洒、好飘逸啊！"我要是也能上去走走该有多好啊！"原本只想来选购一两套衣服的筱红竟这么傻傻地想着……

"你好！"刚才那个男模竟朝她走来了。

"天哪！你是在跟我说话吗？"筱红有些激动地应答着。

"你看得这么认真，有什么感想吗？"

"我们单位要搞什么汇演，我是想来买点衣服的。"

"哦，要出去演出啊，小姐看着就像是能歌善舞的人，你刚才看了我们的品牌系列，感觉怎么样啊？"

"款式太多，都挑花眼了，也不知质地怎么样？"

"哦，质地没得说，我们公司都已经有十年的历史了，用料上一向很考究，追求精益求精，不瞒你说，穿在身上不仅有细腻润肤的质感，还有一种触发心语的乐感。我做过很多品牌的模特，就数这个品牌的衣服穿在身上感觉舒服，它不但没有压抑感、束缚感，而且还会把你的内涵、你的气质给引领出来，释放出来。而且，他们的制版也非常精细，有着完整的人体体型数据库，也就是说，从设计到裁剪都是非常巧妙和灵活，有些细微处就用手工来精心缝制。所以，不管是哪种身材的人，总能在'sixcation'系列中找到自己贴身的衣服，等于给每个人都是定做的。以小姐的身材和气质，应该是很好挑的，就看你自己的品位了。"

"这样啊，那这个品牌一定是价格不菲喽？"

"这个么，比那种没品牌、没品位的劣等产品肯定是价位高些的，我们公司的品牌可是集结了当今世界顶尖的设计师和一线的时尚文化厂牌共同打造的，自有其特别的精神诉求和人文价值呐。不过，它的加工制造都是在国内完成的，所以虽然它的性价比高，但卖的还是相对便宜的。也不是负责销售的，只是公司组织我们在这里集中展示一下这个品牌，这个品牌真的是挺好的，引领欧美潮流，有着丰富的音乐文化内涵，他们的口号就是'不与劣等货为伍'，呵呵。你可以到淘宝网上去看看：http://6good.taobao.com，女装是：http://shop33624500.taobao.com，也可以了解到更多有关'sixcation'的信息。到时候，如果需要我可以给你做个参谋"。

讨论：

（1）上述"美丽的邂逅"软文采用什么形式？

（2）该软文的切入点是什么？

（3）软文中出现了的关键词是什么？出现频率是多少？

2. 新闻式软文的写作要领

（1）**善于运用新闻惯用词汇**。在新闻式软文的写作过程中，要善于运用新闻惯用的词汇，来增强正文的"新闻性"。要运用好时间、地点等新闻词汇：比如"近日""昨天""正当××的时候""×月×日"和"在我市""××商场""家住××街"等，时间及地点的概念可引导读者产生与该时间、该地点的相关联想，加深印象，淡化广告信息。

（2）**寻找软文的新闻由头**。所谓新闻由头，是指客观事实作为新闻传播的依据，也是指新闻被编辑采用和发布的原因。如果想将软文写得像新闻，首先就要为写的内容找到新闻由头。比如，所宣传的产品、服务、公司特别重大的事件或突破性进展，这类软文比较常见的就是品牌或企业最近做了什么事，这就构成了媒体报道的原因，也就有了新闻由头。可以结合时令去寻找软文由头。

例如，春天沙尘暴来了，以"今年春天沙尘天气护肤有新招"为由头为护肤产品写软文。

（3）挖掘软文的新闻点，从产品和活动两个方面最容易挖掘到新闻点。当企业开发了非常有价值的新产品，就从中找出具有新闻性的东西。同时，结合社会热点来找新闻由头，有特点、有影响力的活动大都会引起媒体的关注和报道。软文操作人员充分挖掘活动的社会意义，关注新闻媒体报道和评论，比如中央电视台的《经济半小时》节目、一些研究企业的报刊如《21世纪经济报道》《中国企业家》等常常会对企业做深入的报道。

新闻类软文示例

曝光"洗之朗"热销背后

如何改变人们便后的清洁方式？如何实现以洗带擦？一种名为"洗之朗"的产品近日在西安悄然兴起。据悉，"洗之朗"的产品学名为"智能化便后清洗器"，是一种安装在马桶上用于便后用温水清洗的家用电器。

记者采访了家住紫薇花园的牛先生，谈到使用体会时，他说："起初孩子说日本人都使用这个产品，要往家里的马桶上安装'洗之朗'。我有痔疮，而且家中还有高龄老人，对洗之朗的使用体验感到非常满意！"。

某商场导购向记者说："目前购买洗之朗的人，不仅仅是前卫的时尚达人，普通市民也越来越多，大家已经认识到了洗之朗对生活的重要性"。

记者发现，"洗之朗"产品售价最低的是良治牌洗之朗，有一款机型仅售980元，这能不让市民动心吗？"洗之朗"产品生产厂家的营销副总肖军告诉记者：我们很重视市场需求，虽然目前我们的工作重点是生产研发，但是我们对"洗之朗"的市场前景非常看好，我们将凭借科学有效的营销手段、精湛的技术、优势的价格推向市场，我们的定位就是以高品质产品设计满足广大消费者的潜在需求。

截至记者发稿前了解，"洗之朗"安装预约已经排满3个工作日，热销局面还在不断升温。

讨论：

（1）上述"曝光'洗之朗'热销背后"软文采用什么形式？

（2）该软文的切入点是什么？

（3）软文中出现了的关键词是什么？出现频率是多少？

三、软文结尾的写作

软文的结尾是为了总结全文、突出主题或者与开头相应。软文的结尾也是有举足轻重的作用，总结结尾写法的八个技巧，如表4-12所示。

表 4-12　软文结尾写作技巧

结尾	写作技巧
首尾呼应式	首尾呼应。文章的开头提出观点，中间进行分析观点。到了结尾，就必须自然而然地回到开头的话题。进行完美的总结，使文章的结构更加完整，使得文章从头到尾很有条理性，浑然一体
点题式收尾	结尾时，使用一句或者两句简短明了的话来明确文章的观点，起到画龙点睛的作用，能够提升整篇软文的品格，从而给读者留下深刻印象
自然结尾式	以事情终结作为自然收尾。在内容表达完结之后，不去设计含义深刻的哲理语句，自然而然地结束全文。一般情感故事类的文章会用这种结尾
名言名句式	用名言、名句来收尾，让软文的意境更加深远，或者能够揭示某种人生的真谛，使之深深地印在读者心中
抒情议论式	用抒情议论的方式收尾，考验的是软文作者能否将心中的真情流露出来，从而激起读者情感的波澜，引起读者的共鸣
祝福式收尾	这种收尾技巧关键在于软文作者要站在第三者的角度对软文中的人、事物进行祝福
请求号召式	这种收尾多用于公益软文，软文作者在前文讲清楚道理的基础上，向人们提出某些请求或发出某种号召，在看完内容后，在最后一句引起共鸣
联想式收尾	在前文的铺垫下，由此及彼、由表及里、由小到大、由具体到抽象，使主题得到升华，更加引人入胜

总之，好的软文具备可读性，标题要取的比较有吸引力，关键词布局合理、能够引发读者强烈的认同感。可读性强，能体现一种真情实感，读后能给人一种人生感悟。好的软文坚持原创，杜绝伪原创，能为用户提供价值。

动手做一做

"七夕节"快到了，雅鹿公司尝试开始软文推广，通过网络发布软文广告。请按照如下要求撰写一篇软文，如表 4-13 所示。

表 4-13　撰写软文的要求

软文宣传的对象	雅鹿女装的品牌和服务
软文策划的类型	论坛发帖或博客文章

续 表

软文写作的结构	采用网络文体——实体店与网店的产品对比宣传——市场展望
软文营销的主题	围绕"七夕节",进行雅鹿女装品牌推广

任务 2　软文推广

软文获取定向流量是免费高效的,通过软文推广可以获取流量和外链。一篇优质的软文不但可以获取更多的质量外链,还可以获取最为精准的定向流量。可以通过撰写引导用户进入网站的软文,用户通过阅读软文看是否符合自己的需求,这样的软文才能获得更多的高效的定向流量。

任务描述

将写好的软文"雅鹿,会呼吸的羽绒服",要求:❶ 到各大平台进行发布推广;❷ 自行设计软文推广效果评价表,对软文进行追踪;❸ 对推广效果进行二次评估。

任务分析

软文是为了企业或产品广告宣传需求服务的,那么在撰写宣传产品网站的软文时,一定要注意插入网址和要宣传的产品(或项目)的关键词。

知识准备

软文推广的形式多样,可分为两种:收费形式和免费形式。

软文推广

一、软文的收费推广

收费形式的推广一般需要企业支付服务费,也就是需要找营销公司代理发布。

(1)网络红人推广,将软文通过网络红人发布到微博、朋友圈等社交网络上。

(2)付费服务平台推广,将软文发布到阿里巴巴、慧聪网、马可波罗、中国供应商、商机网等网站上做推广。

二、软文的免费推广

常见的软文免费推广形式如下:

(1)**网站投稿**。网络新闻发布一般是需要投入费用的,但是有些网站是接受用户投稿的。如果稿件质量好,对读者有用,网站的管理员就会转成新闻发布出来,这样的网站有:A5站长网、艾瑞网、速途网等。

(2)**博客发布**。在企业博客或个人博客上发布,只要注册博客就可以发布操作,广义的博客包括QQ日志、开心日志、飞信空间、威客空间等。

(3)**论坛发帖**。在各大知名论坛,作为普通帖子发布到相关版块。

(4)**文件共享**。把软文上传到百度文库、豆丁网、道客巴巴等免费文件共享平台。

(5)**百科知道**。在互动百科、百度百科创建名词,完成软文的变相发布。此外,还可以将软文改写成问答形式,在问答平台上把软文内容作为问题答案提交,只解决提问者的问题。

(6)**微博**。注册企业和个人微博,然后提炼软文的中心思想,将简短后的软文发布(微博文章字数限制在100字以内)。

任务实施

一、软文的发布

1. 发布到博客,吸引搜索引擎的收录

"雅鹿,会呼吸的羽绒服"软文写好后,发到博客网、和讯、新浪、网易、搜狐、凤凰等平台,加上自己网站的链接,发到这些平台,可以吸引搜索引擎的收录,增加外链,增加软文浏览量和点击链接流量。

2. 发布到论坛,吸引客户关注

软文发布到权重高的专业类型论坛,如阿里巴巴(alibaba)、国际贸易网站(Tpage)等大型的B2B平台,也可以是如bossgoo.com等新兴潜力的平台,在这些平台遇到的用户,都可能会成为将来潜在的客户。

二、评估软文的营销效果

好的软文=热点事件+吸引人的标题+有用的内容+文章配图+相关行业的展示
达到这些要求,就会获得流量,软文评估的具体内容,如表4-14所示。

表4-14 软文推广效果评估

软文的评估项目	评价项能够反映的效果
点击率	被用户点击数,反映受关注度
是否推动专题	高质量的栏目推荐成功
转载次数	反映一篇软文的新闻价值,即可读性
引擎收录及评论数量	能反映一篇软文的质量和受众喜好度

软文发布后,分别在1周、2周和1个月后三个时间点,进行软文效果评估。

三、软文的优化思路

(1)一篇文章最好在500~600字之间,标题及正文第一段前150字要添加关键词。每篇文章关键词不超过6个,不少于3个。

(2)正文文字大小最好在12~14号字,核心段落及关键字用加粗、斜体突出显示。正文中添加相关图片,最好是2~3张,要求清晰明了。

(3)关键词添加超链接,超链接中最好附带相关标签。

四、软文效果跟踪

软文写好并发布后,并不是软文推广的结束,根据软文广告遵循计划、组织、实施、修正的操作规律,发布后的效果跟踪是必需的。

软文效果的跟踪。可以依据展示量、点击量、浏览量、转载量指标来分析软文推广的效果,如表4-15所示。

表4-15 软文推广的效果指标

指标	内容	反映
展示量	取决于发布软文的平台,发布软文不能单方面的追求展示量。应注重产品目标客户群的针对性	衡量软文内容的质量
点击量	点击量直接相关原因就是标题的吸引力	衡量软文标题的吸引力

续表

指标	内容	反映
浏览量	即软文被浏览的次数。浏览量的多少判断出软文营销成功还是失败	衡量软文推广的效果
转载量	发布的软文被其他平台转载的数量	衡量软文营销的成功率

动手做一做

在大型门户网站（如新浪、搜狐、腾讯网站）的新闻版块、微信、BBS、QQ群、博客、网站论坛上发布产品宣传的"雅鹿，会呼吸的羽绒服"软文，并查看其需要多久才被百度、谷歌、雅虎收录，比较哪个搜索引擎收录比较快。

实验四　设计、撰写原创文章

一、实验目的

会撰写软文，将网站关键词嵌入到软文之中。

二、实验内容

以产品的长尾关键词作为主题，根据产品关键词完整地写一篇产品介绍的原创文章。

原创软文案例：

UGG 雪地靴的品牌故事

羊皮靴从1910年开始在剪羊毛人中变得流行，剪羊毛人从羊的身上取下一小块羊皮，经过修剪后，用来包住他们的脚，他们称这种鞋为"丑陋的靴子"。

后来，澳大利亚空军飞行员用两块羊皮包裹成鞋子穿在脚上御寒，后来逐渐在澳大利亚流行开来。澳大利亚空军首先发现了雪地靴的奇妙功能，它内里是羊毛，外边是鞣制过的无比轻软的羊皮，所以，雪地靴就被澳大利亚空军指定制作专用的军靴，它一度被称为FUGG。

让雪地靴真正被世界熟知道的是因为 UGG AUSTRALIA 这个品牌。

在 1979 年，冲浪运动员 Brian Smith，买了一些澳大利亚制的羊皮靴子带到美国，开始在纽约出售，主要为在加利福尼亚的冲浪者用。后来他建立了 UGG Holding 公司，注册了 UGG 商标，但是由于经营不善，1995 年，Brian Smith 将股份卖给 Deckers（德克斯）户外用品有限公司运营。该公司使好莱坞明星穿着 UGG 雪地靴而走红美国，近而在多个国家获得认可。

2009 年冬天，雪地靴借着德克斯公司 UGG 商标的势头销量暴涨，一夜成名。2010 年之后，更多的澳大利亚雪地靴品牌（如 PACIFIC、JOMVOX、AUKOALA）正式进军中国，开拓中国市场。

三、实验过程

1. 搜集客户的需求

客户的消费需求是原创写作的关键所在。每篇软文都有目标受众，都希望别人能看到，而且希望通过文章的内容，让目标受众能接受作者的观点，这才是作者写作商业文案的动力和理由。

打造品牌核心竞争力的关键就是品牌的印象。顾客买的不仅仅是产品，而且买的是对产品的印象。所以优秀的公司都是贩卖印象的。根据"第一"胜过"更好"的原则，要想让产品在顾客心目中留下难忘的印象，最好的办法就是成为某一类别的第一。也就是"创造品类第一"。

SEO 文章也是一种商业文案，它所面对的受众是那些通过搜索引擎查询关键词而引流过来的消费者。所以在写作的时候，必须要了解受众的消费需求。

2. 搜集原创文章的素材

原创文章的注意点：文章字数 750～1 200 之间，首段、末段必须各达到 100 字左右，必须包含关键词，首段前 30 个字和末段后 30 个字必须原创，文章内容里穿插关键词。

3. 原创软文的撰写

（1）撰写软文标题。好的标题能吸引读者的兴趣，提供最新的信息，引起读者的好奇。写出能够吸引人的标题，需每天留意接触的新闻、时事和行业信息，积累经验；坚持写软文。

（2）撰写开头部分。一篇软文的首段至关重要，让读者读完首段就能准确把握你想要传达的内容，这对用户体验来说是非常重要的。

（3）撰写正文部分。文章正文采用新闻导语式样：何时、何地、何人、何事、何故、如何。

（4）植入客户的商业信息。通过人物访谈植入，引入第三方数据植入。

4. 在文章中植入锚文本

锚文本方便搜索引擎爬行收录新页面。当搜索引擎来到网站发现文章后，就会发现文章中有一个新页面的链接，那么搜索引擎会根据这个链接爬行到新的页面中来，这样有利于搜索引擎的收录。锚文本可提高网站排名，锚文本也可增加用户体验。用户看到一篇文章，对文章中某一个名词不理解的时候，有一个锚文字指向另外一个页面，用户点击后，新页面介绍了这个词的意思，可以提高网站用户体验。

一段锚文本链接代码的演示：

<a href="http://ssffx.com/SEOjishu/78.html" target="_blank" title="流量统计系统" >流量统计</a>

（1）将软文中的关键词制作锚文本链接，要链接到内容页。不建议链接到首页、一级栏目页、二级栏目页，而是链接到其他文章页面。

（2）软文中的锚文本布局，不同的锚文本要指向不同的页面。在软文中做锚文本链接时，容易会出现两个错误：多个关键词链接指向同一个页面；相同关键词链接到不同的页面。这两种情况非常容易导致网站被搜索引擎处罚。

（3）软文中锚文本密度分布统计，统计一篇 1 000 字左右的文章的锚文本链接个数，并判断是否合理。

5. 撰写软文引子

拟写 5 个不同风格的软文。文章必须有引子，引子就如同文章的描述，是概括内容的主要核心，或者抛砖引玉，让用户有阅读需求。

原创软文引子的案例：

加入康婷，一辈子的保险

康婷家人医院免费体检进行中，主要针对康婷公司会员、代理商们。一滴血 84 项检查，包括潜伏身体 5 年以内的癌细胞都可以提前检测出来。全世界只有三家干细胞医院，康婷家人医院是其中一家，并且已获得国家认可和批准。试问你在哪家公司办理个会员就能终生 5 折优惠还能免费体检？试问你正在代理的微商商家能给你如此福利吗？而加入康婷就有！

四、实验结果

实验完成后，按照实验内容书写实验报告，内容包括实验的操作过程和实验体会。

课后练习题 四

一、填空题

1. 网站链接分为三种：_____、_____、_____。
2. 网站外链主要分两种：一种是_____，另一种是_____。
3. 网站入站链接是指来自外部网站的链接，简称_____。
4. 网站反向链接的类型包括：_____、_____、_____、_____四种。
5. _____是友情链接。友情链接的相关性包括两个方面：_____和_____。

二、选择题

1. (　　)提高PR值的行为被搜索引擎认定是作弊行为。
   A. 与很多相关性的站点进行友情链接
   B. 加入很多分类目录网站、导航网站
   C. 向PR值高的站点购买链接
   D. 网页上发布供求信息，带有反向链接

2. 一篇200~500字的软文中，嵌入(　　)个关键词是合适的。
   A. 1　　　　　　　　　　　　　B. 2
   C. 2~5　　　　　　　　　　　　D. 6~10

3. 友情链接方面，应该优先选择的链接为(　　)。
   A. PR高，相关性低的链接　　　　B. PR低，相关性高的链接
   C. PR低，相关性低的链接　　　　D. PR高，相关性高的链接

4. 关于网站外链，以下描述正确的是(　　)。
   A. 越多越好，无论什么地方都行。
   B. 高质量相关性高的外链，针对网站的情况，坚持持续做外链
   C. 做外链对搜索引擎没效果
   D. 选择几个很好的网站，天天做这几个网站的外链

5. 如果选择一个网站外链，正确的是（　　）。

A. PR=5 相关网站首页上的内容相关的链接

B. PR=7 内容无关链接页面上的链接，此页面上还有指向其他网站的 50 个链接

C. PR=6 内容相关链接页面上的链接，此页面上还有指向其他网站的 20 个链接

D. PR=6 目录网站页面上的链接，此页面上只有指向其他网站的 10 个链接

6. （　　）能提供高质量的链接。

A. PR=7 的网站

B. 和网站内容接近且拥有从.edu 和.gov 反向链接的 PR＝5 的网站

C. 拥有大量被搜索引擎删除的重复页面

D. 有一些可信的反向链接，PR=6，但和网站关系不大的网站

7. 点击死链接，返回的 HTTP 状态码一般是（　　）。

A. 500　　　　　B. 301　　　　　C. 200　　　　　D. 404

三、问答题

1. 制作外链的注意点有哪些？请举出三个增加外链（导入链接）的方法。

2. 内链的作用是什么？建设内链的注意事项有哪些？内链的优化有哪些方面？

四、操作题

1. 进入新浪网，选择某一专题栏目或某一频道，分别打开其频道页、栏目页、文章页等源代码；截取其分析用的源代码，从其代码设计、页面静态化、标签设计、内容策略、链接策略等方面对其 SEO 进行综合分析。

2. 企业同行竞争者的同类关键词检索的实践。

（1）选定一个企业网站和该企业若干同行业竞争者的网站。

（2）通过百度统计分析工具，浏览该网站并确认该网站最相关的 2～3 个核心关键词，如主要产品名称、所在行业等。核心关键词分别在百度搜索引擎中进行检索，了解该网站在搜索引擎结果中的表现，如排名、网页标题和摘要信息内容等。

对比网页在搜索引擎检索结果中的信息，记录同一关键词检索结果中，该企业的同行业竞争者的排名和摘要信息情况。

模块五 网站内容与结构优化策略

网站优化分为内部优化和外部优化两类。网站的内部优化，就是通过适当修改网页本身的内容，如标题、关键词、网站 URL 以及整体网站结构等，使其对用户和搜索引擎更加友好。网站的外部优化，则是通过增加外部链接的方式来实现，比如论坛发帖、发表文章、分类信息提交等。

项目 1

网站用户体验优化

网站用户体验优化就是针对用户的体验对网站进行优化，面对用户层面的网站内容性优化，本着为访客服务的原则，改善网站视觉等网站要素，从而获得访客的青睐，进而提高流量转换率。

任务 1　网站 URL 优化

任务描述

雅鹿公司电子商务部的小王和小李今天在讨论"URL 对 SEO 影响"的话题，小王引入了如下 SEO 案例。

有一个文章分类网站——"学习普通话"，URL 网址采用拼音 xuexiputonghua 全写域名。

方案 1：http://www.123.com/xuexiputonghua/1.htm

方案 2：采用缩写 http://www.123.com/xxpth/1.htm

方案 3：采用长路径 http://www.123.com/xuexiputonghua/xuexiputonghua1.htm

方案 4：采用动态 URL http://www.123.com/xxpth/1.htm/read.php?id=1

这四种方案分别对于 SEO 有没有影响？

小王认为：方案 2 选用的 URL 对搜索引擎不友好，而方案 3 选用的 URL 采用拼音作为域名，对百度搜索引擎来说，虽然 URL 长，但利用百度拼音模糊搜索功能，更容易查询到，所以他建议选用方案 3。

小李认为：方案 4 的 URL 中出现形如 read.php?id=1 的网址属于动态 URL，动态 URL 并不一定比静态 URL 差，因为随着搜索引擎的完善，百度搜索引擎对于动态地址的抓取，已经相当成功，所以小李建议选用方案 4。

请你参与到分析讨论中，选出最优方案，并说出你的理由。

使用短链接生成工具优化 URL

任务分析

URL 优化主要从 URL 各组成部分的命名技巧、分隔符的使用、URL 路径长度、关键字域名的使用、URL 静态化实现的方法五个方面进行。

搜索引擎优化

知识准备

一、URL 优化的概念

URL 也称为网址，由域名、目录、文件名构成，是 SEO 最基本的要素之一。URL 优化的目标在于改善用户体验，提高网页的点击率，提高 URL 对搜索引擎的友好性，改善搜索引擎对网页的收录。

URL 优化就是指通过对 URL 各组成部分进行适当的调整，包括三部分：对域名、目录、文件的命名；分隔符的使用；URL 长度及关键字词频的控制。

二、URL 优化的内容

URL 优化包括 URL 静态优化、目录的命名、目录和路径的优化、绝对 URL 和相对 URL 的优化四个方面，如图 5-1 所示。

```
动态 URL 和伪静态 URL          目录路径的层次深度
                    URL 优化
绝对 URL 和相对 URL            目录和文件的命名
```

图 5-1 URL 优化

当出现多个地址指向同一个网页时，搜索引擎只会选择其中一个链接建立索引。

任务实施

一、区分静态网页和伪静态网页

（1）用 Firefox 浏览器打开目标网页（本任务以苏州健雄职业技术学院网站为例），同时打开控制台，如图 5-2 所示。

（2）控制台中输入检测用到的 JavaScript 代码：

alert（document.lastModified）；

回车执行，会弹出一个弹窗，告知当前文档最新的修改时间，如图 5-3 所示。

网站用户体验优化 项目1

图 5-2 Firefox 浏览器打开控制台

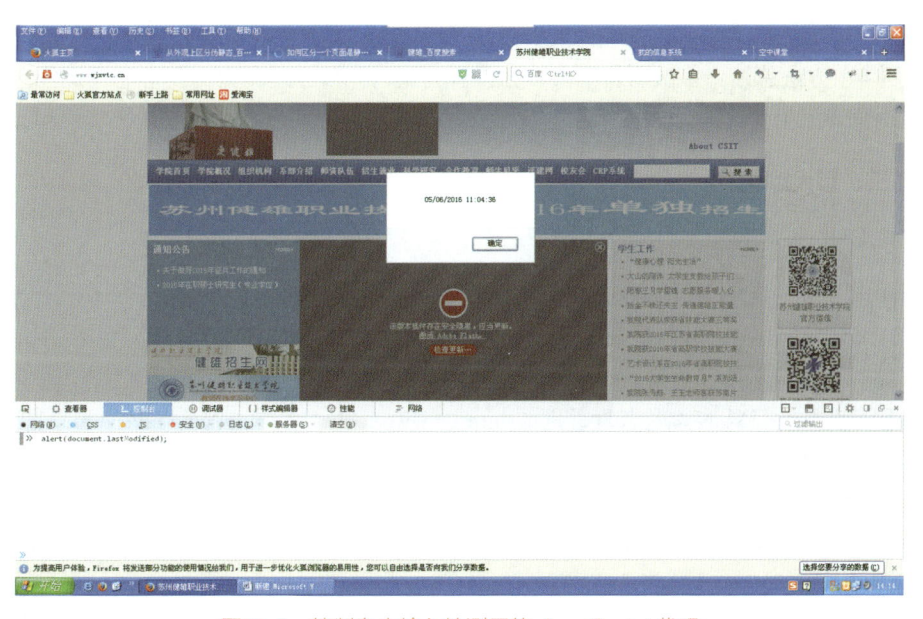

图 5-3 控制台中输入检测用的 JavaScript 代码

（3）重新刷新网页，再用相同的方法在控制台里输入查询代码，再查看文件的最后修改时间，如果发现时间不同，则可以判断它是伪静态 URL；如果前后两次弹窗显示的时间一致，可以判断它是静态 URL，如图 5-4 所示。

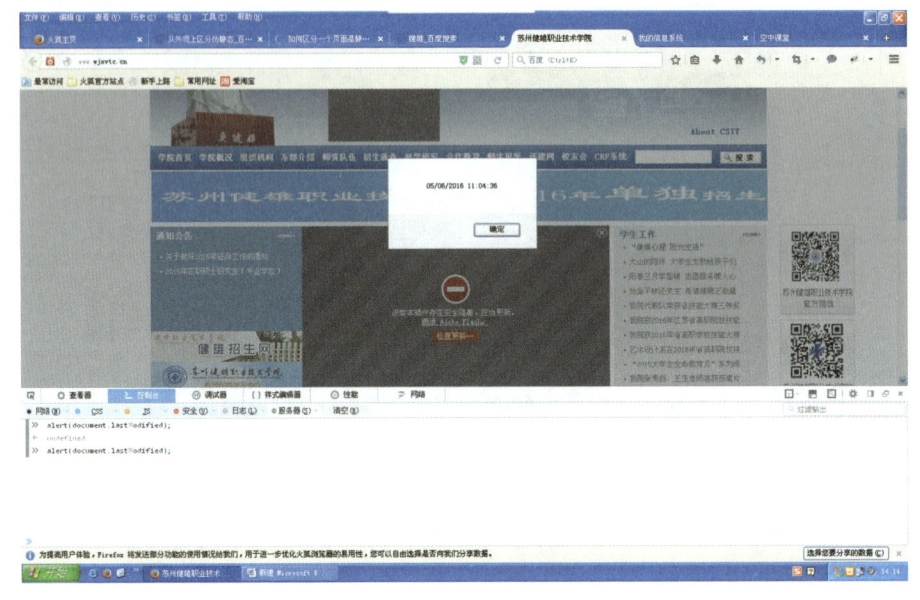

图 5-4　判断网页是否伪静态

（4）方法总结：多次刷新网页，如果弹窗的时间发生变化则为伪静态（动态）网页，时间不发生变化则为静态网页。

二、URL 优化

1. URL 长度的控制

域名长度是指"子域名+域名名称+域名类型"所占用的字符数。例如对于 www.seochat.org，子域名是 www，域名是 seochat，域名类型是 org，则域名长度为 15。

路径长度指文件存放路径的名称所占用的字符数，路径长度=目录 1 名称长度+目录 2 名称长度+…+目录 N 名称长度，例如 http://www.seochat.org/mobile/apple/iPhone7.htm。其中，"/"为根目录、"mobile/"为二级目录、" apple /"为三级目录，则该页面的路径长度=1+7+6，即 14。

文件名长度指文件名称所占用的字符数（包括后缀名），例如 iPhone7.htm，其文件名长度就是 11。

URL 长度=Internet 资源类型+域名长度+端口号+路径长度+文件名长度，搜索引擎抓取页面的时候，对页面的 URL 长度是有一定限制的。对于超过这个限制长度的页面搜索引擎就可能会放弃收录。而且，页面的 URL 越短，得到的权重就越高。

2. 动态 URL 重写实现伪静态 URL

分析 http://www.net.com/ab/ab.php？id=100 这个 URL 地址，可以发现：URL 中出现"？""=""%""&""$"等特殊符号，出现上述符号的 URL 就是动态 URL。动态 URL 不利于搜索引擎蜘蛛的抓取。

因此建议将 http://www.net.com/ab/ab.php?id=100 这种动态 URL 变成 http://www.net.com/ab/100.html 这种静态 URL 形式，这里的 100.html 就是替代了 ab.php?id=100 的数据生成的静态 URL。

将动态 URL 变成静态 URL 的过程就是伪静态。伪静态是通过 URL 重写技术实现。最典型的就是类似 http://www.semyj.com/archives/1603 这种博客的地址，已经使用了 URL 重写，这类地址对用户比较友好，且对搜索引擎也是如此，而且因为仅仅是地址重写不是真正地生成一个静态文件，就规避掉了生成静态页面所带来的一些不足。

IIS 下的伪静态实现方法如下：

（1）首先搜索一个名字叫 ISAPI_Rewrite 的软件压缩包，下载后解压，存放到指定路径中，比如解压到 D:\ISAPI_Rewrite3\。然后打开 IIS，在 IIS 里的"网站"这个功能项上右键属性→选择 ISAPI 筛选器→添加，名字可以写 ISAPI_rewrite，这里使用的是 ISAPI_rewrite3，可执行文件选择的是 D:\ISAPI_Rewrite3\ISAPI_Rewrite.dll，然后点击确定。

（2）重启 IIS，正常情况下应该在 ISAPI 筛选器里 isapi 项前面有个绿色箭头表示扩展安装正确，如果出现红色表示不正常工作，检查 isapi_rewrite 目录的权限，添加 everyone 可读权限，问题得到解决。ISAPI 筛选器设置，如图 5-5 所示。

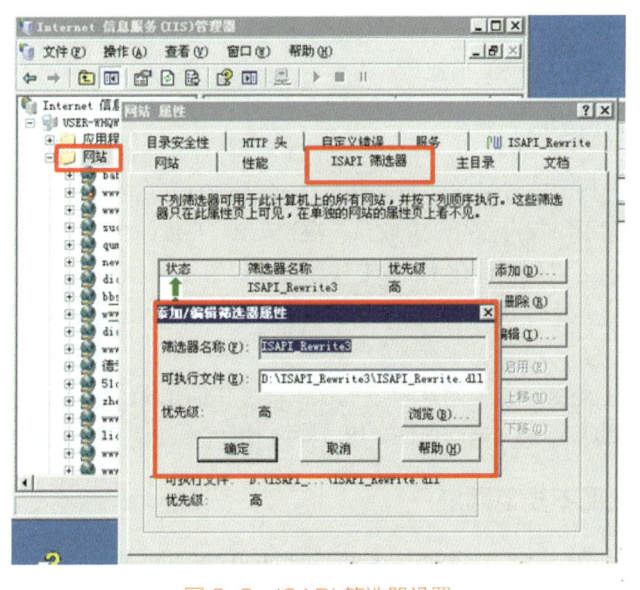

图 5-5　ISAPI 筛选器设置

正确安装 isapi_rewrite 扩展之后，在其所在目录下有个文件 httpd.conf，用记事本打开。该文件是负责将 http://www.semyj.com/archives/1603 这种 URL 转换为形如 http://www.semyj.com/archives/article.php? id=1603 这种真实的访问路径。要将 http://www.semyj.com/archives/1603 转换为 http://www.semyj.com/archives/article.php? id=1603，就要在 httpd.conf 里先建一行，这么写：

RewriteRule /archives/（\d+）/archives/article\.php\?id=$1

这里的规则分为三部分：

规则 1：开头的 RewriteRule，直接以这个固定格式命令来开头。

规则 2：/archives/（\d+），这里的规则是从 http://www.semyj.com/archives/1603 里概括出来的，可以看到 http://www.semyj.com/archives/1603 里的文章规则都是 http://域名/archives/数字，那么在写规则时就把完整的规则定义为/archives/（\d+），其中\d 表示数字，+号表示最少要重复前面的数字一次。

规则 3：/archives/article\.php\?id=$1，这里就是将前面的规则完整映射成真实的访问地址，\.php \? 表示这里是普通字符，$1 代表前面匹配出来的值，也就是数字 1603。

很多站点都存在将 URL 伪静态以实现对用户和搜索引擎都友好的目的，可以自由控制目录深度，便于搜索引擎抓取。

3. 设计有含义的 URL 地址

URL 域名的命名，设计包含中文拼音或英文含义的 URL 地址，有利于搜索引擎蜘蛛抓取。搜索引擎蜘蛛可以识别中文拼音或英文含义，例如爱站网的 URL http://www.aizhan.com，就是设计有含义的 URL 地址。

4. 设计 URL 短地址

搜索引擎抓取页面的时候，对页面的 URL 长度是有一定限制的。对于超过这个限制长度的页面，搜索引擎就可能会放弃收录。决定 URL 长度的主要因素包括域名、路径长度及文件名长度。可以使用优化 URL 工具，将过长的 URL 地址变成短地址，有利于搜索引擎蜘蛛抓取。页面的 URL 越短，得到的权重就越高。URL 长度过长，会造成不规范网址。

例如，使用 URLShrink3 网址缩短工具，将过长的 URL 地址变成短地址，只需在 URLShrink3 的编辑框中输入网站地址，然后按一下"缩短"按钮，能够生成短网址。

二、防止出现不规范网址

规范网址具备的特征，形如 http://www.searcheo.cn/index.html，不规范的网址的种类有很多，如表 5-1 所示。

表 5-1　不规范的网址

形成原因	不规范网址
不带 www 造成	http://searcheo.cn
结尾不带有 index.html 后缀造成	http://www.searcheo.cn
不带 www 造成的	http://searcheo.cn/index.html

上述三个 URL 指的是同一个文件：index.html，即网站首页。这三个 URL 都是不同的网址，从技术上来说，主机完全可以对这三个网址返回不同的内容。搜索引擎也确实把它们当作不同的网址，虽然这些网址返回的都是相同的文件。

除了上述原因外，其实还有以下五种原因会造成 URL 不规范。

（1）网站自动建站程序的原因。很多 CMS 自动建站系统经常出现一篇文章可以通过多种不同的 URL 去访问的情况，会导致 URL 不规范。

（2）URL 静态化设置存在错误。同一篇文章中有多个静态化 URL 可以访问同一个网页，会导致 URL 不规范。URL 静态化后，静态和动态 URL 共存，都有链接，也都可以访问，也会导致 URL 不规范。

（3）网站的目录后带与不带斜杠的区别。类似 xxx.com/seo 和 xxx.com/seo/ 这两个网址区别在于：前一个是网站根目录下的页面，后一个是二级目录。如果这两个域名，返回的是一个页面，会导致 URL 不规范。

（4）加密网址引发的网址不规范。https 代表该网站是经过加密的，是可信任网站。HTTPS（Secure Hypertext Transfer Protocol）安全超文本传输协议，HTTPS 协议是由 Netscape 开发并内置于其浏览器中，用于对数据进行压缩和解压操作，并返回网络上传送回的结果。现在加密网址被广泛应用于各电子商务网站。

但是，从 SEO 方面考量，加密网址可能带来网址不规范的问题，例如，当 http://www.searcheo.cn 和 https://www.searcheo.cn 的 URL 同时存在，但都可以访问，指向同一个网页时，会造成不规范网址。

（5）跟踪代码引发。做网站推广的网页制作者，会在 URL 后面加跟踪代码，会造成不规范网址。例如，http://www.sade.com/?badu&cpc&Aj16&D1&关键词，"？"后面的字符就是跟踪代码。

三、出现 URL 不规范会给网站带来的问题

1. URL 不规范给搜索引擎带来的问题

网站出现不规范 URL，会给搜索引擎收录和排名带来很多的麻烦。例如，网站首页是固定的，有且只有一个 URL，但很多站长在链接回首页时，所使用的 URL 并不唯一

的。因为这些 URL 都是同一个文件，会间接性地给搜索引擎造成困惑：到底哪一个网址才是真正的首页？哪一个网址应该被当作首页返回？

2. URL 不规范化会造成的问题

（1）多个 URL 会分散页面权重，不利于网页排名。

（2）会给搜索引擎误判返回网址，不利于抓取。

（3）会影响搜索引擎蜘蛛爬行，不利于收录。搜索引擎收录网站的总页面数和蜘蛛总爬行时间是有限的，而搜索引擎把资源浪费在收录不规范的 URL 上，造成浪费。

（4）不规范 URL 的重复页面过多，会被搜索引擎认为有作弊嫌疑。

四、URL 规范化的解决方法

解决 URL 规范化问题的方法有很多，主要有以下四种：

1. 使用合适的建站工具

建站系统被企业和个人站长广泛应用，选用好合适的建站工具，让程序自动产生规范化的 URL，可以从源头上规避问题。现在 DEDE 和 CMS 建站系统都可以自动产生的静态化 URL。比如 DEDE 建站系统，在后台扩展 URL 规则管理中自定义 URL 生成规则，生成静态化 URL 等。

2. 使用统一规范标准链接

所有内链要保持统一，都指向规范化的 URL。从用户体验的角度，用户通常第一选择就是带 www 的版本为规范化的 URL，网站的内部链接都要统一使用这个版本。

3. 使用 URL 301 重定向

通过 301 重定向可以把不规范化 URL 全部转向到规范化 URL。301 重定向作用是将相同内容页面（有一个或是多个不同 URL 的页面），重定向到一个规范化的 URL 上。

4. 使用网页规范化标签

Canonical 是谷歌、雅虎、微软在 2009 年提出的一个网页规范化标签。百度也明确对 Canonical 标签的支持。

（1）**Canonical 标签的功能作用**。百度 rel="canonical" 标签，解决了网站 URL 链接不一样但网页内容是一样而造成的百度重复收录的问题。网页通过使用 Canonical 标签，可以告诉搜索引擎哪个页面为规范的网页，并避免搜索结果出现多个内容相同或相似的页面，避免网站相同内容网页的重复展示，提升规范网页的权重，优化了规范网页的排名。

（2）Canonical 标签的使用方法。可通过在每个非规范版本的 HTML 网页的部分中，添加一个 rel="canonical" 链接来进行指定规范网址。

使用方法：<link rel="canonical" href="网页权威链接"/>

小贴士：Canonical 和 nofollow 的区别

Canonical 是针对整个页面的标注，这个标签应加在网页<head></head>标签中，与之前提到的 nofollow 不同。

nofollow 通常用在 <a href="某地址" rel="nofollow">，是针对某个链接的标注。

（3）Canonical 的使用场合。当网站需要更换域名，且使用的服务器不能创建服务器端重定向网址的情况下，就可以使用 rel="canonical"链接元素指定希望百度收录的网址。

网页中添加该标签后，就代表站长向百度推荐某个网页作为规范的网页版本，百度会同时根据标签的推荐及系统算法，将其显示在搜索结果中。

动手做一做

1. 利用百度的页面优化建议工具（http://zhanzhang.baidu.com/optimization）分析一个网址，查看其检测得分和测试点，并记录该网站的问题建议概况。

2. 从以下三方面，分析某一网址，完成不少于 500 字的分析简报。
（1）域名、目录、文件的命名；
（2）分隔符的使用；
（3）URL 长度及关键字词频的控制。

任务 2　网页响应式布局

网页快速的响应速度是提高用户体验度的基础，这对整个搜索引擎优化及营销都是非常有利的。网页响应式布局能够快速响应用户的各种设备，并且能展示出良好的网页外观结构，增加信息的层级关系，为用户快速传达信息。

任务描述

雅鹿公司电子商务部的小王决定对公司网站进行改版，网页能够自适应 PC 屏幕、平板屏幕、手机屏幕，同一套网页代码在不同尺寸的屏幕上都能完美地展示网页。他正在学习如何制作一个响应式布局网页，该网页的页面分成两部分：左边是 7 个链接，占 3 个宽度；右边是网页主体内容，当前显示为 "Hello world!" 的区域，占 9 个宽度。响应式布局效果图如图 5-6 所示。

图 5-6　响应式布局效果图

任务分析

Bootstrap 通过栅格系统实现响应式布局，栅格系统用于通过一系列的行（row）与列（column）的组合来创建页面布局，在 Bootstrap3.0 中主要把屏幕分成了三种：
- col-xs-* 超小屏幕，手机（宽度<768px）；
- col-sm-* 小屏幕，平板（宽度>768px）；
- col-md-* 中等屏幕，桌面显示器（宽度>992px）。

*表示在当前的屏幕中占的列数。

知识准备

一、Bootstrap 框架的功能

Bootstrap 框架建立了一个响应式的栅格布局系统，它引入了 fixed 和 fluid 两种布局方式，可以快速构建 Web 应用。在 Bootstrap 框架的栅格系统中带有响应式效果，其带有四

种类型的浏览器（超小屏、小屏、中屏和大屏）。目前 Bootstrap 最新版本为 3.0，可以在 Bootstrap 的官方网站 http://twitter.github.com/bootstrap/ 上下载源码，进行学习。

二、Bootstrap 框架的优点

1. 应用 Bootstrap 中的栅格系统进行网页布局

栅格系统网页布局就是通过一系列的行（row）与列（column）的组合创建页面布局，然后网页内容就可以放入到创建好的布局中。

列嵌套，即在一个列里再声明一个或者多个行。Bootstrap 列嵌套可以形成复杂的网页布局。

2. 应用 Bootstrap 中的 LESS 构建动态样式

LESS 是一门 CSS 预处理语言，它扩充了 CSS 语言，让 CSS 更易维护。LESS 技术能帮助用户花费很小的时间成本，编写更快、更灵活的CSS。LESS技术解决的最大问题之一，是信息的重复，它减少了相同信息的存储位置。

3. 应用 Bootstrap 中的 HTML5 标签

移动网页要求建立在 HTML5 文档类型基础上进行设计和开发，Bootstrap 框架支持 HTML5 标签，能实现高效快速开发。

任务实施

一、设置网页宽度自动调整

首先，在网页代码的头部，加入一行 viewport 元标签。

`<meta name="viewport" content="width=device-width, initial-scale=1" />`

viewport 是网页默认的宽度和高度，上面这行代码的意思是，网页宽度默认等于屏幕宽度（width=device-width），原始缩放比例（initial-scale=1）为 1.0，即网页初始大小占屏幕面积的 100%。所有主流浏览器都支持这个设置，包括 IE9。

二、使用 BootStrap 快速布局

1. 添加 Bootstrap 框架代码

Bootstrap 使用非常简单，打开任何文本编辑器，新建一个文件并命名为：test.html，在该文件开始处添加 Bootstrap 框架代码 bootstrap.js 和 bootstrap.css 两个文件。Bootstrap 基于 Jquery 构建，所以需先引入 Jquery，语句如下：

```
<!DOCTYPE html>
<html lang="en">
<head>
    <script src="jquery.js"></script>
    <script src="bootstrap.js"></script>
    <link href="bootstrap.css" rel="stylesheet">
</head>
```

2. 添加容器

首先为两个区域添加一个容器，可以使用 div，并且为 div 添加一个类。然后为每个小区域也添加一个容器 div，并且为 div 添加一个类 class="cp-xs-*"，*表示 1～12 之间的数字。

```
<div class="container">
    <div class="row">
        <div class="col-xs-3">
            <h2 class="page-header">区域一</h2>
            <div class="row">
              <ul>
                <li>link</li>
              </ul>
            </div>
            <div class="row">
              <ul>
                <li>link</li>
              </ul>
            </div>
            <div class="row">
              <ul>
                <li>link</li>
              </ul>
            </div>
            <div class="row">
              <ul>
                <li>link</li>
              </ul>
```

```
            </div>
            <div class="row">
                <ul>
                    <li>link</li>
                </ul>
            </div>
            <div class="row">
                <ul>
                    <li>link</li>
                </ul>
            </div>
            <div class="row">
                <ul>
                    <li>link</li>
                </ul>
            </div>
        </div>
        <div class="col-xs-9">
            <h2 class="page-header">区域二</h2>
            <h1>Hello,world!</h1>
        </div>
    </div>
</div>
```

bootstrap 响应式布局——md 布局

bootstrap 响应式布局——xs 布局

3. 生成页面

将对应的网页元素（图片、文字）放入对应的栅格内，生成页面。

动手做一做

参照 http://www.qifeiye.com/ 中的某一模板，设计完成响应式网页，能够实现在不同设备上的显示效果，实现在平板端和手机端自动隐藏多余的菜单、文字、图片，如图 5-7 所示。

搜索引擎优化

图 5-7　制作响应式网页

项目 2

网站结构优化

网站结构分析对网站建设和优化排名起着至关重要的作用。网站结构决定页面的重要性，是衡量网站用户体验好坏的重要指标，直接影响搜索引擎对网页的收录。

搜索引擎优化

网站的目录结构按其性质可以分为物理结构和逻辑结构。网站的物理结构就是网站程序在服务器下的文件夹目录及文件所存储的位置，是由页面的真实存储位置决定的结构，它反映的是页面的存储层次。网站的逻辑结构是指网站的链接结构，是由页面间的链接关系所决定的结构，它反映的是页面间的链接层次关系。链接深度是指从源页面到达目标页面所经过的路径数。与重要页面的链接深度越小，被搜索引擎抓取的概率越大。

任务 1 网站结构分析

任务描述

网站改版是站长经常面临的问题，也是对网站 SEO 影响最大的问题。如果网站改版做得不好，SEO 的成果将可能前功尽弃。

雅鹿公司电子商务部小王发现创业网（http://www.cye.com.cn）的网站结构改动很大，他决定对该网站进行架构分析，从网站架构的设计、网站导航与链接等方面提出优化建议，请你帮助小王实现这一任务。

任务分析

网站结构优化就是对网站页面的储存方式（即物理结构）及内部链接（即逻辑结构），进行合理的调整。

网站结构上是否有阻碍蜘蛛爬取的地方，可使用网站结构分析工具判断。

对网站结构，可以从目录、导航（包括二级导航、分类导航、面包屑路径）、链接三个方面进行优化分析。

知识准备

网站的逻辑结构也叫作链接结构，主要是指由网页内部链接所形成的逻辑结构。逻辑结构和物理结构的区别在于，逻辑结构由网站页面的相互链接关系决定，而物理结构则由网站页面的物理存放位置决定。网站物理结构分为线性结构、树形式结构和网状式结构三种，如表5-2所示。

表5-2 网站三种物理结构

网站结构	网页间的联系	适用类型	目录层次
线性结构	网页之间是单线联系	小型网站	一层
树形结构	网页之间是分层联系	中型网站	二到四层
网状结构	网页之间是呈网状联系	大型网站	三到四层

线性结构适合小型网站，一次访问即可遍历所有页面。

树形结构适合中型网站，逻辑清晰，易于维护。

例如：http://www.vv11.com/dir1/dir2/dir3/page.htm，该页面处于第三层子目录下的文件，如果超过四层的页面，搜索引擎就很难去搜索。

网状结构适合大型网站，用于更深的访问深度。三个层次的电子商务网站网状结构，如图5-8所示。

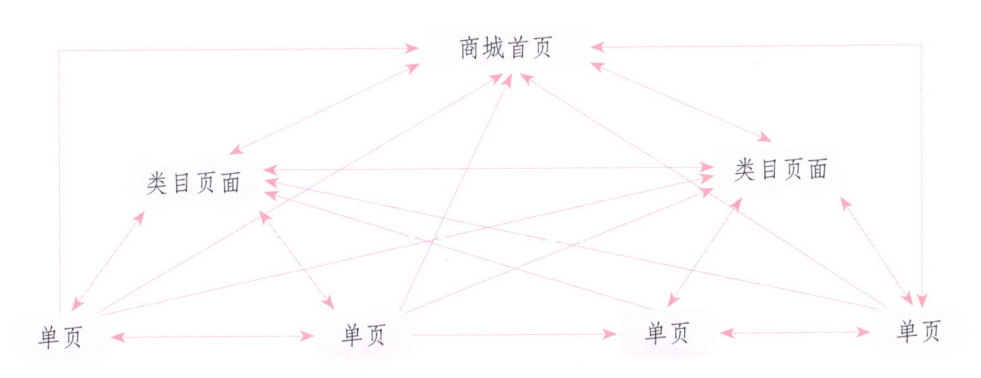

图5-8 网站网状结构

在网站的逻辑结构中，通常采用"链接深度"来描述页面之间的逻辑关系。"链接深度"指从源页面到达目标页面所经过的路径数量，比如某网站的网页A中，存在一个指向目标页面B的链接，则从页面A到页面B的链接深度就是1。与重要页面的链接深度小，被搜索引擎抓取的概率大。

完成对网站逻辑结构的考察，填写完成表 5-3。

表 5-3　网站逻辑结构考察

优化标准	实际情况
所有单页都链接到商城首页	
所有类目都链接到商城首页	
所有单页都链接到类目页面	
所有类目都相互链接	
首页链接到所有类目页面和部分重要单页	
类目页面一般不链接到其他类目页面下面的单页	
同一类目下的单页可以相互链接	
可通过关键词的锚文本链接两个不同类目下的单页	

任务实施

一、网站导航优化

1. 网站的目录层次分析

常见网站逻辑结构有扁平结构和树型结构。搜索引擎提倡扁平结构，因为扁平结构只需要用最少的点击次数就能够到达目的地，而纵深结构需要多次点击才能到达，会增加网站的跳出率。因为纵深结构对搜索引擎蜘蛛和用户体验都不具备友好性，所以搜索引擎鼓励站长们创建扁平结构的网站。

通过架构分析，发现"创业网"网站的一级目录有三个"站内推荐""站内目录""站内搜索"层次，如图 5-9 所示。

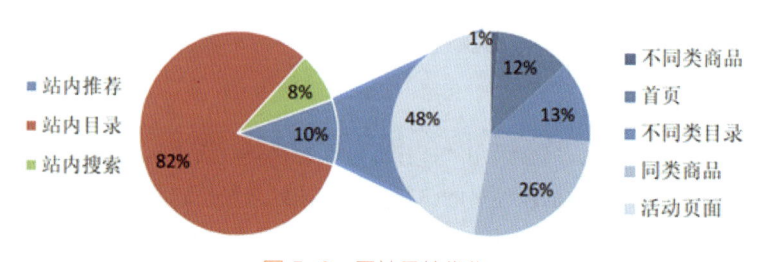

图 5-9　网站导航优化

2. 网站路径设置分析

导航一般体现为一级目录，通过全局导航用户和搜索引擎蜘蛛都可以深入访问到网站所有重要内容，主导航上面的栏目采用文本链接来作指引，网站页面的收录在很大程度上依靠良好的网站结构，减少目录层次。

搜索引擎蜘蛛不希望所需要的内容被隐藏很深。网站结构优化的第一步是网站扁平化，网站扁平化的体现是减少 URL 的目录层次。

请分析创业网网站 URL 的目录层次，填写完成表 5-4。

表 5-4 分析网页路径的目录层次

网页路径	目录层次

创业网的网站为了美观而采用图片按钮来做链接是非常不合理的，因为图片按钮中的链接很难被搜索引擎蜘蛛发现，而且会出现图片加载速度慢等情况，所以网站导航一定要用文本做链接类商品导航优化。

二、网站内页的优化

一些网站设计技术对搜索引擎来说很不友好，不利于爬虫的爬行和抓取，这些技术称之为蜘蛛陷阱。常见的应该尽力避免的设计技术包括：网页中使用 Flash 导航、框架结构、动态的 URL、JavaScript 链接。网站内容具体的优化内容有以下六点：

（1）**合并 JavaScript 和 CSS 文件**。网站最好只使用一个 JavaScript 文件和一个 CSS 文件。把 JavaScript 文件和统计代码，放到页面最后，</body>标签之前。这可以让 JavaScript 代码最后加载，提高网站打开速度。

（2）**避免错误的链接或死链接**。死链接，也就是坏链，无效链接，英文为 Broken Links, Dead Links。网站的死链接是网站程序或者网站运营过程中一些错误的操作造成的。死链接具有如下危害性：❶ 会损失 PR 值，PR 值是通过链接来传递的，网站中存在死链接无疑会造成网站内部 PR 值的流失；❷ 会损失用户体验，死链接使得搜索引擎和用户无法到达目的网页。

对于死链接的处理：网站正式上线前检索死链接错误，尽快将死链接转换为可点击的有效链接；同时设计友好的 404 页面，即使是用户点击了无效链接，也会跳转到正常显示的 404 页面。

（3）**减少图片或 flash 的数量、大小**。例如，没有接触 SEO 理念的网站编写者，做出的网站，首页就是一个 flash 动画，然后由动画上面的链接进到网站的各个频道页，这样的网站，搜索引擎蜘蛛无法爬行抓取网站有用的信息。

（4）CSS 文件要放到</head>标签之前，否则页面会重新渲染，增加访问时间。

（5）**避免使用框架网页**。对于搜索引擎来说，访问一个使用框架的网址所抓取的 HTML 只包含调用其他 HTML 文件的代码，并不包含任何文字信息，搜索引擎根本无法判断这个网址的具体内容。

（6）图片的大小（长和宽的数值）要定义，alt 标签是必需的。

三、网站链接的优化

（1）**首页到内页的链接通路**。该网站首页到内页的链接通路有以下五种方式：
❶ 首页→文章推荐→内页；❷ 首页→文章推荐→栏目页→内页；❸ 首页→网站地图→栏目页→内页；❹ 首页→网站目录→内页；❺ 首页→网站目录→内页。

（2）**内页到首页的链接通路**。该网站内页到首页的链接通路：内页→内页导航→栏目页→首页，从 SEO 考虑，还需要增加内页→栏目页、内页→首页的这两条链接通路。

（3）使用站内推荐，增加栏目页之间的链接。

（4）**内页之间增加关键词的链接**。内页之间通过 tag 标签和关键词链接，增加了搜索引擎蜘蛛爬行通过的路径。

任务 2　检测蜘蛛协议文件

任务描述

雅鹿公司的小王使用爱站工具包或者用浏览器在线查看淘宝、雅鹿、波司登等公司网站的蜘蛛协议文件。他在浏览器中输入：www.taobao.com/robots.txt，返回如下信息：

使用 ROBOTS 文件

网站结构优化 项目2

User-agent: Baiduspider
Disallow: /
Disallow: /product
Disallow: /market
Allow: /article
Allow: /tbsitemap
Allow: /oshtml

应该如何理解该 robots 文件的内容含义呢？请你给小王解释清楚。

任务分析

网站的蜘蛛协议文件，可使用在线网站的 robots.txt 文件生成器自动生成，非常方便快捷，如图 5-10 所示。

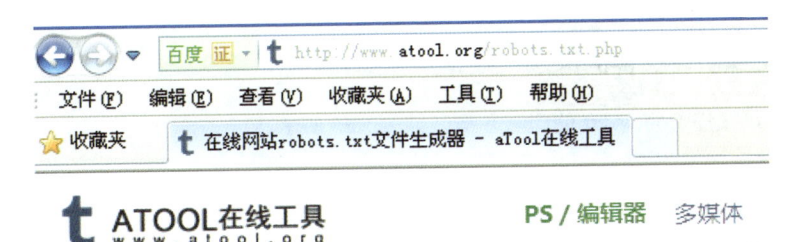

图 5-10 robots.txt 文件在线生成器

知识准备

一、检测蜘蛛协议文件

蜘蛛协议文件的检测方法有很多，其中最简便的方法：在浏览器中输入 "网站域名/robots.txt"，检查是否可以正常访问。

robots.txt 是一个纯文本文件，又称为生成蜘蛛协议文件。在这个文件中，网站管理者可以声明该网站中不想被搜索引擎访问的部分，或者指定搜索引擎只收录指定的内容。

当一个搜索引擎蜘蛛访问一个站点时，它会首先检查该站点根目录下是否存在 robots.txt，如果存在，搜索机器人就会按照该文件中的内容来确定访问的范围；如果该文件不存在，那么搜索制作就沿着网站链接抓取内容。

二、蜘蛛协议文件的作用

1. 引导搜索引擎蜘蛛抓取指定栏目或内容

设置 robots.txt 可以指定搜索引擎不去索引哪些网址，比如通过 URL 重写将动态网址静态化为永久固定链接之后，就可以通过 robots.txt 设置权限，阻止搜索引擎索引动态网址，从而大大减少了网站重复页面，对 SEO 起到很明显的作用。

2. 引导搜索引擎蜘蛛屏蔽不友好的链接

（1）屏蔽死链接、404 错误页面。网站改版后会产生对搜索引擎不友好的链接。在 robots.txt 里面使用 disallow 关键词后面填写要屏蔽的地址死链接地址，例如：User-agent: * Disallow: /install/install。

（2）屏蔽重复页面、无价值页面。例如：评论页、搜索结果页，通过设置屏蔽搜索引擎访问不必要被收录的网站页面，可以大大减少因搜索引擎蜘蛛抓取页面所占用的网站带宽，对于大型网站，这样的设置效果就很明显。

三、蜘蛛协议文件的语法

蜘蛛协议文件 Robots.txt 的语法含义，如表 5-5 所示。

表 5-5　Robots 的语法含义

项目	含义	示例
User-agent	定义搜索引擎	User-agent: *（定义所有搜索引擎） User-agent: Googlebot（定义谷歌，只允许谷歌蜘蛛抓取） User-agent: Baiduspider（定义百度，只允许百度蜘蛛抓取）
Disallow	定义禁止蜘蛛抓取的页面或目录	Disallow: /（禁止蜘蛛抓取网站的所有目录，"/" 表示根目录下） Disallow: /admin（禁止蜘蛛抓取 admin 目录） Disallow: /abc.html（禁止蜘蛛抓取 abc.html 页面） Disallow: /help.html（禁止蜘蛛抓取 help.html 页面）
Allow	定义允许蜘蛛抓取的页面或子目录	Allow: /admin/test/（允许蜘蛛抓取 admin 下的 test 目录） Allow: /admin/abc.html（允许蜘蛛抓取 admin 目录中的 abc.html 页面）

两个通配符：通配符"$"，匹配 URL 结尾的字符；通配符"*"，匹配 0 个或多个任意字符。

任务实施

一、抓取 robots.txt 文件内容

使用爱站工具包，查询雅鹿公司的 robots.txt，给出的含义，如图 5-11 所示。

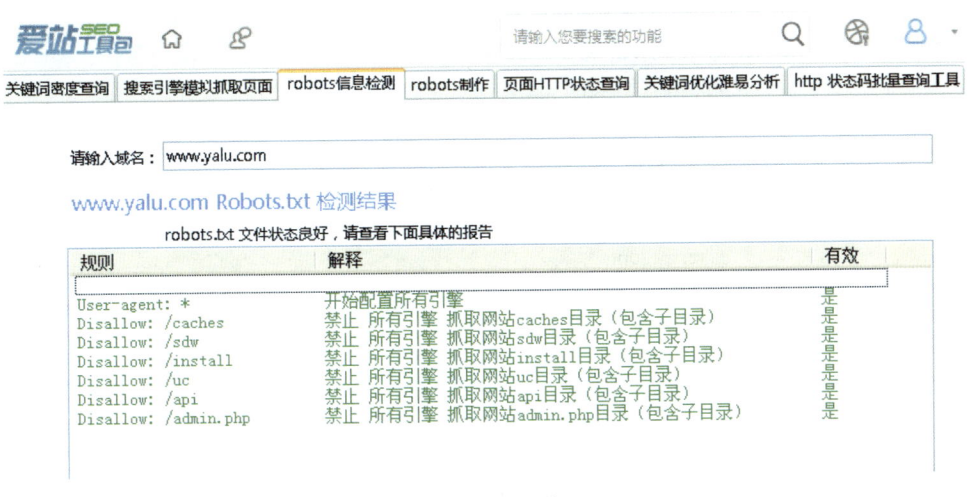

图 5-11　查询雅鹿公司的 robots.txt

二、分析 robots.txt 文件内容

Robots.txt 文件主要是限制整个站点或者目录的搜索引擎访问情况，请分析抓取到的电子商务网站的 Robots.txt 文件。

1. 禁止搜索引擎抓取特定目录

在浏览器中输入某一网站域名/robots.txt，返回如下信息：

    User-agent: *
    Disallow: /admin/
    Disallow: /tmp/
    Disallow: /abc/

分析该网站的 robots 文件，在这个例子中，该网站有三个目录对搜索引擎的访问做了限制，即搜索引擎不会访问这三个目录。

2. 禁止搜索引擎抓取 admin 目录，但允许抓取 admin 目录下的 SEO 子目录

在浏览器中输入某一网站域名/robots.txt，返回如下信息：

User-agent: *

Allow: /admin/seo/

Disallow: /admin/

3. 禁止搜索引擎抓取/abc/目录下的所有以".htm"为后缀的 URL（包含子目录）

在浏览器中输入某一网站域名/robots.txt，返回如下信息：

User-agent: *

Disallow: /abc/*.htm$

4. 禁止搜索引擎抓取网站中所有的动态页面

在浏览器中输入某一网站域名/robots.txt，返回如下信息：

User-agent: *

Disallow: /*?*

注：屏蔽所有带"?"的文件，这样就是屏蔽所有的动态路径。

5. 禁止百度蜘蛛抓取网站所有的图片：

在浏览器中输入某一网站域名/robots.txt，返回如下信息：

User-agent: Baiduspider

Disallow: /*.jpg$

Disallow: /*.jpeg$

Disallow: /*.gif$

Disallow: /*.png$

Disallow: /*.bmp$

6. 要在阻止网站页面被抓取的同时仍然在这些页面上显示 AdSense 广告

在浏览器中输入某一网站域名/robots.txt，返回如下信息：

User-agent:*

Disallow: /folder1/

User-agent: Mediapartners-Google

Allow: /folder1/

注：禁止除 Mediapartners-Google 以外的所有搜索引擎蜘蛛，可使页面不出现在搜索结果中，同时又能让 Mediapartners-Google 搜索引擎蜘蛛分析页面，从而确定要展示的广告。Mediapartners-Google 搜索引擎蜘蛛并不与其他 GoogleUser-agent 共享网页。

三、robots.txt 文件的注意事项

（1）robots.txt 文件必须放在网站的根目录，不可以放在子目录，否则搜索引擎蜘蛛无法访问。

（2）robots.txt 文件名命名必须小写。

（3）User-agent、Allow、Disallow 的"："后面有一个字符的空格。

（4）路径后面加斜杠"/"和不加斜杠的是有区别的，如表 5-6 所示。

表 5-6　robots.txt 文件路径的含义

路径	含义
Disallow: /help	禁止蜘蛛访问 /help.html、/helpabc.html、/help/index.html
Disallow: /help/	禁止蜘蛛访问 /help/index.html。但允许访问 /help.html、/helpabc.html

（5）Disallow 与 Allow 行的顺序是有意义的。

举例说明：允许蜘蛛访问/admin/目录下的 seo 文件夹。

　　　　　User-agent: *

　　　　　Allow: /admin/seo/

　　　　　Disallow: /admin/

如果 Allow 和 Disallow 的顺序调换一下：

　　　　　User-agent:*

　　　　　Disallow: /admin/

　　　　　Allow: /admin/seo/

蜘蛛就无法访问到/admin/目录下的 seo 文件夹，因为第一个 Disallow: /admin/已匹配成功。

（6）编写 Robots Meta 标签。Robots Meta 标签是针对具体的页面，告诉搜索引擎蜘蛛如何抓取该页的内容。和其他的 Meta 标签（如使用的语言、页面的描述、关键词等）一样，Robots Meta 标签也放在页面中。

Robots Meta 标签中没有大小写之分，name="Robots"表示所有的搜索引擎，可以针对某个具体搜索引擎（如 Google）写为 name="Googlebot"，content 部分有四个指令选项：Index、Noindex、Follow、NoFollow，指令间以"，"分隔。

Robots Meta 标签的缺省值是 INDEX 和 FOLLOW，Index 指令告诉搜索机器人抓取该页面；NoIndex 命令告诉搜索引擎不允许抓取这个页面；Follow 指令表示搜索机器人可以沿着该页面上的链接继续抓取下去；NoFollow 指令告诉搜索引擎不允许从此页查找链接、拒绝其继续访问。

根据以上的命令，就有如下的四种组合：

❶ <meta name="robots" content="index,follow"/>，该组合的使用，可以抓取本页，而且可以顺着本页继续索引别的链接。

❷ <meta name="robots" content="noindex,follow"/>，该组合的使用，不许抓取本页，但是可以顺着本页抓取索引别的链接。

❸ <meta name="robots" content="index,nofollow"/>，该组合的使用，可以抓取本页，但是不许顺着本页抓取索引别的链接。

❹ <meta name="robots" content="noindex,nofollow"/>，该组合的使用，不许抓取本页，也不许顺着本页抓取索引别的链接。

说明：

（1）如果是<meta name="robots" content="noindex,nofollow"/>形式，可以写成：

<meta name="robots" content="none"/>

（2）如果是<meta name="robots" content="index,follow"/>形式，可以写成：

<meta name="robots" content="all"/>

绝大多数的搜索引擎机器人都遵守 robots.txt 的规则，而对于 Robots Meta 标签，目前支持的并不多，但是正在逐渐增加，如搜索引擎 Google 就完全支持。

四、robots.txt 文件的检测及生成

使用站长工具 http://zhanzhang.baidu.com/robots 检查淘宝网 robots.txt 文件的有效性，如图 5-12 所示。

图 5-12　网站 robots.txt 文件检测及生成

动手做一做

写出符合以下要求的 robots.txt 文件：
（1）禁止所有搜索引擎访问网站的所有部分；
（2）禁止百度索引你的网站；
（3）禁止 Google 索引你的网站；
（4）禁止除 Google 外的其他搜索引擎索引你的网站。

任务 3 制作网站地图

任务描述

雅鹿公司小王检查公司网站，发现网站并没有制作网站地图。现在小王需要使用 SiteMap X 软件制作网站地图，请你帮助小王完成这一任务。

任务分析

网站地图的优化包含三个步骤：使用地图生成工具制作网站地图；将地图文件放在网站根目录下；用百度站长提交网站地图。

知识准备

1. 网站地图

网站地图又称站点地图（Sitemaps），就是一个网页页面，放置了网站上所有页面的链接。

网站地图一般有 2 种，一种是提交给搜索引擎的地图，如 sitemap.xml、搜索引擎方便

爬行网站，收录网站。另一种是站内地图如 map.asp，map.html 等，用户通过站内地图可以方便进入各级栏目查看内容。本任务讲解的是第一种网站地图。

2. 网站地图的格式

（1）HTML 网站地图，适合百度搜索引擎，例如：http://www.baidu.com/sitemap.html

（2）XML 网站地图，适合谷歌搜索引擎，例如：http://www.baidu.com/sitemap.xml

（3）TXT 网站地图，适合雅虎搜索引擎，例如：http://www.baidu.com/sitemap.txt

3. 制作站点地图

制作站点地图的两种方法：

❶ 利用网上在线工具制作网站地图；

❷ 下载网站地图制作的客户端软件，离线制作网站地图。

任务实施

一、网站地图的检测

打开雅鹿公司网站 http://www.yalu.com/sitemap.txt，页面返回"Not Found"提示信息，表明网站没有制作站点地图。

二、使用 SiteMap X 软件制作网站地图

（1）首先，需要准备网站地图制作工具，如 SiteMap X，百度搜索 SiteMap X 软件，下载安装即可，如图 5-13 所示。

图 5-13　安装 SiteMap X 软件

（2）打开软件，在基本信息中输入域名和抓取文件目录深度，点击下一步进入 XML 设置，如图 5-14 所示。

图 5-14　设置文件目录抓取深度

（3）XML 设置中格式，如 XML 格式的。选择 XML 四种样式中的一种风格，选择网站修改频率的情况，设置每周更新一次或者每月更新一次，点击下一步进入 robots 设置，如图 5-15 所示。

图 5-15　设置 XML 格式

（4）在 robots 设置中，查看是否上传 robots.txt 文件，正常是不要上传的，但是可以添加内容进网站的 robots，这样原来的不会被覆盖，点击下一步进入 FTP 设置，设置是否上传 robots.txt 文件。

（5）输入 FTP 地址账号和密码等信息，点击抓爬，即可自动生成网站地图 Sitemap 并上传到网站服务器上，如图 5-16 所示。

图 5-16　设置 FTP

（6）抓爬信息完成后，点击下一步进入查看页面，再点击生成 XML 文件按钮生成文件，如图 5-17 所示。

图 5-17　生成 XML 文件

（7）然后可以进入生成目录查看网站地图（Sitemap），也可以将网站地图拷贝出来自行上传到服务器就好了，选择拷贝文件即可。

二、分析网站地图文件

（1）创建一个文本文件并将其带.xml扩展名保存。

（2）将以下内容添加到文件顶部：

<? xmlversion="1.0"encoding="UTF-8" ?>

<urlset xmlns="http://www.sitemaps.org/schemas/sitemap/0.9">

</urlset>

（3）最终得到sitemap文件如下：

<? xmlversion="1.0"encoding="UTF-8" ?>

<urlset>

<url>

<loc><![CDATA[http://news.163.com/]]></loc>

<data>

<display>

<pc_url_pattern><![CDATA[http://news.163.com/(\d+)/(\d+)/(\d+)/(\w+).html]]></pc_url_pattern>

<xhtml_url_pattern><![CDATA[http://3g.163.com/news/${1}/${2}/${3}/${4}.html]]></xhtml_url_pattern>

</display>

</data>

</url>

</urlset>

（4）使用Pattern描述PC页与手机页的对应关系。

❶ Pattern是java.util.regex（用正则表达式所定制的模式来对字符串进行匹配工作的类库包）中的一个类。一个Pattern是一个正则表达式经编译后的表现模式。

❷ 使用Pattern方式实现URL级别的PC页与手机页的对应关系。正则匹配式符号只支持(\d+)和(\w+)，且不可嵌套使用，如（d+(\w+)）这种形式不合法，域名中不可出现正则匹配符号。而在Pattern中，站长无须对特殊字符进行转义，例如不需要用\.代替，不需要用&代替&。

每个sitemap.xml文件可包含1组或者多组Pattern对应关系，使用Pattern方式实现URL级别的PC页与手机页的对应关系，其对应关系的格式说明，如表5-7所示。

表 5-7　Pattern 对应关系的格式说明

标签名称	标签说明	标签长度限制	标签路径	可选/必选
urlset	根节点，标记开始和结尾	无	/	必选
url	标记每组 Pattern 的开始和结束	1 个或多个	/urlset	必选
loc	表示 PC 站的网址首页	256 个字符	/urlset/url	必选
pc_url_pattern	PC 页的 URL Pattern	256 个字符	/urlset/url/data/display	必选
Html5_url_pattern	对应的 html5 版式的手机页的 URL Pattern	256 个字符	/urlset/url/data/display	可选
wml_url_pattern	对应的 wml 版式的手机页的 URL Pattern	256 个字符	/urlset/url/data/display	可选
Xhtml_url_pattern	对应的 xhtml 版式的手机页的 URL Pattern	256 个字符	/urlset/url/data/display	可选

各 URL 字段可以被 CDATA 标记包含，如<![CDATA[url]]>

字段详细说明：

pc_url_pattern：表示 PC 页 Pattern，在 PC 页 URL 的基础上，首先确定 URL 中哪些路径或参数是可替换的。然后根据其类型，使用正则匹配符号（\d+）或者（\w+）表示该路径或参数。（\d+）表示纯数字字符串，（\w+）表示数字或字母组成的字符串。

xhtml_url_pattern/html5_url_pattern/wml_url_pattern：表示 xhtml/html5/wml 版式的手机页 Pattern，在手机页 URL 的基础上，根据可替换参数在对应的 PC 页 Pattern 中出现的顺序，依次用${1}，${2}，……表示该参数。

动手做一做

制作电子商务网站的网站地图 sitemap.xml 文件，要求使用 Pattern 方式实现 URL 级别的 PC 页与手机页的对应关系，将写好的 XML 文件保存至网站根目录，然后登录百度站长平台，上传 Sitemap 文件给百度。

项目 3

网站代码优化

搜索引擎蜘蛛爬行时，是按着页面代码顺序自上而下的，这种情况下蜘蛛很难最快爬行到核心内容；而当页面代码过多时，蜘蛛可能没有爬行到核心内容就返回。因此网站代码优化，应该由 SEO 人员和网站开发人员合作来完成。

搜索引擎优化

任务 1　标签代码优化

任务描述

雅鹿公司电子商务部小王使用站长工具对公司网站的网页标签进行检查，发现标签代码中关键词布局率低，他决定对网页代码进行优化，重点是首页、专题页、详情页代码优化。

任务分析

标签代码优化的重点是 title 标签、Keywords 标签、Description 标签、img 标签、H 标签。

知识准备

有利于 SEO 的网页应满足 W3C 标准，采用 CSS+DIV 布局，尽量缩减页面大小，尽量少用 JavaScript，尽量不使用表格布局，尽量不让 CSS 代码分散在 HTML 标记里。CSS+DIV 常用标签优化，如表 5-8 所示。

表 5-8　CSS+DIV 标签优化

标签项	优化内容	举例
title 标签	搜索引擎在抓取网页时，最先读取的就是网页标题，所以 title 是否正确设置极其重要。title 一般不超过 80 个字符，而且词语间要用英文"-"隔开。该标签显示网页标题，可包含目标关键词	首页 title 写法，一般是"网站名称-主关键词"； 栏目页 title 写法，一般是"栏目名称-栏目关键词-网站名称"； 分类列表页 title 写法，一般是"分类列表页名称-栏目名称-网站名称"； 文章页 title 写法，一般是"内容标题-栏目名称-网站名称"；
Keywords 标签	页面的关键词标签，该标签可用于提取网站的关键词信息，在 SEO 中较为重要	搜索引擎比较重视 Keywords 标签的。用法：<meta name=" Keywords " Content= "关键词 1,关键词 2,关键词 3,关键词 4">
Meta 标签 description 标签	该标签对整个网页内容的一种概述。该描述标签给搜索引擎提供了参考，缩小了搜索引擎对网页关键词的判断范围	<Meta name="Description" CONTENT="苏州 SEO 公司提供网站优化，seo 技术支持。">
img 标签	该标签的属性中可加入描述图片内容，通过 alt 属性可以适当添加关键词	alt 属性中嵌套关键词：<imgsrc= "mori20121225.jpg" alt="三星 19 英寸液晶显示器包邮"/>
h 标签	该标签相当于网页正文的标题，在关键词的地方使用该标签，在主关键词用<h1>、次关键词用<h2>	网站的首页：Logo 的 alt 属性和 titile 属性是 h1，导航就是 h2，首页展示的栏目可以设置为 h3

任务实施

一、首页标签的优化

1. Meta 标签的优化

使用网页 Meta 信息检测工具 http://tool.chinaz.com/Tools/MetaCheck.aspx 来检测网站 Meta 标签的情况，如图 5-18 所示。

图 5-18　网页 Meta 信息检测工具

Meta 标签，又称为元标签。Meta 标签的设置是网站关键词优化的第一步，Meta 标签的设置会直接影响到网站在搜索引擎上的关键词排名结果。网页 Meta 标签由标题、关键词、描述标签组成。Meta 标签的内容设计对于搜索引擎营销来说是至关重要的一个因素，合理利用 Meta 标签的 Description 和 Keywords 属性，加入网站的关键词或者网页的关键词，可使网站的排名快速提升，并且更加贴近用户体验。

2. title 标签的优化

title 标签，又称为网站首页标题标签。下面介绍有利于网站 SEO 的网站标题优化方法。行业网站首页标题设置要体现出三个要素：网站名称、网站品牌、网站涉及领域的关键词。

title 标题标签的优化应该考虑到以下三个因素：

（1）**标题标签中应该含有关键词**。标题标签中的关键词应该是针对这一页的，而不是针对整个网站的。如，慧聪网的首页标题标签设置方法：<title>关键词_专题名称_慧聪网××行业</title>，如果多个关键词，使用"_"区分，即关键词_关键词。

<title>中最左侧关键词搜索引擎给予权值最高。

（2）**标题标签中的内容要限定长度**。一般来说，搜索引擎只考虑标题标签中有限的字数，所以标题文字一般不要超过 30 个汉字（或者 60 个英文字母）。至于关键词出现在标题标签的前面还是后面，随着搜索引擎排名技术的改进，已经无关紧要。

（3）**标题标签中出现品牌名和文章名**。品牌或网站名称与关键词比较，应该处于次要地位。

标题标签的设置：

文章名—分类名—网站名

或者：

文章名—品牌名—网站名

此处，有三点建议：

❶ 首页页面中标题由"核心目标关键词＋网站名称"组成。
❷ 分类页面中标题由"分类名称＋网站名称"组成。
❸ 内容页面中标题由"文章名称＋网站名称"组成。

3. description 标签的优化

description 标签又称为网站首页描述标签，其主要作用是准确简洁地描述网站的简单介绍和页面内容。该标签描述的数字最好在 80 个汉字以内，超出部分会被搜索引擎自动拦截。description 标签的优化具体设置方法如下：

（1）与页面标题匹配相符，但不要在描述标签中重复标题文字。

（2）包含关键字，虽然描述标签 description tag 在影响排名方面并不是一个很重要的因素，因为在描述标签中包含目标关键字，在搜索引擎的搜索结果中，关键词还会被加粗显示。

（3）关键字不要过度。在描述标签中的关键字列表过长，有可能招致搜索引擎惩罚。

4. Keywords 标签的优化

Keywords 标签有称为关键词标签，Keywords 是页面关键词，Keywords 包含的关键词最好限制在 6～8 个关键词范围内。Keywords 中的关键词布局如表 5-9 所示。

表 5-9　Keywords 中的关键词布局

页面位置	首选 Keywords	次选 Keywords
首页	1～2 个核心关键词、3～4 个拓展关键词	6～8 个核心关键词
栏目页/主题页	频道名、频道关键词	频道名、频道关键词
内容页	文章 tag、1～2 个核心关键词	文章 tag

5. 内容页 h 标签的优化

内容页 h 标签又称为文本标题标签，内容页 h 标签细分为 h1、h2、h3，用来标识文章的标题层次系统。因此，h1 标签可以被当作整个页面的标题，h2 标签相当于二级标题，h3 是三级标题等。因为搜索引擎对出现在 h 标签中的关键词有一点偏好，尤其是 h1 标签，所以文章中重要关键词，可以在网页代码中添加 h 标签。

二、影响优化的其他标签代码

1. <frameset></frameset>标签

该标签里的内容，不会被搜索引擎识别。

2. <a href="#" rel="nofollow">nofollow</a>标签

该标签会禁止百度蜘蛛访问该链接的地址。

3. <p></p>标签

<p></p>标签内不包含内容，典型的空语句代码，影响网页下载速度。

4. <!-- 和 -->注释标签

在注释标签中堆砌关键词，会被搜索引擎认为作弊，效果适得其反。

5. flash 代码

网页中尽量不要嵌入 flash 代码，否则会被搜索引擎屏蔽掉。

动手做一做

嘉兴市麦包包网络科技有限公司开发的电子商务网站麦包包商城 www.mbaobao.com，已经在业界有很高的声誉。为了学习该网站优化的成功经验，需要对麦包包的商城进行 SEO 分析。

请你详细分析麦包包商城的首页、栏目页、专题页、内容页中的标签代码。

项目 4

网站图片优化

从搜索引擎优化出现至今已经经历了十多年发展。随着搜索引擎排名算法的变革,SEO 从最初"外链为皇"的时代,步入到如今"细节决定成败"的时代。图片优化也变得越来越重要,更注重细节处理。

搜索引擎优化

任务 1　图片标签优化

🔍 任务描述

雅鹿电子商务部的小王最近使用爱站工具包检测某一电子商务网站时，发现了网站图片诸多问题，极大影响了被搜索引擎收录。请你帮助小王将网站中的所有图片进行优化，实现让图片被搜索引擎快速收录和提高用户体验度。

🔍 任务分析

造成图片 SEO 存在问题的常见原因：❶ 网站图片文件没有做缩略图，下载到客户端的时间过长，影响了客户体验；❷ 网站图片文件使用没有意义的字符命名，当前许多网站通过自动建站系统生成，建站系统会使用数字自动命名图片文件；❸ 图片标签未设置属性，描述图片相关信息。

🔍 知识准备

图片 alt 属性的优化是图片 SEO 最常用最有效的方法。

每个图像<img>标签里都有 alt 属性，搜索引擎会读取该属性以了解图像信息。最好所有插图都有 alt 属性，且带有关键词。

图片 alt 属性中的文字对搜索引擎来说，其重要性比正文内容的文字要低。alt 属性是对图片所表达的内容进行说明，可以向搜索引擎主动提供图片所蕴含的信息。

当图片因为某种原因不能在网页中显示时，alt 属性便可以帮助指定需要替换显示的文字，使用户知道这个图片要表达的内容。alt 属性的内容就可以提供关于图片的信息。

除此之外，在图片有链接的时候，alt 属性还能起到与文本链接的锚文本相同的作用。搜索引擎在收录文章的同时，会适时地收录图片，这是最基本的因素。

任务实施

一、图片标签属性的优化

（1）**图片 alt 属性的优化**。为"乐儿宝"水杯品牌，增加图片的 alt 属性的文本描述，图片上方或下方加关键词，文本链接到图片页面。图片文件名称的优化方法有三种：

❶ <img alt=" cup " src="cup.jpg"/>，alt 属性中加入"cup"的说明性文字。

❷ <img alt="杯子" src="cup.jpg"/>，在 alt 属性中加入"杯子"的说明性文字。

❸ <img alt="带数码相框的杯子" src="Digital Photo_Frame-Cup.jpg"/>，在 alt 属性中加入"带数码相框的杯子"的说明性文字。

请说明哪一种优化方法更好？为什么？

（2）**图片 div 标签优化**。将图片放入 div 标签内，设置 div 标签的 title 属性中的内容即描述文字。

（3）**图片周围文字的标题标签优化**。图片周围文字的在代码中增加一个包含关键词段的 title 标题标签，然后在下方增加文字描述；在图片下方或旁边增加"更多某某"链接，包含关键词；创建一些既吸引搜索引擎又吸引用户的文本内页，先把流量吸引到这些页面，再提供文本链接指向图片页面，如图 5-19 所示。

图 5-19　提供文本链接指向图片页面

（4）**图片 width、height 属性的设置**。要善用"width、height"标签设置图片宽高，搜索引擎蜘蛛抓取的时候，判断图片尺寸是否符合抓取标准就是依靠图片中的"width、height"标签，因此在设置图片标签的时候，最好不要应用默认宽、高。

三、图片文件命名的优化

图片的名称不能使用中文命名，同时图片的名字可以应用关键词的拼音来命名，例如一个装修效果图的图片，可以用"xiaoguotu"来命名，增加关键词的匹配度。

和网站文章一样，图片如果想要得到好的排名，也需要有外链的支持。在外部引用这个图片的次数越多，那么就告诉搜索引擎这个图片越流行，从而被发现与收录的可能性就越大。同时，其权重在同类型的图片当中就会逐渐提高，进而得到一个较好的排名。

四、图片锚文本的优化

alt 属性中的文字对搜索引擎来说，其重要性比正文内容的文字要低。图片锚文本同样需要关键词，有些时候，需要使用超链接打开图片，那么超链接的名字应当包含图片的关键词。比如，准备做一个介绍网站的图片，那么在提醒点击时就不宜使用"点击获得完整尺寸"等链接文字，而应当使用诸如"最科技@Zuitehch 网站介绍"之类的命名形式，如图 5-20 所示。

图 5-20　用户知道图片要表达的内容

动手做一做

图片 title 和 alt 属性中写的内容要一致，这样搜索引擎抓取的图片信息不会产生歧义。请你检查网站的源代码，查找图片 title 和 alt 的写法是否符合 SEO 的要求，如果有问题请修改，并且加以完善，以有利于搜索引擎对图片属性的抓取。

网站图片优化 项目4

任务2 图片相关性和大小优化

目前搜索引擎还是不能做到完全判断图片的信息，因此做图片 SEO 更加困难。比如使用百度搜索引擎搜索图片信息，要结合很多因素。图片搜索的原理是将目标图片进行特征提取，然后在图像数据库进行全局或是局部的相似度计算，找到所需图片，所以要让搜索引擎收录图片，必须比文章的收录花更多的工夫。

任务描述

雅鹿电子商务部小王发现，图片相关性设置对于图片 SEO 的作用非常大。请你帮助小王检查网站中的所有图片的 SEO 设置情况，完成设置好图片的 title 和 alt 标签属性的名称与图片关键词的相关性，实现能让图片被搜索引擎收录。

任务分析

网站图片优化的核心有两点：❶ 为图片增加搜索引擎可见的文本描述；❷ 在保持图像质量的情况下尽量压缩图像的文件大小。

知识准备

从单个图片来看，如果一个图片能小于 20 kb，如果网站每天的访问量是 16 000，那网站所要承担的流量差距是：20 k × 16 000=320 M，而从用户体验上来讲，更少的下载量将给浏览者带来更快的加载速度、更好的用户体验。

一、图片相关性优化

1. 图片相关性

目前主流的自动建站程序，上传图片后都会自动命名，主要目的是防止重复命名，但是对于 SEO 的效果起不到作用。搜索引擎能够识别中文拼音，建议将图片名称修改为"拼音+字符"的形式，增加搜索引擎的判断能力。

图片名称与图片关键词相关，是为了关键词排名。例如，一个图片名称为 20120212.jpg，与图片关键词无任何相关，跟一个图片名称为 zuikeji.jpg 与图片关键词相关对比，如果权重都一样，zuikeji.jpg 更有利于排名。

2. 图片内容跟文章的相关性

图片优化的内容有：图片 alt 属性、图片的相关性、图片的压缩、图片大小、图片的位置、图片的清晰度，如图 5-21 所示。

图 5-21 网站图片优化的内容

图片与文章的相关性，例如，文章标题包含"技巧"，在图片也含有"jiqiao"，增加了图片与文章的相关性。如果出现"图不对文"的情况，无论对用户还是搜索引擎都不好。

图片与文章相关可以提高用户的体验度，做好图片相关性和大小的优化有以下三个要点。

（1）图片周边的文字必须要和图片具有一定的相关性。给图片添加 alt 信息，添加网站图片说明，让图片和文字结合起来。最好使用精练的关键字，图片应该带有链接，正文为缩略图，点击链接后显示大图。

（2）保持图片的原创性。原创图片会吸引搜索引擎收录，当用户使用百度搜索关键词时，也会显示网站的图片。

（3）改变原图的尺寸。原图往往较大，可以利用图片处理软件，改变长宽比例，或截取部分图片。

二、图片大小的优化

1. 使用 Image Ready 优化网站图片

在做网站之前，尽量在不影响正常观看的情况下降低网站图片质量的大小。这样做的好处是网站会获得更快的打开速度，特别适用于移动网站。针对图片格式的转换，Photoshop 里也提供了针对网页的一个专门工具 Image Ready。

（1）从 Photoshop 5.5 程序组中激活 Image Ready 2.0 程序。

（2）执行"File/Open"命令，打开需要进行优化的图像文件，在图像窗口的顶部有四个标签，选择不同标签时的情况如下："Original"优化之前的原始图像；"Optimized"按照缺省方式做了优化后的图像；"2-up"将窗口分割为左右两个窗口，分别显示原始图像和优化后的图像；"4-up"将窗口分割为四个窗口。

（3）在图像窗口中单击上部的"2-Up"标签，则窗口分割为左右两个窗口，左窗口中为原始图像，右窗口中为按照"Optimize"调整板中的设置进行优化后的图像。

（4）激活"Optimize"调整板，对于图像的优化就是在此面板中调整各项参数的设置而产生的，由于此张图像色调连续，所以从"Setting"中选择了 jpeg High 压缩模式，如果图像的质量或大小不能满足要求，可以通过调整"Quality"和"Blur"的数值使之符合要求。在窗口的下方显示了优化后图像的大小、格式、色彩数量以及下载所需的时间。

（5）图像调整完成后，执行"File/Save Optimized"命令，将优化后的图像保存。这时文件的大小减少一半，而图像质量基本不变。

2. 使用 Fireworks 优化网站图片

在 Fireworks 中优化图形涉及下列操作：❶ 选择最佳文件格式。每种文件格式都有不同的压缩颜色信息的方法，为某些类型的图形选择适当的格式可以大大减小文件大小。❷ 设置格式特定的选项。每种图形文件格式都有一组唯一的选项，可以用诸如色阶这样的选项来减小文件大小。某些图形格式（如 gif 和 jpeg）还具有控制图像压缩的选项。

应该尝试所有的优化控制来寻找图像品质和文件大小的最佳平衡点。

三、图片格式的优化

网站图片的格式有 jpg、gif、png 常见的三种格式。通过百度官方发布的一些带图的文章，就不难发现 png 的格式是百度搜索引擎最喜欢格式。

动手做一做

使用 Image Ready 优化 Web 图像。

任务 3　图片 CSS 拼合技术

🔍 任务描述

最近雅鹿公司电商部小王使用测试工具，发现公司网站图片的下载速度偏慢，他想到了使用 CSS Sprites 生成工具进行图片优化，将公司网站菜单栏图片拼合起来，请你帮助小王实现这一任务。

CSS Sprites 图片优化拼合技术

🔍 任务分析

CSS Sprites 生成工具进行图片优化，会自动生成 CSS 代码，可以快速实现图片在网页中的定位和显示。

🔍 知识准备

CSS Sprites 中文含义就是 CSS 精灵，CSS Sprites 技术被国内一些人称为 CSS 雪碧图，CSS Sprites 其实就是把网页中一些背景图片整合拼合成一张图片中，再利用"DIV + CSS"的"background-image""background-repeat""background-position"的组合进行背景定位，background-position 可以用数字精确地定位出背景图片在布局盒子对象位置。

背景 background-position 有两个数值，前一个代表靠左距离值（可为正可为负），第二个数值代表靠上距离值，当为正数时，代表背景图片作为对象盒子背景图片时靠左和靠上多少距离，开始显示背景图片；当为负数时，代表背景图片作为盒子对象背景图片，超出盒子对象左边和上边多少距离，开始显示此背景图片。

任务实施

一、CSS Sprites 的作用

1. CSS Sprites 可有效降低图片文件的 HTTP 链接请求数

网页优化的原则是减少 HTTP 请求。网页中包含众多的 HTTP 请求，每一个请求都会占用网络资源，网页要等到下载完所需的资源后才会完整显示。

CSS Sprites 将所有零碎的网页背景图片整合到一起，多个图片将以一定间距合并为一个大图片文件。相对于多个小图标，它节省文件体积和服务请求次数，有效减少 HTTP 对图片的请求次数，而不需要加载多次加载零碎的背景图片，提高了网页加载速度。

2. CSS Sprites 可有效提升网站性能

一般情况下，CSS sprites 需要将整合的大图片保存为 PNG-24 的文件格式。页面中使用 background-position 这个 CSS 属性来显示拼合图片中的指定位置。CSS sprites 最常使用之处是菜单栏图标的显示，Yahoo 首页是使用此技术的一个典型实例。

CSS Sprites 拼合布局多用于局部小盒子布局，不适合大背景大布局背景使用。比如小局部布局小图标背景、小导航背景等"DIV+CSS"布局。

二、CSS Sprites 生成工具的使用

CSS Sprites 生成工具（CSS Sprite 进行合并）可以将多个小图片通过自由排列组合整合生成一张图片，并且可以生成相应的 CSS 调用代码，工具是对一整张图片进行操作，支持批量添加图片、拖动排列图片，可以设置图片格式和质量，可以自动生成演示界面和图片的 CSS 代码。

（1）点击"文件"→"添加图片"，选择多幅图片文件；
（2）工作区内图片，可以拖动图片来调整位置；
（3）可以通过双击图片，来修改图片的相关信息；
（4）可以通过"设置"→"生成设置"来调整生成图片质量与文件名称；
（5）点击"生成"，生成图片和网页文件；
（6）点击要删除的图片文件，按键盘上的"Delete"即可。

动手做一做

选定某一电子商务网站，进行全站下载，查看是否应用 CSS Sprites 技术。

实验五　制作响应式网页

一、实验目的

（1）了解响应式网页的特点；
（2）会使用 bootStrap 框架开发前端页面；
（3）掌握使用栅格系统进行网页布局的技巧。

二、实验内容

（1）使用栅格系统进行网页布局；
（2）完成响应式内容（图片、导航栏）。

三、实验过程

1. 响应式导航栏的设计

（1）设计胶囊式的导航菜单。使用 Bootstrap 框架，结合 jQuery，编写 HTML5 网页代码。

　　`<ul class="nav nav-tabs"></ul>`

把标签改成胶囊的样式，只需要使用 class .nav-pills 代替 .nav-tabs 即可，如：

　　`<ul class="nav nav-pills"></ul>`

如图 5-22 所示。

图 5-22　胶囊式导航菜单

（2）设计垂直的胶囊式导航菜单。可以在使用 class .nav、.nav-pills 的同时使用 class .nav-stacked，让胶囊垂直堆叠，如：

<ul class="nav nav-pills nav-stacked"></ul>

如图 5-23 所示。

图 5-23　垂直的胶囊式导航菜单

2. 使用栅格系统搭建网页布局

（1）左右二列布局，左侧占 4 列栅格的导航栏，右侧为内容栏，如图 5-24 所示。

图 5-24　栅栏系统搭建的网页布局

223

（2）搭建一个响应式手机软件交谈聊天页面，如图 5-25 所示。

图 5-25　手机软件交谈页面

3. 响应式图片的设计

设计响应式图片。

四、实验结果

实验完成后，按照实验内容书写实验报告，内容包括实验的操作过程和实验体会。

课后练习题 五

一、填空题

1. 网站内容优化中，在创作文章的时候，要考虑搜索引擎的因素，将_____词有重复，有逻辑的合理插入内容中，文章中有相应的链接。

2. 网站 SEO 工作者非常关注：_____、快照更新、相关域和收录量、_____、分类目录的收录量、_____等指标。

3. 在图片代码优化中，图片优化的四项基本原则：原则一，_____；原则二，_____；原则三，_____；原则四，_____。

4. 网页 Meta 标签由_____、_____、_____组成。

二、选择题

1. 下列 URL 对 SEO 最友好的是（　　）。
   A. http://ndz/ndz.html
   B. http://ndz/ndz.php
   C. http://ndz/ndz.aspx
   D. http://ndz/ndz.asp?id=1

2. 对于 SEO 来说，一篇纯内容的页面（如文章、博客等）应该有（　　）字。
   A. 100～200
   B. 200～500
   C. 500～800
   D. 800 以上

3. 如果你的网站是关于电脑的，（　　）是最好的网页标题。
   A. 电脑|电脑爱好者|电脑之家
   B. 本站提供各种价格的便宜电脑
   C. 电脑电脑电脑电脑电脑
   D. 主页 | diannao.com

4. 网页设计中，采用（   ）设计最符合 SEO 的需求。

 A. Frame 框架结构

 B. 采用 DIV+CSS 布局设计

 C. 使用 Flash 网页

 D. 使用表格布局

5. 搜索引擎蜘蛛作为数据采集程序，无法对 FLASH、图片等非文字元素进行识别，因此在进行网页优化的时候，图片的（   ）标签很重要。

 A. img   B. alt   C. color   D. height

6. 百度暂不抓取或不能很好地抓取的代码不包括（   ）。

 A. HTML   B. Javascript   C. flash   D. iframe

三、问答题

1. 从 SEO 角度，分析网页设计采用 DIV+CSS 的好处及首页不采用 Flash 动画的原因。

2. 什么是原创文章，对于搜索引擎有什么好处？

3. DIV+CSS 网站优化需要注意哪八个方面？

4. 网站标题的优化，应注意哪些方面？

四、操作题

使用软件为网站制作网站地图，制作完成后向各大搜索引擎提交。

模块 六

网站优化推广

项目 1

百度优化推广

百度优化推广，又称为百度搜索推广，是用关键词来锁定不同人群，通过相关搜索结果页和网站上有针对性的信息，与信息搜索者进行互动来达到产品营销目的。百度推广分为免费推广和付费推广两种。

任务 1　百度免费推广

任务描述

小王本周负责为雅鹿公司做百度优化推广，为网站定制一套优化方案，并且负责执行。具体方案要求如下：

每天至少为企业做 20 个问答推广任务，搜索相关问题，回答别人的问题；根据推广问题，培养 2~3 个热点问题，问题可以从产品、材质、价格、包装、工艺等方面进行选择；每天发布 1 篇更新文章，文章带 2~3 个锚文本链接。

任务分析

网站的免费推广方式有很多，有百度新闻收录、论坛类发帖推广、SNS 网站推广、软文推广等。

知识准备

从 2016 年 3 月 30 日，百度竞价推广正式更名为百度推广。它是一种按效果付费的网络推广方式，按照它给企业带来的潜在客户的访问数量进行计费。2016 年 4 月爆发"魏则西事件"，让百度推广被推到舆论的风口浪尖。今后的一段时间内，百度将对作弊网站进行严厉打击。

百度推广对作弊网站的定义：作弊网站是指在网页设计中，为了提升网页在搜索引擎中的排序，设计者采用的一系列欺骗搜索引擎的做法，主要表现是普通用户看到的页面与搜索引擎抓取到的内容不一致。

任务实施

一、百度免费收录

1. 网站收录提交入口

把目录页的 URL 制作成 sitemap，提交给百度搜索引擎，提交百度网站入口地址为 http://www.baidu.com/search/url_submit.html，并将其设置为比较高的抓取权重。

常用的搜索引擎网站收录提交入口，如表 6-1 所示。

表 6-1　常用的搜索引擎网站收录提交入口

搜索引擎	网站收录提交入口
谷歌 Google	http://www.google.com/addurl
雅虎 Yahoo	http://search.help.cn.yahoo.com/h4_4.html
搜狐 Sogou	http://www.sogou.com/docs/help/webmasters.htm#01
360 搜索	http://info.so.360.cn/site_submit.html

2. 百度新闻源收录

（1）**百度新闻源**。百度百科"新闻源"词条的定义：指符合百度、谷歌等搜索引擎种子新闻站的标准，站内信息第一时间被搜索引擎优先收录，且被网络媒体转载成为网络海量新闻的源头媒体。

（2）**百度新闻源收录的意义**：具体包括以下三点。

❶ 更容易获取流量。百度新闻源在百度网页搜索里的权重普遍比较高，而且收录也快，很容易在网页搜索里抢占比较好的排名。

❷ 用户更加精准。使用百度新闻搜索的用户更具针对性。用户是通过关键词找感兴趣的文章，因此文章更容易直接推送产品和服务到有需求的用户。

❸ 更具有品牌价值，容易被转载。例如，百度新闻中搜索"雅鹿羽绒服"，查找到的结果，如图 6-1 所示。

图 6-1 百度新闻收录

（3）**百度新闻源不收录的内容**。百度新闻源倾向收录高质量的原创新闻，会根据权威度、原创性，对新闻质量进行判断。百度新闻源不收录博客、论坛、软件下载等非新闻资讯类网站。百度新闻源不可收录的频道及内容有个人信息、博客、论坛、广告、招标、报价、下载、试题、教程、招聘信息、幽默笑话、情感故事、写真、剧照、明星档案、食谱等。

二、百度免费推广方法

1. 使用百度贴吧进行推广

一般在百度贴吧发帖子的多数都是广告帖，但是太直接的广告很容易被删除。所以，只能采取软性广告来发布，简称"软文"，如：热点新闻、生活常识类文章等。通过软广告植入，能达到广告宣传的效果。

在百度贴吧中，搜索"衬衫"，找到"衬衫吧"，找到后请发布一篇关于"雅鹿衬衫"为主题的软文，如图 6-2 所示。

图 6-2 "衬衫吧"页面

（1）帖子的三种形式，如表6-2所示。

表6-2　帖子的三种形式

种类	使用的具体方法
图文帖	图片和文字混合的帖子
投票帖	投票帖是论坛中的一种帖子种类，这类帖子可供网友选择并投票，可以被回复，并且有些可以看到投票情况
视频帖	包含视频的帖子，找到要添加的视频的网页，点视频下方的"分享"，点击"把视频贴到Blog或BBS"FLASH地址后面的"复制"，然后到你的空间插入视频，粘贴到"视频地址"后面的输入框中

（2）撰写帖子标题、内容。

❶ 帖子标题的撰写技巧，如表6-3所示。

表6-3　帖子标题的撰写

方式	撰写方法
凸显数字	数字绝对是吸引眼球的最佳选择，例：三年用心关心客户，小公司也能接到100万大单；例：投资1800，年赚100万！
标题要有新意	例：新手业务白捡2万5
利用好奇心	例：看了这篇文章，保证让你业务提升一大截
提出疑问	寻求帮助及提出疑问，可以获得共鸣

❷ 帖子内容，可以与读者互动，例如，围绕产品品牌每日更新帖子内容，可以通过网民分享自己品牌故事。

注意：贴吧可以多个账号配合使用，选择一个主题合适的帖子，进行回复。如果找不到主题合适的帖子，就用自己的小号提问，然后更换IP后，使用自己的大号进行回复。

（3）提高帖子的存活率。

2. 使用百度空间进行推广

利用百度空间来推广淘宝店铺，具体操作步骤如下：首先开通百度空间，然后选择适当的模板，最后把网站的内容上传。

百度空间和百度贴吧一样，如果滥发广告，将会被封掉用户的ID。

3. 使用百度图片进行推广

把图片加上网站的水印，上传到一些大型网站、论坛及相册中，等待百度收录即可。

4. 使用百度百科进行推广

创建属于自己公司的百科词条，详情请参考：http://baike.baidu.com/。企业在百度百科上创建自己公司词条，并在词条中加入公司的链接，进行推广宣传。百度百科建立词条的注意点如下：

（1）词条选取：词条内容一定要保证客观。容易申优的词条以客观事物类为佳，例如地点类，或专业名词类等。

（2）内容表述：词条内容的表述要客观准确，例如尽量不要出现"我""我们""本公司"之类的代词；时间上要注意时效性，"今年""昨日"等词语应替代为具体的日期。

（3）图片：图片一定要有图注和参考资料，并且图注尽量不和词条名称重复，参考资料的地址要使用图片所在页面的地址，而不要使用图片的直接地址。

（4）标点符号：标点符号要使用全角（一个标点占用两个字符）。

（5）参考资料：每个目录下的内容最后尽量都添加参考资料。参考资料最好来自大型、信赖度高的网站，可在搜索排名靠前的结果中选取。另外，尽量不要选择百度相关产品的中的内容作为参考资料，例如百度空间、百度文库等，因为这些产品有免责声明。

（6）网址链接：参考资料、扩展阅读的网址注意避免失效的链接。

5. 使用百度文库进行推广

可以在百度文库上传一些可读性较强并有利于推广的文档，并将文档设置为用户免费下载。

6. 使用百度知道进行推广

（1）问答推广。利用问答网站这种网络应用平台，以回答用户问题或模拟用户回答的形式进行宣传，从而达到提升品牌知名度、促进产品销售等目的的活动，即称为问答推广。

一般知识问答类网站的权重都很高，在搜索引擎中可以获得很好的排名，例如：百度知道。了解知识问答类的网站非常重要，请查询相关信息，填写表6-4。

表 6-4　知识问答类网站

知识问答网站	ALEXA 官方数据排名	日均访问 IP 数量、PV 值
百度知道		
天涯问答		
搜狗问答		
新浪爱问		
奇虎问答		

（2）**百度知道**。百度知道是一个基于搜索的互动式知识问答分享平台，目前是全球最大的中文知识问答网站。

百度知道是一个非常好的推广平台，很多人遇到问题都会在百度知道里搜索或提问，利用百度知道做推广也是一种营销手段，比如：在百度上搜索"什么样的羽绒服舒适性好？"，会发现找到相关网页约 84 400 篇，但是搜索结果里只有 1 个可以排在百度网页中搜索结果的第一名。如果利用百度知道，就可利用"羽绒服舒适性"这个关键词帮助带来业务。

在百度知道选择相关行业的问题，在回答问题的时候，可以把店铺的链接写进去，如果问题被采纳为最佳答案，浏览量就会成倍地增长。

（3）影响百度知道的八个排名因素，如表 6-5 所示。

表 6-5　影响百度知道的排名因素

排名因素	影响
标题与关键词的相关性	有利于排名，完全匹配效果会比较好
回答者的等级	对排名有一定影响，等级越高可信度就越高
回答数量	对排名无影响
好评数量	对排名有影响，但该指标可以作弊，如让朋友帮忙增加好评
相关问题	数量越多，说明这个页面的通用性很高，能解决更多问题
参考资料的网址	有影响，如果有大型网站的链接做参考会有较好的效果
关键词密度	有影响，标题里要包含关键词，内容中也要增加关键词密度
百度内链	有影响，就是在百度知道内部做链接

（4）**百度知道的推广形式**。回答别人的问题，其步骤流程：第一步，用不同的 IP，

注册多个账号。第二步，搜索寻找相关问题。第三步，找到最新待解决问题。

技巧要领：每天的推广量不宜过多，回答的时间段要错开，回答的内容要准确，长期坚持，量要大，注意等级的提升，加入问答团队。

（5）**百度知道的问题设计**。百度知道问题中，多是包含"什么""怎么办""如何""为什么"等问句式的长尾词最受欢迎，所以应多借鉴一些疑问类型的提问，将产品和品牌信息添加进标题。标题最好采用设问形式，与关键词的相关性越高越有利于排名的提升，标题关键词采用完全匹配效果最佳。

要注意百度知道主账号的培养与积累，高等级账号相对低等级账号有许多特权，比如回答加链接、推荐率更高等。

（6）**提升百度知道账号等级**。有以下三个技巧：

首先，确定主推账号，主推账号一般有两个，一个是第三方角色，一个是官方身份；

其次，回答提高练级，找准推广区域，做高质量回答，争取被采纳；

最后，提升账号等级，第一种方法是每次用其他账号回答问题，互相点赞。第二种方法是加入百度知道的互刷群，通过相互提问、相互回答、相互采纳的方式，提升账号等级。

（7）**百度知道的注意事项**。自问自答的注意事项有以下六点。

第一，自问自答，绝对不能是同一 IP，否则会被百度直接封号；

第二，自问自答的时间间隔，最好在几个小时或者几天后回答；

第三，一个账号，一天内不要超过回答 10 个问题，同一时段，回答不超过 3 个问题；

第四，回答问题，不要每天集中一段时间回答，要分散开。例如，周末的中午 12 点到下午 3 点是一周中人气最高的时段，此时发帖效果最好。多发内页外链，少发首页外链，对于提高内页排名很有帮助；

第五，提出问题时，可以带链接，回答问题，可以带链接；

第六，加入百度知道互助 QQ 群，和别人轮换提问回答，互助支持。

三、百度免费推广效果的评估

在网站上安装流量分析工具，百度免费推广的效果是通过统计推广后的咨询量来进行评估的，也可以统计到达网站的访问量。

转化率指标。该指标是效果评估的重要指标，它是指在一个统计周期内，完成转化行为的次数占推广信息总点击次数的比率。其计算公式为：

$$转化率=（转化次数/点击量）\times 100\%$$

例如：有 10 名用户看到某个搜索推广的结果，其中 5 名用户点击了推广结果并跳转到目标 URL，其中 2 名用户有了后续转化行为。那么，这条推广结果的转化率就是（2/5）×100%=40%。

搜索引擎优化

动手做一做

参加"我为家乡做推广"电子商务宣传活动，要求如下：

（1）为家乡的特色产品，在百度百科上创建词条。活动结束后进行评比推广。

（2）撰写一篇介绍家乡特色产品的软文，通过和行业或文章主题相关的词语去百度新闻里搜索，看哪些网站的哪些频道有发表或转载类似的文章，然后通过联系到该网站编辑发表自己的软文。

任务 2　百度网盘推广

任务描述

现在随着网盘的快速发展，使用网盘引流和推广成为 SEO 的利器。雅鹿公司电子商务部成员小王开始为企业公司做网盘推广。请你帮助小王规划网盘推广的具体方法。

任务分析

利用百度网盘吸引流量一般是利用了百度产品自身的权重比较高，从而可以利用百度网盘做长尾关键词的排名。可以在搜索引擎中使用 site 命令查询百度网盘的收录，site 命令使用方法 site:pan.baidu.com。

知识准备

百度云搜索是百度网盘搜索引擎，提供网盘搜索服务，在浏览器地址栏输入百度网址并打开，在搜索框中输入：site:pan.baidu.com，在后面加上一个空格和搜索资源的名字，例如：site:pan.baidu.com 雷神 2，然后回车搜索。搜到结果后，打开想要的资源。

任务实施

通过百度网盘将高质量的长尾关键词标题文档上传，促使百度收录获得排名的经验。使用分享功能为每一个文档创建分享链接 URL，如图 6-3 所示。

图 6-3　使用分享功能为文档创建分享链接

为每一个文档添加一个固定推广链接，如图 6-4 所示。

图 6-4　添加固定推广链接

返回主页，即可看到分享的文档，如图 6-5 所示。

图 6-5　查看分享的文档

文档链接 URL 提交至百度搜索引擎提交收录，过一段时间便会收录文档获得标题长尾排名，如图 6-6 所示。

图 6-6　文档链接 URL 提交至百度搜索引擎

动手做一做

利用问答网站这种网络应用平台，以回答用户问题或模拟用户回答的形式进行宣传产品，从而达到提升品牌知名度、促进产品销售。

任务 3 百度付费推广

任务描述

雅鹿电子商务部小王被电商总监安排为本周内部培训会的讲师，他准备围绕"百度最新推出的 URL 定向推广""百度搜索推广的内容""百度推广效果的分析"这三个问题进行讲解，请你帮小王准备相关资料。

任务分析

付费推广有百度竞价排名和淘宝付费推广直通车、钻石展位、钻展淘宝、联盟、淘宝客等。

知识准备

百度付费推广是由百度公司推出的，企业在购买该项服务后，通过注册提交一定数量的关键词，其推广信息就会率先出现在网民相应的搜索结果中。简单来说就是当用户利用某一关键词进行检索，在检索结果页面会出现与该关键词相关的广告内容。

百度搜索推广

通过百度付费推广，可以最大限度地帮助锁定有需要的潜在客户群体，对于网站流量提升起到立竿见影的效果，达到最有效的推广目的。

搜索引擎优化

🔍 任务实施

一、使用百度搜索推广

百度付费推广有多种商业产品，其中包含百度搜索推广、网盟推广、品牌专区、掘金广告、火爆地带等产品。

百度搜索推广即百度竞价，是一种按效果付费的网络推广方式，通过关键词定位技术，将企业的推广结果精准地展现给有商业意图的搜索网民。

百度竞价是通过广告主对关键词的出价来决定广告主网站或网页的排名，出价高的排名会比较靠前，但创意质量度对排名的影响也很大。

随着行业竞争的愈加激烈，参与百度竞价的企业越来越多，而百度搜索每个词最多只有十个竞价位置，低于第十名出价厂家也只能排在右侧位置显示，而右侧最好的几个位置也被百度推出的火爆地带活动所占据，而最好的左侧显示位置，企业只能通过不断的提高关键词价格来获取好的排名。

百度竞价是一种针对性极强的定向广告，是国内首创的一种按效果付费的网络推广方式。用少量的投入就可以给企业带来大量潜在客户，有效提升企业销售额。

百度推广的费用为首付 3 000 元，包括 600 元的年服务费和 2 400 元的预存款。预存款指的是当有意向客户通过注册的关键词找到并且访问进入企业网站时，就会扣除相应的费用，百度推广的网页位置，如图 6-7 所示。

图 6-7　百度推广的网页位置

1. 百度搜索推广的内容

百度搜索推广的内容包括网页标题、网页描述以及客户指向的 URL 链接地址。网页标题要求：限制在 50 字符之内，描述 1 要求限制在 80 字符之内，描述 2 要求限制在 80 字符之内。内容由企业提供，百度公司负责审核以及上线。

登陆百度推广网站 www2.baidu.com 账户注册信息填写完整，确保注册的公司信息和网站内的信息一致，公司的网站访问正常；注册信息中的网址主域名与关键词指向的主域名一致。其限制有三点：一个账户只可为一家公司的一个网站地址进行推广；网站的合法性；网站的唯一性。

2. 百度搜索推广平台专业版的使用

"搜索推广平台专业版"是新一代的搜索推广管理平台，利用搜索推广平台专业版，客户可以对百度搜索推广信息进行更为高效地管理与优化，对推广效果科学地评估。

"百度推广客户端"需要登录后才能使用，需要到百度推广首页注册，注册完毕后，在登录时要注意把浏览器切换至"兼容模式"，不然会出现"密码不能为空"的提示。之后登录"百度推广客户端"，依次点击"搜索推广"→"否"→"下次再说"，就进入了搜索推广页面。点击选择"关键词工具"，在跳出的窗口中输入"主关键词"，如图 6-8 所示。

图 6-8　选择"关键词工具"，输入主关键词

左键单击"添加全部"→"导出到文件",接着在跳出的窗口中输入文件名,选择为".CSV"格式,保存即可。

这样就拥有了一份包含所需长尾关键词的日均搜索量、关键词名称、竞争度等信息的 Excel 文件。

对推广效果做全面的评估,主要包含了以下评估指标:页面浏览总量、每日单独访问者流量、首次访问者数量、重复访问者数量、每个访问者的平均页面浏览数、访问量的时间分布、访问量的地域分布、潜在客户增长数量、客户转化率、投资回报率等。

二、百度付费推广效果的分析

树状分析法是一种自下而上的、针对问题查找原因并进行解决的系统化方法。百度付费推广效果的分析,可以使用树状分析法,如图 6-9 所示。

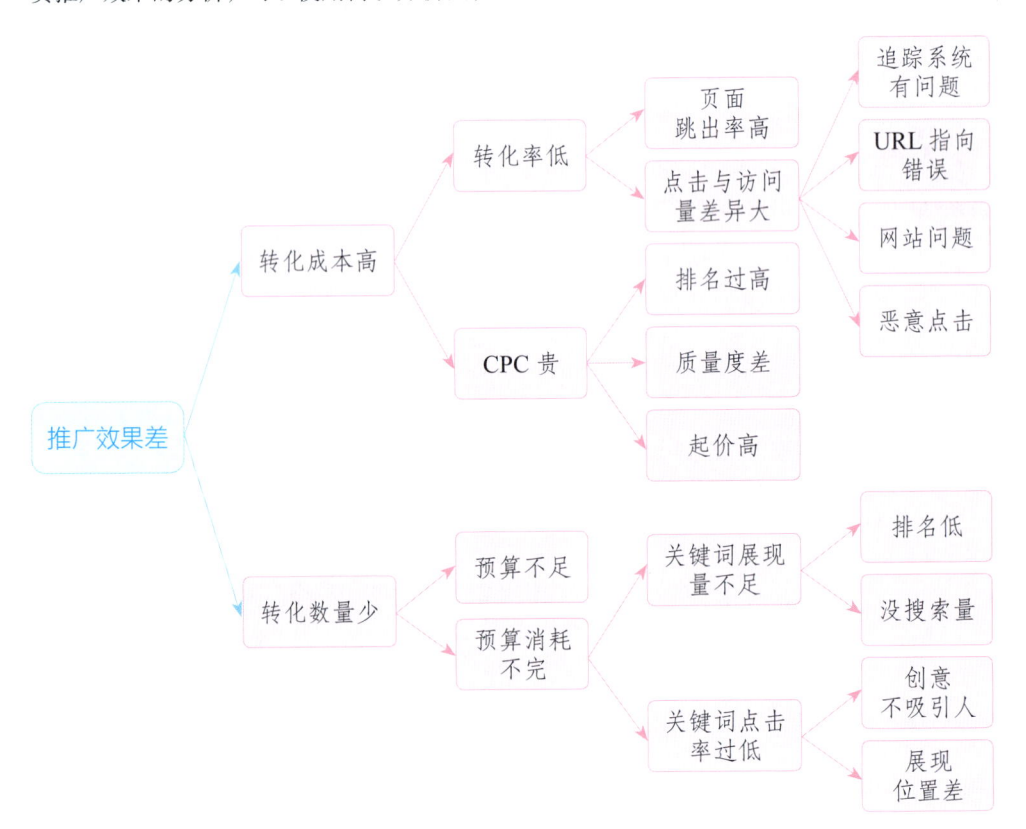

图 6-9 百度付费推广效果树状分析法

三、百度 URL 定向推广

百度推广在 2016 年 4 月的"魏则西事件"后，进行竞价模式的调整，新的推广模式是"URL 定向推广"，已经可以在众多账户后台看到。URL 定向推广不再像以前一样需要购买大量的关键词，只要购买指定的网站 URL，那么所竞价的广告就会出现在此网站。

当用户搜索某个关键词，网站被展现在搜索结果中百度 URL 定向推广，买这个网站的 URL 定向推广，这个网站排名就会出现在其他网站前面。

动手做一做

基于关键词的竞争对手分析，搜集竞争对手公司的经营背景，分析如下问题：针对每一个关键词，查找网站排名情况；分析排名靠前的网站情况；分析竞争对手的关键词排名情况；分析竞争对手的外部链接情况。

项目 2

淘宝优化推广

淘宝搜索现在主要使用于阿里系的产品搜索中,例如淘宝网、天猫网、阿里巴巴网站等,做淘宝搜索优化不像做百度搜索优化,是为了流量,做淘宝搜索优化,其最终的目的是为了赢得客户。

淘宝是完全免费的 C2C 平台,对所有卖家一视同仁。淘宝站内搜索流量是淘宝卖家的主要流量来源,基本决定了店铺新客户的来源。因此做好淘宝站内搜索优化,可以帮助引流。

淘宝优化推广 项目 2

任务 1　淘宝付费流量

任务描述

小王近期负责雅鹿公司淘宝网 C 店，电商部总监要求小王通过手机淘宝以卖家身份，进入"达人淘"关注合适的羽绒服专属领域的淘宝达人，并进行合作。

任务分析

通过淘宝站内推广，可以把店铺展现在用户面前。淘宝站内推广的主要手段有直通车和淘宝社区。淘宝达人是淘宝中最活跃的社区推广方式，目前淘宝达人已经增至 10 个入口，总共包括：淘宝头条、有好货、爱逛街、必买清单、达人淘（红人圈、视频直播、搭配控）、我要日报、微淘、社区、每日新品。

知识准备

淘宝付费引流的最新途径有淘宝头条，淘宝头条是致力于成为提供引领生活消费潮流时尚的一个资讯平台。根据淘宝网 2017 年 1 月统计，已经有 8 000 万用户通过手机端的淘宝头条进入相关店铺。淘宝头条首页内容包括：最头条、爱穿搭、数码控、大吃货等几个版块。每个版块下面，分别提供不同类目的内容资讯，资讯中可以添加产品链接，不过要注意的是，必须是淘系链接。

现在淘宝越来越偏向社交化，淘宝达人就是代表一个社群，为了某一个场景化的买家去定制。淘宝达人作为介于商家与用户之间的第三方，更加了解买卖双方需求，从而突出卖点、特色，精细化营销就不再是难题。

搜索引擎优化

🔍 任务实施

利用淘宝达人进行推广

（1）淘宝达人 http://daren.taobao.com，进行宝贝推广。达人都有自己专属类目风格。小王通过手机微淘，在达人首页，选择排名第一"服装搭配师 miuo"的达人，如图 6-10 所示。

服装搭配师miuo
实实在在传授日常穿搭小技巧。

+关注 1524437

【暗号团】春季单品和新上架的夏季单品！

作者：服装搭配师miuo　　　　　　　　　　　　2016-04-06 21:08:59

【暗号团】春季单品和新上架的夏季单品！

1、【韩国单！精致爱心小刺绣衬衫】

★团购价：65元+包邮！

★★向客服报暗号miuo，拍下后改价

★★请勿在评论里提及团购，有任何问题联系客服，不要随意中差评！

基础款BF风衬衫，加上精致的爱心小刺绣，别致童趣的小细节。

图 6-10　利用淘宝达人进行推广

（2）点击达人的头像，进入达人，如图 6-11 所示。

（3）将合作推广的宝贝的链接或者店铺的链接发过去，然后报上佣金能给多少，再将淘客后台设置的专用计划链接给达人，双方签署完合作协议后，完成寻找达人合作的过程。

（4）淘宝达人的爱逛街频道。淘宝的各个业务都有淘宝达人的参与和建设。爱逛街频道与淘宝达人强强合作，起到了非常好的引流效果，如图 6-12 所示。

淘宝优化推广 项目2

服装搭配师miuo

实实在在传授日常穿搭小技巧。

首页　　默认分类

【暗号团】春季单品和新上架的夏季单品！--------1、【韩国单！精致爱心小刺绣衬衫】★团购价：65元+包邮！★★向客服报暗号miuo，拍下后改价
479

【Miuo】从面料角度，看半裙该如何搭配？--------半裙说起来是种很简单的单品，但是不同的面料做出来的半裙，感觉和样子都会很不一样。就比如下
673

【Miuo】恋物志：袜子--------终于到了可以好好露袜子的季节了，今天分享些袜子吧。1、热血宣言的袜子。-2、傲娇猫咪短袜-3、穿浅口鞋可以配着
431

图6-11　进入达人

亲，请登录　免费注册　手机连淘宝　　　淘宝网首页　我的淘宝　🛒购物车　★收藏夹　商品分类

爱逛街频道

每天分享，潮品不断

首页　　今日最热　　衣服　　包包　　鞋子　　美肤

漂亮又大牌，让红色温暖你身边的好

白雪公主们的最爱哦，有三色可选

永不落幕的格子潮流风

图6-12　爱逛街频道

247

搜索引擎优化

流量来源：手淘爱逛街频道、APP、PC 端，展现方式包括专辑、单品、文案等。

🔍 动手做一做

通过淘宝店铺，以卖家身份参加淘宝头条活动，方法如下：

❶ 在一个自然月内按照要求发布 15 条内容；❷ 在卖家后台点击报名等待小二审核（每月 15 日至 17 日审核一次），15 条内容有 12 条内容被审核通过，即可获取头条白名单资格；❸ 获取白名单资格后，在 we.taobao.com-健康中心—渠道管理—淘宝头条进行投稿，每天最多发布 5 条。

任务 2　淘宝宝贝标题优化

淘宝宝贝优化分为淘宝宝贝标题优化和淘宝宝贝关键词优化，通过优化店铺宝贝标题、宝贝上下架时间等来获取较好的排名，从而使宝贝获得在淘宝搜索结果中优先展示，获取淘宝搜索流量。

🔍 任务描述

为连衣裙宝贝，打造宝贝标题，宝贝的主图，如图 6-13 所示。

图 6-13　连衣裙宝贝的主图

可以在宝贝标题中使用的宝贝属性，如图 6-14 所示。

货号：	风格：通勤	通勤：韩版
组合形式：单件	裙长：短裙	款式：其他/other
袖长：无袖	领型：圆领	袖型：常规
腰型：中腰	衣门襟：套头	裙型：A字裙
图案：纯色	流行元素/工艺：螺纹 拉链	品牌：
面料：雪纺	成分含量：51%(含)-70%(含)	材质：蚕丝
年份季节：2015年夏季	颜色分类：白色 黑色	尺码：S M L XL

图 6-14　连衣裙宝贝的属性

任务分析

　　标题关键词是宝贝排名最重要之一，所以关键词的选择非常关键。关键词即淘宝买家的搜索词，这就要求卖家站在买家的角度思考问题，思考买家会搜索什么词。宝贝名称词，如男包、女包，宝贝详情里的属性词，都可以作为关键词。

　　收集关键词的主要收集渠道包括：人气商品标题采集、淘宝首页（类目）推荐词、搜索框下拉菜单词、淘宝排行、淘宝指数、数据魔方（淘词）、生意参谋关键词报表、直通车词表。

在淘宝 SEO 中，对宝贝标题关键词大致分为三个级别：顶级关键词、二级关键词、长尾关键词。标题优化的过程分为四个步骤：找词、分词、分配词、组合词。

知识准备

一、顶级关键词、二级关键词

顶级关键词。类目属于顶级关键词，如：男装、女装、T 恤、连衣裙、夹克等。

二级关键词。二级关键词一般由 4~5 个字组成，如：韩版男装、韩版女装、短袖 T 恤、碎花连衣裙。二级关键词包含了长尾关键词。

长尾关键词一般由 5 个字或者多个关键词组成，每日平均搜索次数一般不会超过 500 次。长尾关键词如：格子无袖衬衫、无袖连衣裙大码、金利来男装、短袖 T 恤、男式大码短袖 T 恤等。

二、淘宝宝贝标题的撰写

淘宝宝贝标题的撰写方式、步骤、注意事项，归纳如图 6-15 所示。

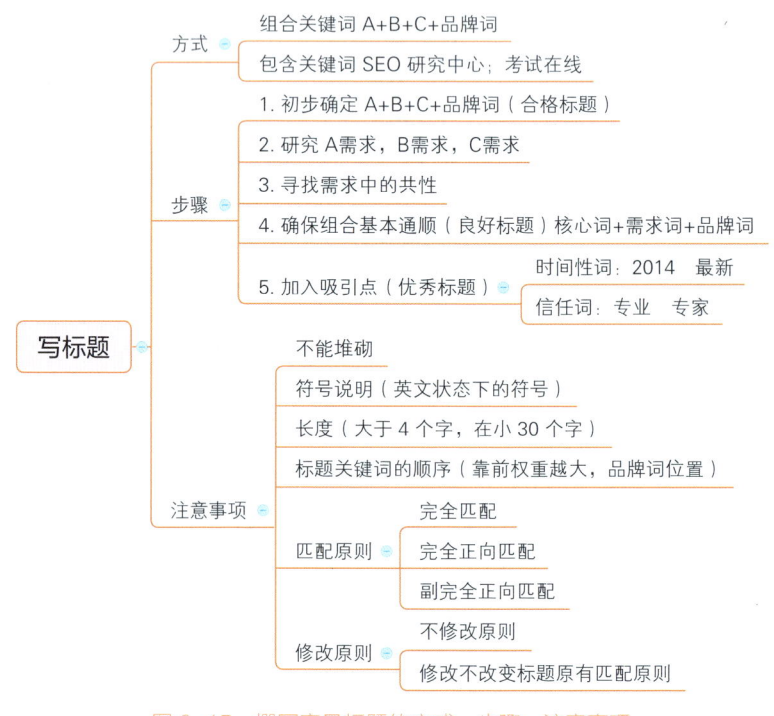

写标题
- 方式
  - 组合关键词 A+B+C+品牌词
  - 包含关键词 SEO 研究中心；考试在线
- 步骤
  - 1. 初步确定 A+B+C+品牌词（合格标题）
  - 2. 研究 A需求，B需求，C需求
  - 3. 寻找需求中的共性
  - 4. 确保组合基本通顺（良好标题）核心词+需求词+品牌词
  - 5. 加入吸引点（优秀标题）
    - 时间性词：2014　最新
    - 信任词：专业　专家
- 注意事项
  - 不能堆砌
  - 符号说明（英文状态下的符号）
  - 长度（大于 4 个字，在小 30 个字）
  - 标题关键词的顺序（靠前权重越大，品牌词位置）
  - 匹配原则
    - 完全匹配
    - 完全正向匹配
    - 副完全正向匹配
  - 修改原则
    - 不修改原则
    - 修改不改变标题原有匹配原则

图 6-15　撰写宝贝标题的方式、步骤、注意事项

三、淘宝搜索引擎的搜索规律

1. 紧密排列搜索规律

关键词紧密度越高、搭配越合理，其获得的搜索量就越多。

例如，搜索"短袖衬衫"，标题含有"短袖衬衫""短袖 衬衫""短袖/衬衫"（包含第一个问题中的半角字符和空格）这些关键词，凡是包含这些关键词的页面都可以被买家搜索到，并呈现给买家。

又如，第一个标题：冲钻 修身坎肩背心 女士最爱 修身坎肩背心；
      第二个标题：冲钻 女士最爱 修身坎肩背心 修身坎肩背心。

买家在搜索框中输入"女士背心"，根据紧密排列搜索规律，第二个标题可以被搜索到，但第一个标题却不会出现。

2. 前后无关搜索规律

淘宝搜索规则的顺序无关规则，其实也是由买家的搜索关键词决定的。例如，当买家搜索"长袖 连衣裙"的时候，只要标题中含有"长袖连衣裙"这五个字，就能被搜索到。这时候符合搜索顺序无关原则。空格无关搜索，也就是空格无关搜索的权重，用空格的目的只是让买家更容易看清楚卖家的标题里面的产品卖点，卖家不用空格也没关系。

四、撰写标题存在常见的问题

1. 宝贝标题修改过于频繁

宝贝标题尽量不要修改，这是因为：❶每修改一次标题，淘宝就要对宝贝进行重新收录，宝贝的搜索排名权重就会降低；❷标题修改过于频繁会导致淘宝误认为宝贝有问题，导致宝贝被淘宝列入黑名单。

2. 宝贝关键词重复堆砌

宝贝关键词重复堆砌是指与产品相关的多条关键词直接罗列，其中包含多个重复字词。例如：宝贝标题"充气床单人充气床单人蜂窝充气床单人床宽99cm 单人立柱充气床包邮"，即属于关键词堆砌。

3. 宝贝上下架时间不合理

淘宝宝贝上下架未达到最佳时间，下架时间没有区分重点品种、重点时间，而采用了低效的平均对待。

4. 标题和类目属性不一致

标题和类目属性不一致，是指宝贝的标题用的某些关键词，与发布时选择的宝贝属性不一致，淘宝搜索的计算方法中加入了宝贝类目属性相关性这一因素。

任务实施

一、淘宝宝贝标题找词

找词的方法是通过淘宝搜索下拉菜单、直通车推荐词、同行业店铺关键词等手段找出宝贝关键词。

1. 淘宝产品关键词的寻找

（1）**参照类目选择关键词**。每个关键词都有精准的类目，关键词与类目的精准度越高对排名的帮助越大。淘宝搜索框中输入部分关键词后，搜索框下拉列表中会显示以输入部分开头的前十个热搜关键词，并显示该关键词下的宝贝数量，如图6-16所示。该词源尤其适合用来寻找长尾关键词。

图6-16 淘宝搜索框寻找关键词

（2）**关键词与属性的相关性**。关键词与宝贝的属性也是有相关性的，相关性越精准，对排名帮助越大。

关键词相关性是指宝贝与关键词的相关。每一个关键词所优先展示的类目是不一样的，所以要在优先展示类目的宝贝上设置该关键词。

（3）**拓展长尾关键词**。长尾关键词通过核心关键词加上产品属性、质地等拓展。因为长尾关键词的流量都是非常精准的，长尾关键词的竞争度都不大。这样可以让宝贝轻易获得排名。

（4）通过关键词的搜索量来选定宝贝关键词。关键词搜索量要根据实力而定，搜索量太大的关键词没有能力优化，关键词搜索量太小，对的宝贝获得流量又不好。应选择搜索量适中的关键词加以拓展。

（5）通过关键词的竞争度来选定宝贝关键词。选择竞争度适中的营销关键词作为宝贝标题关键词，营销关键词是以卖点优惠活动为前提的关键词，可以吸引买家的注意力，从而点击的宝贝。例如，以下的关键词都属于营销关键词：包邮、特价、促销、秒杀、团购、冲钻、月销千件、厂家直销、甩卖等。

2. 淘宝网排行榜找词

淘宝网排行榜是常用的找词的地方，如图 6-17 所示。

图 6-17 淘宝搜索框寻找关键词

进入淘宝网排行榜方法有两种：❶ 直接输入 top.taobao.com；❷ 打开淘宝首页，点击搜索框下方的关键词后面的"更多"，然后在左侧找到类目点击进入。

二、关键词的相关性设置

1. 关键词与宝贝类目的相关性设置

操作步骤：打开直通车后台，左侧有一个"流量解析"按钮，点击之后在右侧就会出现一个搜索框，搜索"韩版外套"这个词，搜索之后，会看到相关类目的推荐，如下：

女装/女士精品>毛呢外套
女装/女士精品
男装
童装/童鞋/亲子装>外套/夹克/大衣>普通外套
童装/童鞋/亲子装>外套/夹克/大衣
童装/童鞋/亲子装

所以可以判断出"韩版外套"这个词，与女装类目下的毛呢外套的相关性是非常强的，所以如果选择这个关键词的话，就要在毛呢外套的宝贝标题上使用，而在其他宝贝上使用相关性就不是很强。

2. 关键词与宝贝属性的相关性

用户通过搜索关键词查询宝贝，模拟淘宝搜索的筛选结果流程。淘宝的系统会通过筛选来展示宝贝，宝贝的属性是与关键词有着密切的关系。

例如，用户搜索韩版女装T恤，淘宝系统就会去筛选哪些宝贝的属性设置了韩版？哪些宝贝的类目是女装？哪些宝贝的类目是T恤，哪些宝贝是最精准的？如果类目属性设置错误，肯定是无法展现的，更不用说排名了。如果关键词跟类目很精准，但是关键词与宝贝属性精准度不高，这样也会导致排名靠后。

淘宝的系统筛选是根据精准度来排名的，精准度越高，排名就越靠前。

三、淘宝关键词分词

宝贝的标题，其实应该是一个偏正词组。中心词应该是名词，代表着产品的基本名称。修饰语应该是形容词或者副词，主要是说明产品的特征。因此宝贝名称无论多长，应该划分为两大部分，中心词和定语描述词。

由于同一件产品可能有多种名称，比如：风衣、大衣、外衣、外套、上衣这些词都可以描述某一件产品。又例如：居家、家居、室内、卧室、居用、家用、日用、用品等也都可以修饰某一件产品。

对产品名称进行分解：分解成最基本的词语，名称、形容词、副词。一般的产品名称大致就这三类词。

例如，标题为：2015春装新款连衣裙女包臀修身显瘦短裙OL气质长袖蕾丝打底裙女。

分词结果：2015，春装，新款，连衣裙，女，包臀，修身，显瘦，短裙，OL，气质，长袖，蕾丝，打底，裙，女。

四、确定宝贝副关键词

1. 宝贝本身具有的属性

例如，常用的裙子的属性关键词，如图6-18所示。

2. 关联热词

查找数据魔方中的关联热词，如图6-19所示。

副关键词
通勤
韩版
短裙
无袖　　宝贝属性
圆领
中腰
套头
A字裙
纯色
雪纺
2015年
夏季

图6-18 属性关键词

图 6-19 关联热词

最终的副关键词列表，如图 6-20 所示。

图 6-20 副关键词列表

五、确定主要竞争关键词

（1）打开数据魔方，进入"全网关键词查询"。

（2）输入主关键词"连衣裙"查询，数据选择最近7天，如图6-21所示。

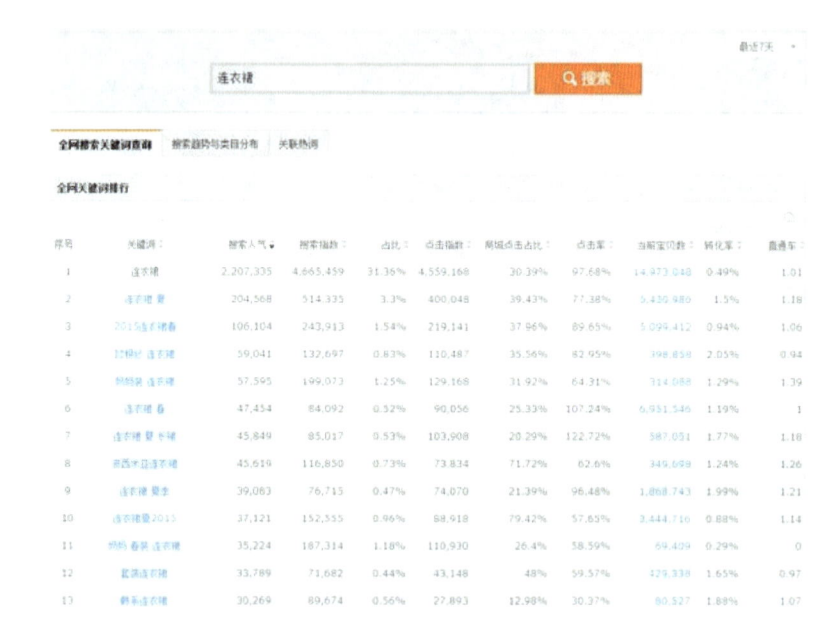

图 6-21 主关键词查询

（3）结合连衣裙宝贝本身的属性（副关键词），把可以作为候选主要竞争关键词复制粘贴到EXCEL表格当中，如图6-22所示。

序号	关键词	搜索人气	搜索指数	占比	点击指数	商城点击比例	点击率	当前宝贝数	转化率	直通车
2	连衣裙 夏	204568	514335	0.033	400048	0.3943	0.7738	5430986	0.015	1.18
9	连衣裙 夏季	39083	76715	0.0047	74070	0.2139	0.9648	1868743	0.0199	1.21
10	连衣裙夏2015	37121	76715	0.0096	88918	0.7942	0.5765	3444716	0.0088	1.14
13	韩系连衣裙	30269	89674	0.0056	27893	0.1298	0.3037	80527	0.0188	1.07
14	连衣裙 女	29002	61550	0.0038	74890	0.302	1.2216	8433687	0.0214	1.09
15	2015连衣裙	24743	40542	0.0025	39031	0.3246	0.962	8287585	0.0052	1.1
16	连衣裙 夏 女	23863	51545	0.0032	56431	0.2528	1.0969	5460153	0.0248	1.18
27	2015新款春连衣裙	16075	60420	0.0037	21673	0.902	0.3513	3461953	0.0022	1.1
33	韩系连衣裙 夏	14356	55970	0.0034	7821	0.2299	0.1342	48487	0.0097	1.09
41	2015 夏季 连衣裙	12087	34282	0.0021	16935	0.2071	0.487	1217167	0.0149	0
42	文艺范 连衣裙	11753	15842	0.0009	5829	0.2675	0.3605	47366	0.0074	0.82
54	a字连衣裙 夏	9677	20710	0.0012	8990	0.2849	0.4268	213453	0.0087	0.98
57	a字连衣裙 夏 连衣	9026	19955	0.0012	11359	0.3477	0.5624	213141	0.0124	0
82	连衣裙夏季女款	6483	10483	0.0006	8100	0.1178	0.7686	1252447	0.0068	1.06
50	裙子 连衣裙 夏	10153	20719	0.0012	21406	0.1956	1.0338	1085861	0.0075	0.99
51	夏裙 连衣裙	9896	24365	0.0015	10327	0.1427	0.4165	52588	0.029	0.99
75	连衣裙 夏 潮	6995	9462	0.0006	923	0.1027	0.098	353022	0.0014	0.76
81	连衣裙	6583	11429	0.0007	12879	0.2761	1.1296	2407750	0.0098	0.95
86	夏连衣裙 白领	6187	12532	0.0007	9520	0.2845	0.7554	7325	0.0267	1.28

图 6-22 候选主要竞争关键词

（4）接下来通过计算倍数，综合分析，选择2~3个作为主要竞争关键词，千万不要选择太多，最多3个，因为主要竞争关键词后面在分析竞争环境的时候也需要用到。关键词竞争倍数=搜索指数/当前宝贝数，计算的倍数越大说明相关竞争越小，如图6-23所示。

序号	关键词	搜索人气	搜索指数	占比	点击指数	商城点击比例	点击率	当前宝贝数	转化率	直通车	倍数
2	连衣裙 夏	204568	514335	0.033	400048	0.3943	0.7738	5430986	0.015	1.18	0.094704
9	连衣裙 夏季	39083	76715	0.0047	74070	0.2139	0.9648	1868743	0.0199	1.21	0.041052
10	连衣裙夏2015	37121	76715	0.0096	88918	0.7942	0.5765	3444716	0.0088	1.14	0.02227
13	韩系连衣裙	30269	89674	0.0056	27893	0.1298	0.3037	80527	0.0188	1.07	1.113589
14	连衣裙 女	29002	61550	0.0038	74890	0.302	1.2216	8433687	0.0214	1.09	0.007298
15	2015连衣裙	24743	40542	0.0025	39031	0.3246	0.962	8287585	0.0052	1.1	0.004892
16	连衣裙 夏 女	23863	51545	0.0032	56431	0.2528	1.0969	5460153	0.0248	1.18	0.00944
27	2015新款春连衣裙	16075	60420	0.0037	21673	0.902	0.3513	3461953	0.0022	1.1	0.017453
33	韩系连衣裙 夏	14356	55970	0.0034	7821	0.2299	0.1342	48487	0.0097	1.09	1.15433
41	2015 夏季 连衣裙	12087	34282	0.0021	16935	0.2071	0.487	1217167	0.0149	0	0.028165
42	文艺范 连衣裙	11753	15842	0.0009	5829	0.2675	0.3605	47366	0.0074	0.82	0.334459
54	a字连衣裙 夏	9677	20710	0.0012	8990	0.2849	0.4268	213453	0.0087	0.98	0.09024
57	a字连衣裙 夏 连衣裙	9026	19965	0.0012	11359	0.3477	0.5624	213141	0.0124	0	0.09367
82	连衣裙夏季女款	6483	10483	0.0006	8100	0.1178	0.7686	1252447	0.0068	1.06	0.00837
50	裙子 连衣裙 夏	10153	20719	0.0012	21406	0.1956	1.0338	1085861	0.0075	0.99	0.019081
51	夏裙 连衣裙	9896	24365	0.0015	10327	0.1427	0.4165	52588	0.029	0.99	0.463319
75	连衣裙 夏 潮	6995	9462	0.0006	923	0.1027	0.098	353022	0.0014	0.76	0.026803
81	连衣裙	6583	11429	0.0007	12879	0.2761	1.1296	2407750	0.0098	0.95	0.004747
86	夏连衣裙 白领	6187	12532	0.0007	9520	0.2845	0.7554	7325	0.0267	1.28	1.710853

图6-23 选择主要竞争关键词

六、主要竞争关键词的确认

接下来分析最终选择哪几个词作为主要竞争关键词，如图6-24所示。

序号	关键词	搜索人气	搜索指数	占比	点击指数	商城点击比例	点击率	当前宝贝数	转化率	直通车	倍数
2	连衣裙 夏	204568	544335	0.033	40048	0.3943	0.7738	5430986	0.015	1.18	0.094704
9	连衣裙 夏季	39083	76715	0.0047	74070	0.2139	0.9648	1868743	0.0199	1.21	0.041052
10	连衣裙夏2015	37121	76715	0.0096	88918	0.7942	0.5765	3444716	0.0088	1.14	0.02227
13	韩系连衣裙	30269	89674	0.0056	27893	0.1298	0.3037	80527	0.0188	1.07	1.113589
14	连衣裙 女	29002	61550	0.0038	74890	0.302	1.2216	8433687	0.0214	1.09	0.007298
15	2015连衣裙	24743	40542	0.0025	39031	0.3246	0.962	5460153	0.0052	1.1	0.004892
16	连衣裙 夏 女	23863	51545	0.0032	56431	0.2528	1.0968	5461953	0.0248	1.18	0.00944
27	2015新款春连衣裙	16075	60420	0.0037	21673	0.902	0.3513	3467953	0.0022	1.1	0.017453
33	韩系连衣裙 夏	14356	55970	0.0034	7821	0.2299	0.1342	48487	0.0097	1.09	1.15433
41	2015 夏季 连衣裙	12087	34282	0.0021	16935	0.2071	0.487	1217167	0.0149	0	0.028165
42	文艺范 连衣裙	11753	15842	0.0009	5829	0.2675	0.3605	47366	0.0074	0.82	0.334459
54	a字连衣裙 夏	9677	20710	0.0012	8990	0.2849	0.4268	213453	0.0087	0.98	0.097024
57	a字连衣裙 夏 连衣裙	9026	1965	0.0012	11359	0.3477	0.5624	231141	0.0124	0	0.09367
82	连衣裙夏季女款	6483	10483	0.0006	8100	0.1178	0.7686	1252447	0.0068	1.06	0.00837
50	裙子 连衣裙 夏	10153	20719	0.0012	21406	0.1956	1.0338	1085861	0.0075	0.99	0.019081
51	夏裙 连衣裙	9896	24365	0.0015	10327	0.1427	0.4165	52588	0.029	0.99	0.463319
75	连衣裙 夏 潮	6995	9462	0.0006	923	0.1027	0.093	353022	0.0014	0.76	0.026803
81	连衣裙	6583	11429	0.0007	12879	0.2761	1.1296	2407750	0.0098	0.95	0.004747
86	夏连衣裙 白领	6187	12532	0.0007	9520	0.2845	0.7554	7325	0.0267	1.28	1.710853

图6-24 分析主要竞争关键词

❶ 选择"连衣裙夏2015"作为主要竞争关键词，原因是虽然它的倍数是0.02227，没有关键词"连衣裙 夏"的倍数0.094704和"连衣裙 夏季"的倍数0.041052高，但是"连衣裙夏2015"这个词，用分词算法切出的词根，已大部分包含以上两个词切分出的词根，切分如下（连衣裙，夏，2015）。

❷ 同样的道理选择"韩系 连衣裙 夏"和"a字裙 夏 连衣裙"作为主要竞争关键词。

❸ 在选择主要竞争关键词的时候既需要考虑这个词的搜索指数，也需要考虑它的竞争度（倍数），同时也要考虑这个词包含的词根。

最终主要竞争关键词选择如下：

连衣裙 夏 2015

韩系 连衣裙 夏

a字裙 夏 连衣裙

七、确定宝贝的主推属性（热点词）

（1）结合宝贝的副关键词，结合数据魔方关联热词，结合连衣裙搜索后的结果，选择出的副关键词，如图6-25所示。

图6-25 选择出的副关键词

（2）最终选择如下作为主推属性，如图6-26所示。

A	B	C	D	E	F	G	H	I	J	K
序号	关键词	搜索人气	搜索指数	占比	点击指数	商城点击比例	点击率	当前宝贝数	转化率	直通车
8	修身	241318	409695	0.0157	4360	0.1338	1.0656	3674011	0.0403	1.21
17	韩系	143126	385438	0.0147	124939	0.1152	0.3168	82720	0.0202	0.75
40	无袖	74176	119066	0.0044	121379	0.1345	1.0198	1448036	0.0515	0.67
55	短裙	55427	92354	0.0034	84951	0.1327	0.9183	788097	0.041	1.15

图6-26 主推关键词

八、确定若干个长尾关键词

（1）分别用主推属性和主关键词组合在数据魔方全网关键词查询，然后结合宝贝的特点，把认为比较好的关键词粘贴到 EXCEL 表中，如图 6-27 所示。

图 6-27　确定长尾关键词

（2）因为"修身连衣裙"和"连衣裙修身"有可能搜出来的结果不同，需要反复验证，选择最优的排列。最终收集整理完成的长尾关键词，如图 6-28 所示。

图 6-28　最终收集的长尾关键词

要结合主推属性选择搜索指数大的并且和宝贝相关的词,要特别注意有的较长词有可能是假词,应慎重选择。假词一般就是与商品相关性小,或者说基本没有相关性的词。

九、组合关键词,生成宝贝标题

找出关键词后,就需要在标题中组合这些关键词。淘宝标题关键词的三大组合原理,如图6-29所示。

图6-29 三大标题的组合原理

(1) **核心关键词主打原理**。标题中的关键词包括主关键词、主要竞争关键词、促销关键词、季节关键词等。淘宝站内搜索引擎系统能够识别出标题的主搜索关键词。

(2) **关键词顺序颠倒原理**。关键词顺序颠倒原理的前提是有空格分隔的颠倒才无关搜索影响。例如,在搜索"大码女装"和"女装大码"关键词时,顺序颠倒过来但是不加空格分隔,查询结果的搜索量相差可达60倍。

(3) **关键词紧密相连原理**。不可拆分的关键词紧密排列,会被淘宝站内搜索引擎系统优先展示。淘宝搜索引擎将标题进行分词后,例如,宝贝标题分别为"时尚大码女装"和"时尚 大码 女装",则"时尚大码女装"属于紧密相连关键词,"时尚 大码 女装"因为包含了空格,不属于紧密相连关键词。用户使用"时尚大码女装"的搜索词时,包含"时尚大码女装"的标题会被优先展示。

依据标题组合的原理,同时结合找到主关键词、关键词、长尾关键词,组合成一款宝贝的标题,最终完成连衣裙宝贝组合的标题如下:

2015韩系连衣裙女夏短裙修身显瘦雪纺无袖新款A字裙圆领套头夏装

通过这个标题的例子,可明白四点:

(1) 如果产品涉及多个中心词,宝贝标题不要超过三个中心词,否则会被认定为关键词堆砌。中心词要均匀分布。

(2) 根据淘宝宝贝关键词紧密排列原则,产品名称最好分为两段,组成一个长的偏正短语。标题前段是重点,标题后段是补充,要使得与产品最相关的词完全紧密。

(3) 根据淘宝宝贝关键词权重原则,对于中心词和描述词,要根据搜索量或者转化率,从前到后排列。

动手做一做

选择淘宝某一款拖鞋宝贝,对其标题进行优化。例如,优化前的拖鞋宝贝标题为"包邮 2016 新款特价四季居家时尚情侣轻便舒适亚麻拖鞋夏秋凉拖鞋"。

首先,将这个名称分解开:"2016 新款 特价 四季 居家 亚麻 拖鞋 夏秋 凉 拖鞋 时尚 情侣 家居 鞋 轻便 舒适"。可以看到其中的中心词用了 3 次"拖鞋、凉拖鞋、家居鞋",其中"轻便舒适"是后置短语,它的作用是根据顾客的心理,特别突出产品的优越性。标题中还可加入其他促销信息。

然后,根据"偏正短语+ 中心词+后补短语"组合进行优化。优化前后的标题对照,如表 6-6 所示。

表 6-6 优化前后的标题对照

对比	宝贝标题
优化前	包邮 2016 新款特价四季居家时尚情侣轻便舒适亚麻拖鞋夏秋凉拖鞋
优化后	2016 新款特价四季居家亚麻拖鞋夏秋凉拖鞋时尚情侣家居鞋轻便舒适

任务 3　淘宝宝贝主图优化

主图是消费者对产品的第一印象,当访客去淘宝购买物品,什么样的主图更吸引人?什么样的主图会让访客下单并付款?构建一张完美的主图,不光是美工 PS 的水平问题,更多的牵扯到营销层面上的问题,同时还涉及顾客心理的问题。

任务描述

电子商务部小王接到任务,设计一款雅鹿羽绒服作为宝贝主图,突出"轻软、透气性好"的卖点。设计主图所需要的文字素材和图片素材,请到雅鹿羽绒服官方网站上下载。

任务分析

主图设计分为创意阶段和设计阶段。在创意阶段需要罗列出宝贝的所有卖点,筛选出最能打动用户的卖点,根据此卖点进行主图创意设计;在设计测试阶段,需要设计出不同构图形式的主图,进行筛选并测试主图。

优化淘宝主图,建议从背景、拼接、模特、主体、文字优化五个方面着手。

制作主图的要点:第一,主图要有卖点的文案;第二,主图的促销信息不要超过图的三分之一;第三,主图包含店铺的 logo 或名称;第四,主图的背景颜色要根据店铺来定位。

知识准备

官方对淘宝主图的基本要求,包括以下五点:

(1)白色底色或者单一底色,正方形,主图尺寸大小一般有 800px×800px、500px×500px、310px×310px 三种。

(2)清晰美观,无拉伸扭曲,无边框。

(3)促销信息和品牌信息可以放在图片四个顶角上,不遮挡原图片。

对于主图不规范的商品,将作下架处理,同时扣分。每件淘宝商品扣 0.2 分,每件天猫商品扣 1 分,三天累计扣分不超 7 分。

任务实施

一、宝贝主图的设计思路

1. 寻找主图卖点

一张点击率高的主图,肯定体现了卖点。寻找卖点的方法主要从四个方面考虑:

(1)从产品本身寻找卖点,例如,从产品的形状、原材料、大小、颜色、味道、重量、功能组合、独特风格、技术优势等方面寻找。

(2)从服务层面寻找卖点,例如,从优质的送货服务、专业化的服务、产品安装的服务、免费咨询服务等方面寻找。

（3）从文化概念层面寻找卖点，例如，创建新品、独特目标市场定位、核心产地、故事挖掘等方面寻找。

（4）其他层面寻找卖点，例如，从低价热卖、渠道优势、客户服务等方面寻找。

2. 主图的尺寸大小

淘宝主图必须是正方形的，也就是高宽一致，这样在展示时就不会变形。如果制作时主图尺寸不是正方形，那么在展示时，淘宝会自动将它处理成正方形展示，否则会导致变形。例如，一般相机拍摄的照片，大小从几兆到十几兆，而且都是长方形，每张主图必须都用 PotoShop 软件处理成正方形，大小限定到最大 500K。

宝贝主图尺寸最小为 310px×310px。当主图尺寸在 800px×800 px 以上的图片，可以在宝贝详情页提供图片放大功能。因此建议卖家们淘宝主图尺寸使用 800px×800 px，这样可以使用放大镜效果，如图 6-30 所示。

图 6-30　主图的放大镜效果

3. 主图的颜色搭配

主图想要搭配出适合的色彩，要考虑自己的产品消费人群。女性消费人群：适用相邻色、间隔色、柔和色，配色以温馨、愉快的色调等为主；男性消费人群：适用间隔色、互补色、稳重色，配色以色调深、稳定为主。

红橙黄绿蓝紫，色相相隔越远则对比越强烈，离得越近则搭配越柔和。

（1）相邻色搭配：相邻色因为邻近，有很强的关联性，这种搭配视觉冲击力较弱，但可以制造温馨的感觉。例如，紫色旁边的蓝色和品红，都算是紫色的邻近色。

（2）间隔色搭配：间隔色搭配给人一种愉快、活泼、鲜明的感觉，视觉冲击力强于相邻色。例如：红色与黄色相隔、橙色与绿色相隔、黄色与绿色相隔。

（3）互补色搭配：互补色搭配有强烈的视觉冲击力，如果控制得好也是非常时尚的搭配色，反之就是不协调、不安的效果。例如，红色与绿色互补、蓝色与橙色互补、紫色与黄色互补。

4. 主图制作的注意点

制作主图应去杂从简，主图最忌讳牛皮癣图，牛皮癣图的特点是文字多，显得凌乱、没重点。牛皮癣图，如图6-31所示。

二、主图的构图

1. 均衡式构图

均衡式构图可以给人宁静平稳的感觉，同时又避免了呆板无生气，是设计师们常常使用的构图方法。要使画面均衡，形成均衡式构图，关键是要选好均衡点（均衡物）。这要从艺术效果上去找，只要位置恰当，小的物体可以与大的物体均衡，远的物体也可以与近的物体均衡，如图6-32所示。

图6-31　主图最忌讳的牛皮癣图

2. 对角线构图

对角线构图就是把主体安排在对角线上，利用画面对角线把画面元素整体统一起来，同时也使陪体与主体发生直接关系。这种构图的特点是富于动感，显得活泼，容易产生线条汇聚的趋势，吸引人的视线，从而突出主体。对角线构图，如图6-33所示。

图6-32　主图的远近处理和大小处理的均衡式构图

图6-33　对角线构图

3. X 形构图

X 形构图也称为放射线构图，是对角线构图的复杂版。它通过将视觉焦点放置在画面的最中央位置，让每一条放射线的中点都位于视觉焦点之上。采用 X 形构图能够获得严谨的美感，在安静的氛围中感受活力和激情。X 形构图，如图 6-34 所示。

图 6-34　X 形构图

三、盲目修改主图的后果

宝贝主图不建议频繁更换，大量的卖家应该已经有了这样的经验和教训，宝贝主图更换会造成流量大幅度减少，甚至没有流量。

只有当店铺出现流量下滑时，才可以考虑更换主图；如果流量稳定，就不要随便动主图。

动手做一做

根据运动鞋透气的卖点，请设计出宝贝主图，并附上详细的创意方案。

具体要求：

（1）图片尺寸为 310px×310px；

（2）商品图片上不允许出现商标或其他水印图片背景；

（3）白底商品图片应主题突出，易于识别，不会产生歧义；

（4）文件格式为 jpg、jpeg、png，要求构图完整、饱满；

（5）文件大小不超过 1M；

（6）鞋类商品统一摆放方向，鞋头在左，鞋跟在右。

搜索引擎优化

任务 4 了解店铺流量来源比率

任务描述

雅鹿公司电子商务部小王使用生意参谋、生e经、直通车等淘宝分析工具，对淘宝C店的主推产品数据跟踪与反馈，提取店铺数据，分析店铺的数据。请你帮助小王完成这一任务。

任务分析

量子统计、数据魔方，做淘宝和天猫的老商家都熟悉的这两个统计平台工具，2016年已经退出历史舞台，接力的是功能更加强大的"生意参谋"统计分析平台。

知识准备

目前在淘宝网店的经营和运作中，能够通过市场获得店铺后台数据分析的软件有很多，其主要功能包括：来源分析、流量分析、销售分析、装修分析。

生意参谋数据分析平台，功能强大，从流量、商品、交易、服务等一系列经营环节进行数据分析，常用的模块有实时直播（提供店铺实时流量交易数据、实时地域分布及流量来源分布、实时热门宝贝排行榜、实时催付榜单、实时客户）、流量分析模块（提供全店流量的概况、流量的来源和去向、访客时段地域等特征分析、店铺装修的趋势和页面点击分布分析、商品分析模块（提供店铺所有商品的详细效果数据）、交易分析模块（从店铺整体到不同粒度细分店铺交易情况，及时掌控店铺交易问题）。

淘宝优化推广 项目2

任务实施

一、使用生意参谋

首先使用淘宝账号登录生意参谋（https://sycm.taobao.com/custom/login.htm），如图6-35所示。

图6-35 生意参谋数据分析平台

实时直播模块展现店铺的访客及成交情况，主要是提供店铺实时支付金额、实时访客数及实时趋势图，并提供与历史日期趋势对比功能。

实时总览，可以查看当前店铺销售额，销售量与行业销售排名情况，如图6-36所示。

实时榜单，可以根据支付金额、访客数两种排序下的前50名的热门宝贝列表，实时关注宝贝流量销售情况，如图6-37所示。

流量分析模块，能够帮助卖家了解店铺整体流量情况的概貌，店铺整体的流量规模、质量、结构，并了解流量的变化趋势。进入流量概况分析，如图6-38所示。

从流量总的规模知道店铺的浏览量、访客数多少及其变化；从跳失率、人均浏览量、人均停留时长，了解入店访客的质量高低；从流量的付费免费结构、新老访客结构、PC和无线终端结构，知晓店铺流量的整体布局。还可以通过选择日期、终端来针对性地查看历史数据和不同终端的情况，如图6-39所示。

搜索引擎优化

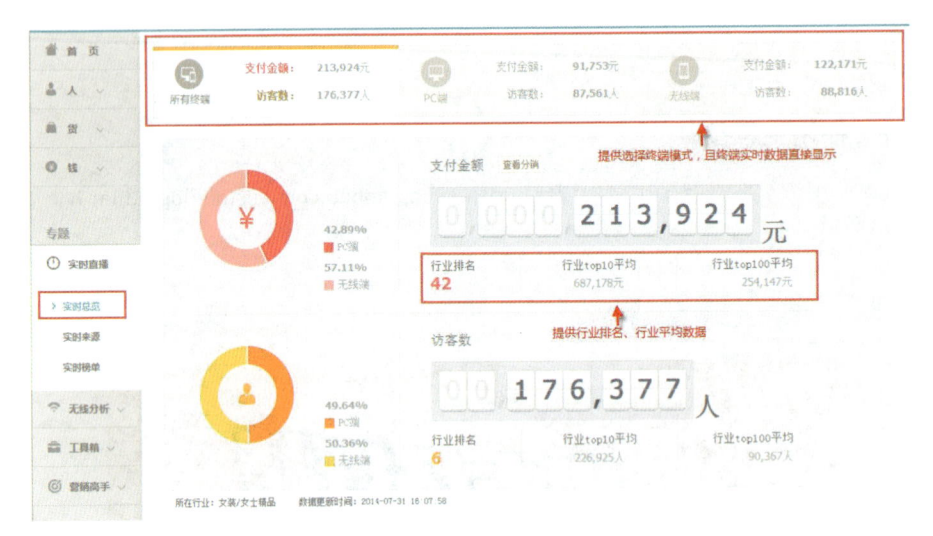

图 6-36 生意参谋的实时数据统计

图 6-37 显示的热门宝贝

图 6-38 进入流量分析模块

图 6-39　流量概况分析

热销宝贝排行的统计分析，会涉及此块数据，如图 6-40 所示。

图 6-40　热销宝贝排行的统计分析

使用生意参谋的淘词和行业热词 TOP 榜功能，如图 6-41 所示。

图 6-41　使用行业热词 TOP 榜功能

淘词运用在日常操作过程中涉及的部分较大；行业热词主要是针对对应行业现状排名热销的 TOP 词组，在上架过程中参考使用词组。

搜索引擎优化

全网关键词查询是根据要搜品类的 TOP 关键词的查询，如搜索：iphone6，则出现，如图 6-42 所示。

图 6-42　全网关键词查询

使用生意参谋的交易分析模块，了解访客数和客单价等数据变动情况，如图 6-43 所示。

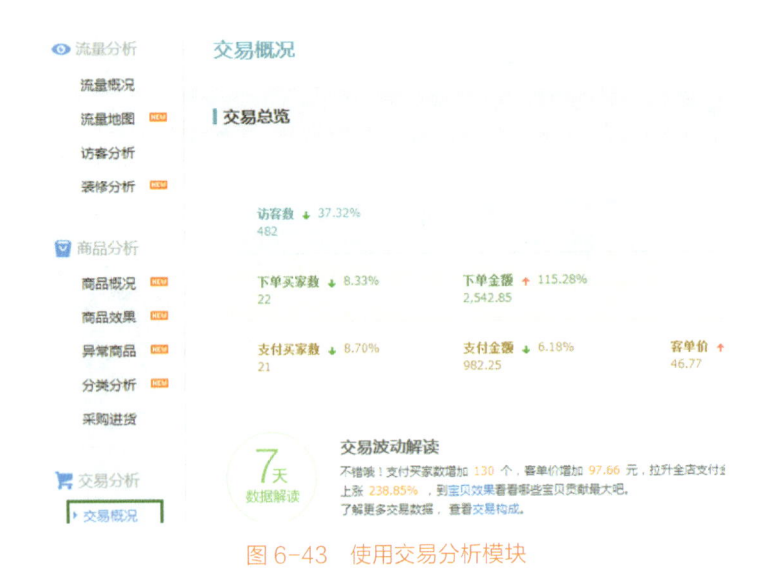

图 6-43　使用交易分析模块

生意参谋有三个地方可以看到无线的来源关键词：❶ 商品分析—宝贝效果—效果详情—查看无线的效果详情，有宝贝的 TOP 来源关键词；❷ 专题工具—选词助手—可以查

看无线端的入店关键词，以及关键词给哪些宝贝带来了流量和转化；❸ 专题工具—选词助手—行业相关词。无线端来源分析统计数据，如图 6-44 所示。

图 6-44　无线端数据分析

店铺分析，此模块展现店铺的销售数据，如图 6-45 所示。

图 6-45　店铺分析

二、生 e 经的使用

1. 进入生 e 经

进入店铺后台，在"我购买的服务"里面找到"生 e 经"，点击进入，如图 6-46 所示。

图 6-46　进入生 e 经

进入后台界面，如图 6-47 所示。

搜索引擎优化

图 6-47 进入生 e 经店铺后台

在这里可以看见店铺整体的流量、销售额，以及和昨天的对比情况。上面有四个模块：流量分析、销售分析、宝贝分析、行业分析。

2. 使用流量分析模块

流量分析模块可以查看店铺相关的流量信息，如图 6-48 所示。

图 6-48 流量分析模块

3. 使用销售分析模块

销售分析模块可以查看店铺的销售概况、销售走势等，如图6-49所示。

图6-49　销售分析模块

4. 使用宝贝分析模块

宝贝分析模块可以查看每个宝贝的浏览量、访客数、订单数、销售额，还能单独看PC端和手机端的以及选择任意天数，如图6-50所示。

图6-50　宝贝分析模块

搜索引擎优化

这里选择任意一个宝贝查看，如图 6-51 所示。

图 6-51　选择宝贝查看

宝贝分析是最常使用的模块，这里可以统计任意宝贝的流量、销售信息，这里选择宝贝查看的选项，如图 6-52 所示。

图 6-52　选择宝贝查看的选项

5. 使用行业分析模块

行业分析模块可以查看其他行业的 Top 商家、宝贝信息之类的信息，如图 6-53 所示。

图 6-53　行业分析模块

三、直通车的使用

登陆店铺后台，点击"我要推广"，选择"天猫直通车"，如图 6-54 所示。

图 6-54　登陆直通车

进入后，点击左侧的"报表"，选择"直通车报表"，如图6-55所示。

图6-55 直通车报表

单击任意一个推广计划，可以看见计划中正在推广的产品，并可以条件筛选查找信息。通常用到的一般是查找计划对应产出的销量，如图6-56所示。

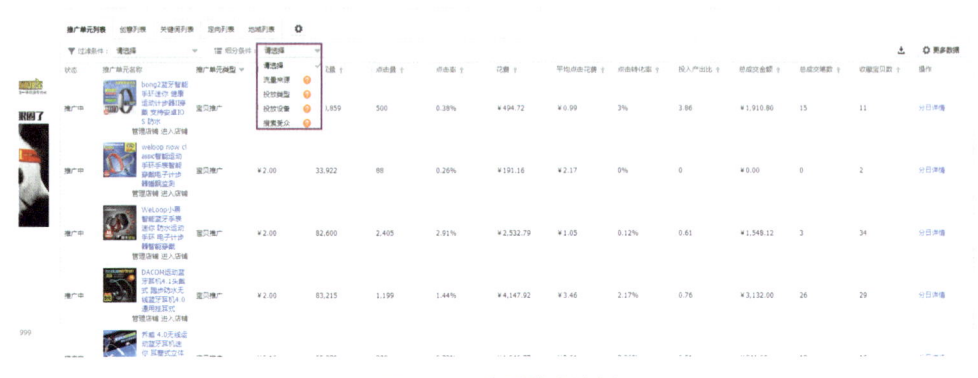

图6-56 查看推广计划

动手做一做

淘宝流量，总体分为付费的推广流量和免费的自然注量。付费流量一般通过直通车和钻展等。一般比较合理的流量比例是：免费的自然流量40%~45%、直接点击流量15%~20%、直通车流量35%~40%、淘宝客5%~10%。

请你分析某淘宝店铺，做流量统计分析，填写表6-7。

表6-7 淘宝店铺流量统计分析表

进入途径	进入方式	流量统计
垂直频道	淘宝主页下方类目导航进入，比如淘宝女装频道	
	店铺街页面进入	
淘宝站内搜索途径	从宝贝搜索进入	
	从淘宝首页类目导航进入；在垂直市场搜索进入	
	从一淘搜索栏进入	
	从淘宝特卖频道进入	
从我的淘宝	从已买到的宝贝进入	
	从我的收藏进入	
	我的淘宝首页	
	从卖家中心进入	
	从评价管理进入	
从主要页面	从店铺页进入	
	从宝贝页进入	
	从淘宝首页进入	
从广告来源	从淘宝客进入	
	从直通车进入	
	从钻展进入	
从外网	从搜狗进入	
	从百度进入	
	从社区进入	

任务 5 淘宝天猫站内搜索技术

任务描述

雅鹿电子商务部小王最近一个月在不断研究淘宝天猫站内搜索排名影响因素，了解淘宝搜索排名筛选流程，总结淘宝搜索排名规则。请你帮助小王完成这一任务。

任务分析

淘宝天猫排名规律与 SEO 方法紧密相关，因此要熟悉淘宝天猫搜索排名筛选流程，如图 6-57 所示。

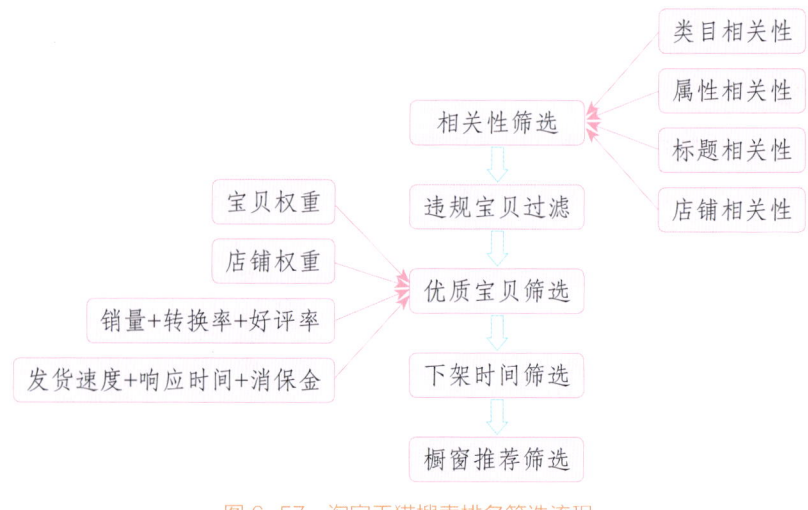

图 6-57　淘宝天猫搜索排名筛选流程

知识准备

一、淘宝天猫排名规则

（1）**淘宝搜索引擎分词原理**。目前主流的分词算法有四类：字符串匹配、理解分词、统计分词和语义分词。如产品是一款连衣裙，以"雪纺连衣裙"这个词来说，淘宝会把这个词进行拆分，变成"雪纺"和"连衣裙"两个词。对符合检索命令的词，在搜索结果中会进行标识红色。

（2）**关键词匹配度规则**。关键词匹配度就是客户搜索的关键词，你的宝贝标题一定要包含该关键词，或者是与关键词为同义词。在撰写宝贝标题时，一定要注意关键词的组合和搜索引擎的分词。

（3）**类目匹配规则**。在淘宝天猫搜索引擎词典数据库内，关键词和类目是一一对应的关系，所以当前台客户搜索某个关键词的时候，程序是优先去找与该关键词所对应的类目去取数据。

由于淘宝搜索引擎加入了程序自学习的功能，在一个相同关键词代表两种不同产品的时候，程序会根据客户访问的历史记录自动优先推荐客户最喜爱的类目产品。

二、淘宝天猫 SEO 方法

（1）"全部宝贝"选项卡排名因素：成交量、收藏人数、店铺评分、浏览量、宝贝下架时间。

（2）"人气"选项卡排名因素：成交量、浏览量、收藏数、卖家信誉、剩余时间。

三、影响淘宝天猫排名的因素

（1）**成交量**：单件商品销售笔数。一般搜索页面显示的是 30 天内此商品的订单数，交易付款后进行计数。如一件商品，被同一个人用购物车拍下 5 件，付款后商品页面的 30 天售出记录显示为 5，搜索页面的最近成交记录显示为 1。

（2）**收藏人数**：该宝贝的收藏人气。页面内在宝贝主图下方，有个"收藏该商品"按钮，每个会员号只能收藏单件商品一次，即收藏人数+1。

（3）**店铺评分**：淘宝网会员对当次交易进行以下四方面评分：❶ 宝贝与描述相符；❷ 卖家的服务态度；❸ 卖家发货的速度；❹ 物流公司的服务。每项店铺评分取连续六个月内所有买家给予评分的算术平均值。

（4）**浏览量**：简而言之就是指宝贝被点击的次数。如果一个 IP 地址对单件宝贝点击了 N 次，那么该宝贝的浏览量+N。区别于访问量的是，访问量只记录 IP 数，不记点击数。

（5）**下架时间**：是指将出售中的商品转移至线上仓库的时间。离下架时间越近的宝贝，排名会越靠前。

（6）**橱窗推荐**：橱窗推荐又名卖家热推，是指店铺将主打产品设置为橱窗产品。这些橱窗产品将在搜索结果页中获得优先推荐。

（7）**消费者保障服务**。目前消费者保障分为：❶ 商品如实描述；❷ 七天无理由退换货；❸ 假一赔三；❹ 闪电发货。除商品如实描述是必选外，其他由商家自主选择。

（8）**旺旺在线**。旺旺是淘宝交易聊天工具，能及时更好地为买家服务。

（9）**虚拟实物宝贝突变**：如果以前店铺销售的宝贝是虚拟的，等人气评分升高了再改变类目销售实体宝贝，淘宝会对店铺进行降权。

（10）**关键词**：就是用户在使用搜索引擎时输入的、能够最大程度概括用户所要查找的信息内容的字或者词。宝贝标题由多个关键词组成，最多可有 60 个字符或 30 个汉字。

任务实施

一、淘宝天猫页面的分析

首先使用淘宝数据分析工具，从 UV、PV、客户停留时间、跳出率、转化率、客单价等方面，列表分析淘宝店铺存在的问题。

存在的问题主要有：页面打开速度慢、页面关系混乱、宝贝产品说明不够等。

二、淘宝天猫页面的优化

淘宝天猫页面可以进行优化部位有宝贝标题、宝贝属性、宝贝详情页文字、宝贝主图、宝贝促销信息等，如图 6-58 所示。

图 6-58　淘宝页面可以进行优化的部位

标题的充分利用，标题中间尽量少留空格。据调查的结果显示，95%以上的用户都是在搜索结果中直接看图片来判断宝贝是否是自己想找的产品，而标题关键词只是引导顾客搜索到想要的宝贝而已。也就是说，标题是给淘宝的搜索系统"看"的，宝贝主图才是给买家看的。用户是否点击宝贝并进入店铺，与图片的内容是否是顾客想要找的宝贝有非常大的关系。也就是说，标题决定了宝贝的展现量，主图决定了宝贝的点击量。

因此，在优化一个宝贝标题的时候就尽量少用空格，这样就能大大提高宝贝的标题效用。设想下，如果一个宝贝标题因空格而少了三到四个关键词的话，200个宝贝，就是600~800个关键词，会流失很多的搜索量。标题充分利用，如图6-59所示。

图6-59 标题的充分利用示例

宝贝标题中不要出现重复关键词。关键词重复多次，完全没有必要，例如：夏季清仓T恤2016新品新款时尚T恤甜美两件套热门短袖T恤。上面关键词中T恤重复了三次，这是对标题的一种浪费。

关键词的分割，例如，在淘宝搜索引擎的搜索框内，输入"深圳/电影票"，搜索结果如图6-60所示。

淘宝网会经常进行一些活动，在"我的卖家—活动报名"中就可以找到，如图6-61所示。积极报名参与这些活动，可以给店铺带来可观的流量。

此外，还可以加入淘帮派，争取免费帮派推广资源，进入淘宝帮派的官网 http://bang.bbs.taobao.com，如图6-62所示。

图 6-60 关键词的分割

图 6-61 参加店铺活动

淘宝社区中，做到活跃发帖、回帖，帮助买家答疑（侧重买家），通过发帖 ID 引流到店铺报名参加社区促销活动。回帖要多找原创帖、精华帖回，因为原创帖、精华帖子的能量巨大，能够带来巨大的看帖量和回帖量。

图6-62 免费帮派推广资源

三、淘宝天猫的搜索规律

在淘宝天猫首页搜索栏搜索商品，选择一组关键词进行测试，通过对搜索结果的对比分析，可以发现以下四个规律：

（1）无关因素规律。排名先后与售出量、浏览量、价格、卖家好评率、先行赔付、所在地、商品页面的排版布局和单一关键词在商品名称中出现的先后顺序、次数等因素基本无关。

（2）顺序无关规律。第一关键词＋空格＋第二关键词＝第二关键词＋空格＋第一关键词，用空格分割两个关键词搜索的结果中含拆分关键词（即搜索结果中既有多个关键词紧密相连又有多个关键词不紧密相连的情况），关键词出现顺序和搜索时的顺序无关。

（3）等效搜索词规律。第一关键词＋第二关键词＝第一关键词＋特殊字符＋第二关键词即紧密排列规律。搜索时特殊字符将被忽略，搜索结果不含拆分关键词（即搜索结果中多个关键词按照顺序紧密相连）。

（4）搜索结果排名规律。影响商品排名的关键因素有两个，分别是"剩余时间"和

"是否推荐商品"。其中的剩余时间＝宝贝有效期－（当前时间－发布时间）。宝贝有效期有两种取值，分别是 14 天和 7 天，对应于产品发布时选择的有效期，发布时间就是宝贝上架的时间。"推荐商品"这个因素对应于发布商品时的"橱窗推荐"选项。搜索结果根据是否"橱窗推荐"商品这个因素，被划分为两个区段，无论剩余时间是多少，推荐商品的区段排名都在未推荐商品区段的前面，同一区段内，剩余时间越短，排名越靠前。例如：即便"雅鹿羽绒服"商品还有 5 分钟就要下架了，如果它没有被勾选为橱窗推荐商品，它的排名还是比刚刚发布出来的橱窗推荐商品靠后。如果同样都是橱窗推荐商品，那么快要下架的商品会排在前面。

四、高级搜索页搜索规律

高级搜索页搜索所得出的结果和首页搜索的结果很大差别，搜索不再以剩余时间为主要的排名依据。

进入宝贝详情页的途径有四种：首页进入、主推页面进入、活动页面进入和关联营销页面进入，如图 6-63 所示。

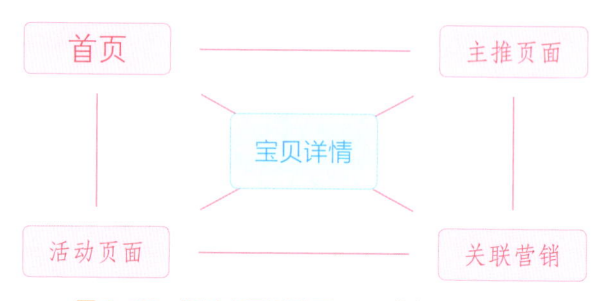

图 6-63 经过宝贝详情页，再到其他相关页面

通过高级搜索页搜出来的结果默认显示的是"人气宝贝"列表中的宝贝。买家第一次登陆店铺的不是首页，而是宝贝详情页，它直接决定店铺是否能第一时间抓住消费者的购买行为。经过测试，发现影响人气宝贝列表排名的因素主要是浏览量、售出量、卖家等级（信誉值）这三个因素。淘宝经过一定的权值计算后，给出了最终列表的顺序。并且这个顺序十分不稳定，顺序经常发生变化，这主要是由于商品浏览量的变化导致的。由此可以说明，浏览量对排名因素的作用高于其他因素。

五、淘宝天猫商家的优化策略

实际进入高级搜索页来搜索商品的买家相对较少，大部分买家一般都在首页搜索栏进行搜索，并且在高级搜索页面进行第二次搜索时，实际上采用的仍然是首页搜索的机制，所以在考虑店铺优化时，可先暂时规避因为高级搜索规律所带来的复杂度，集中考虑针对普通搜索的三个规律的优化策略，包括以下五项。

1. 标题的充分利用

首先举一个简单的例子，假设要卖珠海火星湖折扣电影票，可以选择的商品标题常用的有"珠海家园电影票火星湖 5.5 折双钻信誉"（以下称第一种标题），或者"珠海家园火星湖电影票 5.5 折双钻信誉"（以下称第二种标题）。买家一般会在首页的搜索栏里搜索"火星湖电影票"或"火星湖 电影票"，且以无空格的前者居多。以带空格的"火星湖 电影票"搜索时，两种标题都能被搜索到。而根据上述紧密排列规则，用不带空格的"火星湖电影票"（紧密排列）作为关键词时，搜索结果将不含拆分关键词，于是第一种标题被遗漏掉了，宝贝没有被搜索出来，这是个失败的标题。

再来看"珠海 电影票"的搜索，根据顺序无关规律，搜索的结果中将包含拆分关键词，并且拆分以后的关键词顺序不影响排名，第二种标题仍然能够被搜索到。所以应该选择第二种标题。根据等效搜索词规律，在宝贝有多种属性的时候，应该把联系最紧密的属性和宝贝的名称写在一起。紧密排列和关键词组合，能够提高宝贝被搜索到的概率。

综上所述，宝贝是否能够被搜索到，取决于宝贝的标题里是否含有关键词，以及关键词是否正确组合。淘宝规定宝贝的标题最长不能超过 60 个字节，也就是 30 个汉字，在组合理想的情况下，包含越多的关键词，被搜索到的概率就越大。

2. 标题关键词的分割

标题关键词的分割增加了访客友好度，少量而必要的断句是应该的。如果标题一点都不分割，对访客是不友好的。例如，"珠海家园火星湖电影票 5.5 折双钻信誉……"这么多字完全不断句，虽然有利于增加被搜索到的概率，但会让买家看得很辛苦甚至厌烦。

断句符号的选择非常重要。经过测试，在使用半角符号的情况下，搜索引擎认为逗号的两边完全是不同的词句，进而硬性割裂；而使用其他一些符号比如"/""^""."或者是半角空格，虽然标题看上去有断句，但搜索引擎在处理的时候会按照紧密排列规律，忽略这些特殊符号的存在。第二种标题除了增加字数以外，还有改进的余地，那就是把中间的半角逗号全部替换为"/"符号。如此一来，本来搜索"家园火星湖"时因为逗号分隔而不被搜索出来的标题，由于"/"被忽略也将能够被搜索出来。这样，不仅在标题上断句分明，使人一目了然，而且在搜索时等同于没有断句的情况。

3. 排名尽量靠前

根据淘宝搜索结果排名规律可以知道，淘宝的默认排名制度是轮流坐庄制，也就是说下架临近的剩余时间越少，排名越靠前，考虑到选择"橱窗推荐"商品会在搜索结果中第一优先，并且在发布商品的时候，增加剩余时间趋近于 0 的频率，在选择宝贝有效期的时候，一定要选择 7 天。关于橱窗数量规则和获得橱窗奖励的办法，可以参考官方的公告。

4. 选择合适的商品发布时间

上网购物的人最多的时间是周六、周日，发布的宝贝要正好在周六、周日的时候排名最靠前，也就是尽量让宝贝的下架剩余时间最短。因此可以选择在周日的晚上 8：30 左右来添加商品。那么，一周以后的周六，宝贝下架的剩余时间就剩下 1 天多，在搜索引擎中的排名更加靠前，再辅以一定的价格优势，点击率就会上升。

5. 宝贝类目的主要属性选择

淘宝类目优化的关键在于类目属性的优化。有些宝贝既可以放在这个类目，也可以放在那个类目。从自然流量的角度，如果不是完全放错，那么应该尽量往热门类目放。宝贝类目主要属性选择，也存在利益最大化问题。买家搜索行为的多样性，给宝贝属性带来潜在的长尾搜索价值。以"西装"类目为例，其选择的主要属性，如图 6-64 所示。

	A	B	C	D
1	西装类目主要属性选择结论			
2	属性值	优先属性	次选择	
3	版型	修身		
4	风格	韩版		
5	领型	常规西装领		
6	袖长	长袖		
7	图案	纯色		
8	袖型	常规型		
9	衣长	常规款		
10	衣门襟	一粒扣		
11	颜色	黑色	白色	

图 6-64　"西装"类目的主要属性

动手做一做

使用淘宝数据分析工具，从 UV、PV、客户停留时间、跳出率、转化率、客单价分析淘宝店铺存在的问题。

分析讨论：

（1）淘宝用户跳出率高的原因是什么？

（2）宝贝客单价低的原因是什么？

（3）UV 高而 PV 低的原因是什么？

（4）UV 低而 PV 高的原因什么？

淘宝优化推广　项目2

任务 6　淘宝宝贝图片优化

任务描述

电商网站都有很多图片，因此优化网站图片与优化其他内容一样，成为 SEO 的一项重要内容。请尝试完成：选择一家淘宝电商网站，进行淘宝宝贝图片优化。

例如，买家通过搜索引擎搜索到四件裙子，当产品展现到了访客面前，那么哪一件的点击率高呢？这就关系到宝贝产品图的优化，如图 6-65 所示。

图 6-65　四件裙子的产品图

任务分析

进入淘宝宝贝主图页面，分析可以进行优化部分。

任务实施

图片优化的方法步骤

1. 给图片采用适当的尺寸

图片大小要合适，这里的大小是指像素，网站上要放的图片一方面要适合人的阅读习惯，也要适应网站的风格，如果是产品照片，主图图片的大小为 800px×600px，这样的尺寸，既能满足主流显示屏的显示效果，也能直观清楚地展现产品，同时也不至于在打开网页时让网页打开速度太慢。一些特殊的图片展现当然也要充分考虑视觉感受，比如像摄影作品、婚纱效果、装修设计效果等图片就要大尺寸（宽度 1000px 以上），还有的像一些单品的，比如玉镯、吊坠、核桃等图片可以适当地用小图片（宽度 400px 左右）就能清晰表达主题。

2. 采用 GIF 或 JPEG 的图片格式

图片格式不但与图片体积相关，与浏览器的兼容性也有一定的关系。如有的图片格式就会出现颜色失真，甚至显示不完整的现象。现在一般通用的是 GIF 和 JPEG 的格式。建议一般不要采用 PNG 和 BMP 的格式，这两种格式体积都非常大。建议将图片存储在一个专门的文件夹通过技术手段将网站上的图片存储在一个文件夹里，文件夹里再按时间或栏目来分类。这样便于对网站图片进行管理，同时也有利于搜索引擎的索引与收录。

3. 做好 ALT 标签

做好 ALT 标签的意思是不但每一个图片都要描写 ALT 标签，同时还要将标签写完整，一个好的 ALT 标签的写法是一句简短可以概括图片内容的话。当然要加一个文章的主关键词进去。

4. 做好图片水印

许多网站的图片都会有水印，水印的作用主要有两个，一个是宣传网站，另一个是见证版权。可能第二个作用还没有完全发挥起来，不过第一个作用还是比较明显的。做水印时一定要注意，不要让水印影响了整个图片的感觉，那样就会起反作用。

5. 在图片周围加上关键词

在图片周围加上关键词不但可以提高图片在相关关键词搜索中的排名，还有利于搜索引擎对图片的解读，增加图片的收录，从而增加从图片来的流量。

6. 控制图片数量

在一个网页中，图片在于精而不在于多，图片过多不但会增加网页体积，而且会增加布局的难度。因此，除非是图片站，一般建议一个网页正文中不要超过三个图片，这样既发挥了图片应有的作用，又可以保证网页的正常浏览。

7. 少用图片作为锚文本来交换链接

这主要是指在和别人交换友情链接时，尽量不要采用图片的形式，因为文字链接要比图片形式链接效果更好一些。

实验六　搜索引擎营销优化

一、实验目的

1. 了解主流搜索引擎关键词广告的制作流程。
2. 通过使用主要的搜索引擎，提高对搜索引擎广告的认识。
3. 会通过百度发布关键词广告。

二、实验内容

使用百度竞价，完成关键词竞价的整个操作过程。

三、实验过程

1. 登录 https://adwords.google.cn/select/starter/signup/ForkAuth，注册一个 Google Adwords 的账号，并成功登录，熟悉 Adwords 的各个管理模块，由于 Google Adwords 功能非常复杂，应把使用重点放在关键词的选择。

2. 选择一个淘宝或拍拍的店铺，为其设计一个 Adwords 广告，并写出设计方案，内容包括店铺经营目标、关键词的选择及选择依据、每点击付费、日最高费用、广告的展示效果等信息。

3. 登录百度竞价网站 http://www2.baidu.com，注册一个百度竞价排名的账号，并成功登录，熟悉百度竞价的各个管理模块。

4. 选择一个淘宝或拍拍的店铺，并为其设计一个百度竞价排名广告，并将设计方案放在实验报告里，内容包括店铺经营目标、关键词的选择及选择依据、每点击付费、广告的展示效果等信息。

5. 登录 http://www.google.com/adsense，注册一个 Google Adsense 账号；登录 http://blog.china.com（可选用其他博客地址），注册一个账号，并建立一个博客，记录博客地址。用 Google Adsense 账号生成一段广告代码，放到博客中，过一段时间查看博客中发布的广告效果。

将以上操作步骤截取图片，并用文字说明操作过程及注意事项。

四、实验结果

实验完成后，按照实验内容书写实验报告，内容包括实验的操作过程和实验体会。

课后练习题 六

一、填空题

1. 软文推广是指以_____形式对所要营销的产品进行推广,来促进产品的销售。
2. 付费推广的方式有:_____、_____、_____。
3. 淘宝店铺降权原因有:_____、_____、_____、_____等。
4. 淘宝 SEO 的时候有很多推广手段,比如说_____、_____等。

二、选择题(不定项选择)

1. 目前国内最大的 C2C 网站是( )。
   A. 易趣网　　　　B. 淘宝网　　　　C. 拍拍网　　　　D. 当当网
2. 目前国内最大的 B2C 网站是( )。
   A. 亚马逊　　　　B. 京东　　　　　C. 易购　　　　　D. 国美
3. URL 优化,包括以下( )。
   A. 域名的选择　　B. URL 命名　　　C. URL 长度　　　D. URL 参数优化
4. 以下选项不属于百度免费推广的方法( )。
   A. 百度贴吧　　　B. 百度百科　　　C. 百度竞价　　　D. 百度文库
5. 女装/女士精品类目下,以下( )行为属于重复铺货。
   A. 不同颜色的女装分别发布　　　B. 不同组合的孕妇装分别发布
   C. 不同款式的女装分别发布　　　D. 相同款式的长袖版和短袖版
6. 女装/女士精品类目下,商品标题没有乱用关键词,描述合理的是( )。
   A. 女装精品*T恤/衬衫/卫衣*卡通字母 T 恤
   B. ladifeshion 拉蒂菲真丝长袖短袖无袖半透明
   C. 时尚 5032 韩版非复古迪士尼可爱卡通动物头像修身短袖圆领 T 恤
   D. 精美奢华亮钻刺绣无弹铅笔裤型小脚牛仔裤

7. 淘宝店铺的以下行为中会被扣除 12 分的是（　　）。
　　A. 违反淘宝商城发票规则　　　　　B. 发布国家违禁信息
　　C. 重复铺货　　　　　　　　　　　D. 乱用关键词

8. 关于乱用关键词，以下描述正确的是（　　）。
　　A. 扣除 6 分
　　B. 在同一双鞋子的标题中使用：运动鞋、球鞋、板鞋等字眼
　　C. 在店铺页面公示：OEM 原单货、厂家尾单……等信息
　　D. 以上说法都正确

9. 点击量是指（　　）。
　　A. 推广商品在拍拍直通车展示位上被用户浏览的次数
　　B. 推广商品在拍拍直通车展示位上被用户有效点击的次数
　　C. 推广商品的展现量和用户有效被点击次数的比率
　　D. 推广的商品被用户有效点击的次数

10. 推广商品的标题不能超过（　　）。
　　A. 10 个汉字　　　B. 20 个汉字　　　C. 30 个汉字　　　D. 40 个汉字

11. 以下商品关键词应用最恰当的是（　　）。
　　A. 比石榴石还漂亮的鸡血石　　　　B. 漂亮的紫水晶天然黄宝石
　　C. 蒂凡尼超美 14k 黄金手链　　　　D. 施华洛世奇水晶手链脚链

12. 以下商品发布，标题正确的是（　　）。
　　A.【淘宝最低价】衣橱　　　　　　B. 书架/餐桌/笔记本电脑桌/书柜
　　C. 西门子/TCL/梅兰日兰专用插座　　D. DISNEY 迪士尼维尼熊靠垫

13. 拍拍直通车搜索站点广告展示排列顺序为（　　）。
　　A. 竞价排名由高到低依次排序　　　B. 按时间从近到远排序
　　C. 按照综合排名结果由高到低依次展示　D. 按卖家信用由高到低排序

14. 手机类目下，以下（　　）行为属于重复铺货。
　　A. 不同内存的手机分开发布　　　　B. 不同颜色的手机分开发布
　　C. 不同套餐分开发布　　　　　　　D. 同种型号分开发布

三、问答题

1. 如何使用淘宝生意参谋，查询关键词搜索量、宝贝数量、转化率等数据？
2. 提高店铺 UV 的主要手段有哪些？
3. 淘宝搜索分类目搜索和关键词搜索两种，优化类目搜索有哪些方法？

四、分析题

淘宝 C 店店铺的自然流量突然下降的原因分析。

模块七

移动搜索引擎优化

目前移动互联网产业发展加速，全球移动互联网用户已超过固定互联网用户达到 15 亿，全球手机上网人数超过电脑上网人数。据中国互联网络信息中心（http:// www.cnnic.net.cn）发布的第 39 次《中国互联网络发展状况统计报告》统计，截止到 2016 年 12 月月底，我国手机网民规模达 6.95 亿，增长率连续三年超过 10%。台式电脑、笔记本电脑的使用率均出现下降，手机不断挤占其他个人上网设备的使用率。移动互联网与线下经济联系日益紧密，2016 年，我国手机网上支付用户规模增长迅速，达到 4.69 亿，年增长率为 31.2%，网民手机网上支付的使用比例由 57.7% 提升至 67.5%。搜索引擎优化由原来的 PC 端逐步转移到移动手机端。随着移动端流量越来越多的超过 PC 端流量，移动搜索引擎优化越来越成为研究热点。

本模块主要内容有移动搜索引擎的发展趋势、常见的移动搜索引擎简介、移动搜索的特征、移动搜索优化的研究内容等。

项目 1

认识移动搜索引擎

> 移动优化与 PC 优化有不少的差异性，对于 PC 设备和移动设备，百度提出了四个不同：屏幕尺寸不同、网络速度不同、使用习惯不同、支撑技术不同。2015 年 5 月以来，百度算法最明显的变化就是更加重视移动端优化。

认识移动搜索引擎　项目1

任务 1　认识移动搜索引擎

任务描述

请登录工业和信息产业部网站（http://www.miit.gov.cn/）和中国互联网络信息中心（http://www.cnnic.net.cn）的数据栏目，查找历年来的移动手机用户数，绘制成统计表格，认识移动搜索引擎的发展趋势。

请通过实例了解移动搜索机制和排名规则，分析移动搜索引擎的特点功能，了解移动建站的原则和方法。

任务分析

（1）通过历年来的数据对比，可以非常直观地认识移动搜索引擎的发展趋势；

（2）通过移动端与 PC 端的搜索机制和排名规则进行比较，认识移动搜索引擎的特点功能。

（3）了解移动建站的原则和方法。

任务实施

一、移动搜索引擎发展趋势

据工业和信息产业部统计月报数据，截止到 2016 年年底，移动互联网用户总数达到 13.219 亿户，而使用手机搜索引擎的人数超过 70%，百度移动搜索流量已经超过了 PC 端搜索，现在 SEO 工作者们不得不把注意力转向移动 SEO，PC 端流量正在逐渐向移动端流量转移，移动端 SEO 是未来的发展趋势。

295

据权威流量统计机构 CNZZ 数据中心（http://www.cnzz.com/）的统计，2015 年 3 月，中国移动端网民使用搜索引擎比例：百度搜索份额为 79.61%，位列第一；神马搜索份额以 13.35%，紧随其后；搜狗搜索份额占 5.80%，位列第三位。

目前常用的移动搜索引擎有百度、谷歌、360、搜狐、神马搜索、宜搜（easou）、易查（yicha）、儒豹、YY 搜索、K 搜、悟空搜索、悠悠村等。

请你谈一谈：什么时候使用手机搜索什么？

移动搜索使用场景，如图 7-1 所示。

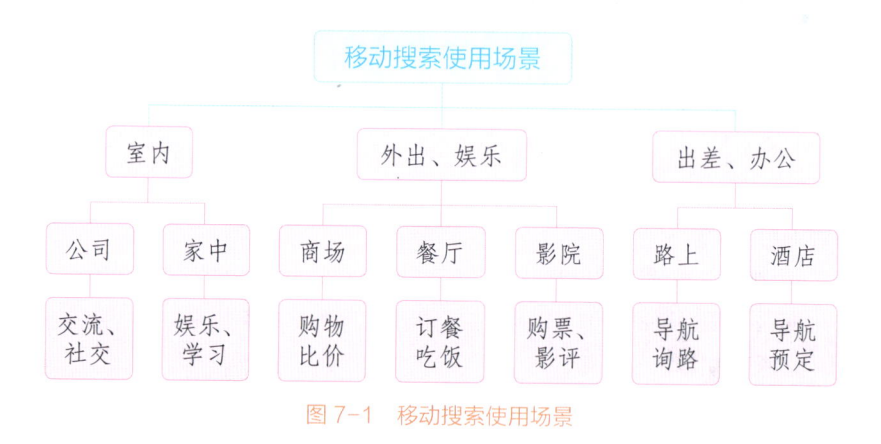

图 7-1 移动搜索使用场景

二、移动搜索的特点

针对使用 XHTML、HTML5 标准开发的移动网站的移动搜索，具备以下四个特点：

1. 移动搜索具有精准可用性

移动设备可用性，包括：界面可视性、导航、内容等。

（1）网页界面可用性表现为同一窗口中内容要精简，应按照内容的重要性排列显示；网页版面布局要方便用户更容易地接收信息等。

（2）网页导航可用性，表现为结合手机所处地域，能帮助用户快速找到需求的信息，用户体验更加友好。

（3）导航分类组织的好坏会直接影响用户能否有效地完成搜索任务。

2. 移动搜索具有可访问性

移动搜索用户与桌面搜索用户相比，对搜索结果的关注度更高。基于用户位置的本地搜索和衣食住行日常生活内容的搜索。移动用户更多的是借助搜索解决身边的问题，诸如餐饮、旅游、公交等。移动用户的搜索偏好，如图 7-2 所示。

移动搜索的特点与分类

认识移动搜索引擎　项目 1

PC用户
- 上班时间
- 关于房产资讯、房源、活动、评论、社区讨论等具体信息

手机用户
- 午餐时间、星巴克时间
- 关于附近的房产信息、地图、导航线路、看房预订等

图 7-2　移动用户的搜索偏好

3. 移动搜索具有长尾词流量高的特性

手机屏幕比 PC 端小，单屏展示的宝贝数有限，让用户在手机端更快更方便地找到自己想要的商品也是非常重要的。由于手机端输入文字不方便，用户在手机端搜索商品时会使用下拉框提供的备选词。这就造成了手机端的长尾词流量要比 PC 端的长尾词流量多。系统推荐的搜索长尾词会带有空格，这也是与 PC 端有所区别的。

4. 移动搜索具有个性化特点

移动设备机动性和灵活性强，具备了定位功能，已经使 web 3.0 应用发生革命性变化。移动搜索不同于桌面搜索，地理位置精确，可以更加方便地服务用户需求。

例如，用户在输入关键词时，PC 端和移动端的搜索结果和下拉框是不一致的，主要是移动端的搜索结果是根据手机用户的搜索习惯而推荐的，相对来说，移动端的搜索结果和相关推荐会更加精准。

移动设备浏览器的搜索引擎会采用可用性、可访问性、个性化等多项指标决定网页排名，站点的整体性能、易用性、下载速度和屏幕效果等都是影响排名的因素。移动搜索的特点，具体如表 7-1 所示。

表 7-1　移动搜索的特点

SEO 指标	移动设备的特点	移动搜索的特点
可用性	屏幕、流量、网速限制	具备偏好短词和自动搜索的特点；具备首页效应明显，点击量更加集中的特点

297

续 表

可访问性	便于携带	具备能使用碎片化时间的特点
个性化	地理位置精确； 输入方式多样化	具备经常使用地理位置定位服务的特点； 具备搜索的目的性强、即时性要求高的特点

三、移动建站的原则

针对移动搜索特点，开发的手机页面，谷歌在 Google Adsense 十周年讲座上发布了《移动建站十大原则》，在此仅总结谷歌发布的移动网站建站原则。

1. 简单快捷

所谓简单快捷，就是要在手机有限的屏幕上以最简单实用最快捷的形式展示给用户最需要的信息。压缩图片以提升移动网站加载速度。

移动网站建站的十大原则

2. 简化导航

明确的目录结构，避免用户横向滚动页面，提供醒目的"后退"和"首页"按钮。谷歌列出了四种常见的手机网站的导航形式，分别是：横条式、大按钮式、列表式、选项式。

3. 易于操作

针对用户体验的人性化设计：网页中使用较大的按钮，降低操作难度，适当的空间，避免意外点击，防止用户因为按钮较小而误点其他选项。简化注册登录流程，方便使用者输入。移动站点要减少使用表单、菜单、选择框的概率。

4. 广泛适应

自动判断移动设备，网站能在不同的移动设备上运行，移除 flash，使用 HTML5 来实现互动内容和动画，使用 HTML5 相关技术制作自适应网页技术，根据不同的移动设备和屏幕尺寸，来显示相应的网站内容。

5. 本地化应用

与用户位置相结合的个人化信息，例如地图、路线、电话、本地信息等，在所有提供内容当中，除用户找寻通用信息情况外，本地化信息对用户是最有帮助的。

【分组讨论】

（1）手机用户更习惯用哪种搜索方式？

（2）什么是垂直搜索引擎？

四、移动搜索优化的内容

移动搜索引擎优化的内容包括移动网站的外部建设和内部优化。移动搜索引擎优化的内容，如图 7-3 所示。

图 7-3　移动搜索引擎优化的内容

1. 移动网站外部建设

移动网站外部建设具体包括制定移动网站 SEO 策略、域名和 robots 设置优化等。

（1）制定移动网站 SEO 策略。由于移动端与 PC 端存在一定的差别，所以在做搜索排名的时候一定要改变 SEO 策略。开发建立移动网站的三个策略，如表 7-2 所示。

策略一和策略二的区别在于：响应式策略只是根据浏览终端的大小调整页面大小；代码适配是根据终端返回不一样的代码从而适应窗口的大小。策略一和策略二，因为百度蜘蛛没有区分移动端和 PC 端的蜘蛛，这样在判断跳转上可能会出现问题，进而对网站排名和权重有不利的影响。

表 7-2　开发建立移动网站的三个策略

项目	策略一：响应式策略	策略二：代码适配策略	策略三：移动端子域名策略
策略内容	网站的域名和 URL 都不变，只是根据浏览设备而自动调整页面的大小和内容，这主要是依靠 HTML5 和 CSS 技术实现。	网站的域名和 URL 不变，根据用户的设备来进行判断是移动设备还是桌面设备，提供用户适合的页面，即 URL 不变，但是 HTML 页面代码发生了变化。	启用新的子域名，根据用户的设备来进行判断，然后进行跳转。例如，PC 站 www.×××.com，对应的移动站点使用原 PC 站的二级域名为移动网站的网站域名，移动站点对应的域名为 m.×××.com，或者 wap.×××.com。

续表

实施效果	最佳的方式，但也是最难实现	该方式根据屏幕尺寸调整页面样式去适应不同终端设备的需求	目前普遍采用，但是这种方式从网站优化和成本上来考虑都不是非常好

（2）域名和 robots 设置。域名尽可能简短易记，大部分移动端网站的域名是 PC 端网站的二级域名，与传统的 PC 端网站保持一致。如果是专门的移动端网站，最好起一个简短而且易记的域名。

robots 设置上最好不要任何限制，让所有搜索引擎抓取。

2. 移动网站内部优化

移动网站的内部优化分为网站结构优化、网站内容优化、网站运营优化等。

（1）网站结构和网站优化。由于是手机用户，用户浏览网页的时间是零碎的，不可能耐心点击很多的页面。因此，要尽可能精简移动网站设计。这种精简不仅要体现在网站的设计上，还需要在网站使用流程（注册、登录、购买等）上简化。相比 PC 端网站，移动端网站的页面下载速度要慢得多，因此要尽量把页面数和页面大小控制到最低。

（2）网站运营优化。移动网站的运营离不开大量用户数据的支持。目前市场上常见的几款移动统计分析工具，如表 7-3 所示。

表 7-3　移动统计分析工具

工具名称	功能特点
Apsalar ApScience	Apsalar ApScience 是一个移动分析平台，它集成了定位和优化工具，旨在帮助移动开发者提高用户参与度和收入。ApScience 支持开发者在应用中设定并跟踪特定事件。 Apsalar 还可帮助开发者了解用户行为和特征，分析用户生命周期。例如，帮开发者识别出忠诚的付费用户，适时地向他们推送打折信息，促进购买行为。除了分析功能以外，该平台还可检测应用推广、运营效果
Google Analytic	利用好 Google Analytics 的自定义变量以及事件追踪功能，可以协助开发者监测移动应用、Web App、移动网站的实时数据
Flurry Analytics	Flurry Analytics 是免费的移动应用数据分析平台，可应用于 iOS、Android、Windows Phone、HTML5、Hybrid 应用、移动 Web、BlackBerry 和 JavaME。经过数年的技术积累和产品迭代，Flurry 的统计 SDK 非常稳定，并且提供了功能强大的统计后台和配套的应用推广工具

续 表

工具名称	功能特点
Appsee	Appsee 提供用户体验分析平台，帮助开发者了解他们的用户如何与 iOS 应用进行交互。Appsee 提供会话反馈（Session Playback），会记录用户在使用应用过程中所有执行操作，并能反映出用户遇到的问题。Appsee 会通过可视化图表显示出用户每次的点击行为
Cobub Razor	Cobub Razor 也是一款开源的移动分析工具。提供应用用户行为分析、设备性能报告、应用事件和会话分析、应用错误分析报告。开发者可以部署自己的私有数据库，而且对分析工具有特殊要求的开发者可以自行定制
Localytics	移动开发者使用 Localytics 的分析服务，它有三个主要特点：❶ 实时分析功能，可让开发者通过设备型号、位置，或其他自定义变量分析应用的使用情况，提供实时分析功能；❷ 与营销自动化结合，可以实时测量分析应用的付费情况，以及用户在应用中的交互和应用内信息交互情况；❸ 提供轻量级的 SDK，支持 iOS、Android、Blackberry、Windows 和 HTML5

动手做一做

1. 商户免费标注百度地图

随着百度地图新平台上线，通过免费注册，将公司所在的经度和纬度免费标注在百度地图上。百度移动搜索已经把网页的综合地域特征也加入到了相关性计算，通过移动用户的搜索词、移动用户的 IP 地址信息、网页文本中的关键词这三个特性，返回给移动用户的搜索结果，不仅可以精确到省份、城市级别，而且可以精确到使用经纬度标注的地标级别。具体注册方法：直接访问 http://lbc.baidu.com/注册百度账号，激活并完善个人信息；或者通过百度地图主页右上角点击"商户免费标注"完成注册登陆。

2. 利用移动建站工具将 Web 网站移动化

利用 bMobilized 软件，该软件有 7 天的免费试用期。bMobilized 的操作过程十分简单，首先在网站首页输入准备转换的网址，点击"Mobilize!"，完成初步转换结果。然后自定义移动网站子域名，实现移动网站默认与 Web 版同步自动更新。

项目 2

移动搜索引擎优化

移动搜索引擎优化已经成为移动搜索营销的关键，百度对移动站点资源有两种抓取方式，一是通过传统的 spider（蜘蛛）抓取，另一种是通过百度提供的"开放适配"产品，按照百度官方的定义用"开放适配"的抓取速度会优于传统的网页抓取。针对移动端网站进行 SEO，主要围绕移动网站内外部链接建设、关键词排名优化、页面结构内容等方面展开。

移动搜索引擎优化 项目 2

任务 1 认识移动站点优化

任务描述

移动站点优化包括为移动站点添加地理位置信息；为百度移动搜索提供地域优化服务；实现 PC 站点和移动站点的自适配；为搜索结果转码等优化措施。

任务分析

针对移动端网站进行 SEO，具体围绕手机 SEO 咨询服务、网站内外部链接建设、关键词排名优化、页面结构内容等优化技术方面的问题展开阐述。

知识准备

随着移动互联网的发展，越来越多的用户使用移动设备访问网站，移动互联网给了站长一个能与网友保持 24 小时沟通的渠道。百度移动搜索会对移动站给予优先排序的机会。

一、移动站点的特征

1. 从用户角度分析移动站点的特点

从用户角度分析，移动站点具备可访问性、内容价值、使用体验三个特征；从技术角度分析，移动站点具备访问速度、HTML 5、响应式三个特征，如图 7-4 所示。

303

```
                              ┌─ 可访问性
                    ┌─ 用户角度 ─┼─ 内容价值
                    │          └─ 使用体验
        移动站点特征 ─┤
                    │          ┌─ 速度快
                    └─ 技术特点 ─┼─ HTML 5
                               └─ 响应式
```

图 7-4　移动站点的特点

（1）**可访问性**。根据《百度搜索引擎网页质量白皮书》，可访问性是指用户访问一个网站的便捷性和浏览体验。可访问性体现在方便用户浏览与输入，例如，移动网站制作设计方便用户触摸与滑动查找手机网站内容，保证内外部链接入口顺畅。

移动网站提供智能查找和查找过滤等功能，能让用户浏览之后返回到主页，清楚地知道哪些是已经浏览过的页面，减少用户重复点击，最大限度地给用户提供便利。

（2）**内容价值**。内容价值是指对于移动设备上的网站来说，需要呈现的核心内容或者是用户访问时经常查看的内容，在移动网站上只需加入简单的导航功能，不要使用表格等。

（3）**使用体验**。移动网站用户获取信息过程中涉及交互性，必须考虑用户的行为习惯。移动用户使用手指点击就可以完成各页面的转化和交互。例如，涉及点击按钮等网页元素，在页面布局时必须考虑手指大小。

2. 从技术角度分析移动站点具备的特点

（1）**速度快**。移动用户目前使用的上网环境是 Wifi、3G、4G，设计移动页面时应优先考虑页面的加载速度，保证页面打开速度小于 3 秒。影响页面加载速度的因素很多，尤其要考虑页面大小，建议最好小于 20Kb，注意控制载入元素的个数，涉及的图片、用 HTML 5 及 JS 脚本语言必须进行压缩，同时还必须控制页面元素的尺寸大小。

（2）**HTML 5 网页**。移动端网页采用 HTML 5 开发，并不支持 Flash 格式的文件，所以移动端的动画是通过 HTML 5 来实现的。

移动站点页面使用 HTML 5 推荐的结构标签来布局，HTML 5 布局可以提升页面对搜索引擎的友好性。

例如，在 HTML 4 或 XHTML 中，下面的这些代码被用来修饰图片的注释。

<img src="path/to/image" alt="About image" />
<p>Image of Mars. </p>

然而，上述代码没有将文字和图片内在联系起来。

HTML 5 引入了<figure>元素，当和<figcaption>结合起来后，就可以语义化地将注释和相应的图片联系起来。

```
<figure>
    <img src="path/to/image" alt="About image" />
    <figcaption>
        <p>This is an image of something interesting. </p>.
    </figcaption>
</figure>
```

搜索引擎可以从<figcaption>中的文本，获取与图片中相关的大量信息。

（3）响应式。响应式是指移动页面能自动调整适应移动设备。网页在不同的设备（比如尺寸、手机操作平台不同等差异）上自动调整布局，让网页在手机、平板或 PC 上都能呈现出最合适的排列布局。

二、移动站点的快速搭建方法

1. 使用百度 SiteApp 工具

百度 SiteApp 是国内首家 PC 网站快速移动工具，只需五步即可拥有手机浏览体验更佳的移动站点。

（1）使用百度账号，登录 http://siteapp.baidu.com/。

（2）添加移动站点，需要输入生成 WebApp 的网站地址。

（3）定制效果，首先它会有三个模板供选择，如果觉得模板不能满足要求的话，也可选择自己定制，将右边的网站内容直接添加到左边的模板中，有全局导航、二级导航、栏目，这三个调试项目，按照百度官方给出的帮助文档就可以正确添加。

（4）WebApp 设置。这一步是设置 WebApp 信息、WebApp 名称、版权信息等。

（5）部署域名。为 WebApp 添加域名，只要添加网站的一个二级域名，然后将域名解析到它提供的百度二级域名商，完成上面所有步骤以后，WebApp 创建完毕，等候审核通过。

2. 使用 BeX5 工具开发移动站点

BeX5 移动应用程序的开发入门简单，开发框架内置了 tomcat 服务器、mySql 数据库和一些简单的组件，是开发调试移动站点的绝佳工具。

三、移动站优化顺序

对于移动网站的站长，建议 SEO 按照移动网站创建→移动网站优化配置→移动网站内容建设→移动网站用户体验优化这四个顺序进行优化工作。移动网站优化的顺序，如图 7-5 所示。

图 7-5　移动网站优化的顺序

四、移动搜索引擎优化（MSEO）的定义与特点

移动搜索是指以移动设备为终端，进行对普遍互联网的搜索，通过无线通信网络与互联网的对接，帮助用户查找存储在互联网上信息的服务。用户通过移动通信设备输入搜索项，检索结果通过无线通信网络返回给用户。

移动搜索引擎优化又称为 MSEO，是新营销策略，帮助企业改进移动网站在移动搜索引擎上的排名。移动搜索引擎的种类很多，常见的有百度、Google、Yahoo 等搜索引擎。手机移动用户使用搜索引擎进行搜索，主要关注生活服务类、健康保健类、教育培训类这三类信息，因此 MSEO 的需求主要是针对这些网站的搜索引擎优化。

任务实施

一、移动网站结构建设

1. 移动端网站结构的特点

（1）**移动端链接结构简单化，体现在以下两个方面。**

首先，强调合理的导航。良好的导航不仅可以提高用户体验，同时可以让搜索引擎蜘蛛更容易进行抓取和爬行。不同于 PC 端，移动设备的屏幕较小，不利于用户滚动屏幕操作，因而在页面设计时最好避免任何需要"滚动"的操作。

其次，注重简单的链接结构。移动端页面的链接主要分为栏目链接和文章链接两个层次，要尽量减少自定义链接。但是电商网站需要增加产品分类链接和宝贝链接，方便用户找到产品。

（2）**移动端网页层次结构**。移动端的网页结构应尽量做到扁平化，网页整体结构呈现"首页—栏目页—详情页"的三层树状结构，移动端网页层次的深度不超过三层。

2. 移动端网站结构的优化

（1）**移动端的网页要注重简洁性**。移动端的网页简洁性，例如，Title 标签、

Keywords 标签和 Description 标签设置与 PC 端相比，移动端网页字数显示应更加精短。

生成移动端的网页工具有很多，例如，淘宝一阳指，网址链接：http://yyz.taobao.com，可以帮助淘宝卖家生成移动端的页面，同时生成相应页面短链接和二维码，供卖家推广。

（2）**移动端 URL 尽量进行静态化**。在网站地址中以 JSP、ASP、PHP 等结尾的网页，这类网址就是动态 URL。动态 URL 都是根据页面 ID 去调用数据库里的数据，再根据网站的版面显示出内容。

静态 URL 就是指网页的文件名以 HTML、HTM、SHTML 等结尾的链接地址，而且链接中不带形如"？""="以及"&"等字符。

最常见的应用是 URL 伪静态化，是将动态页面显示为静态页面方式的一种技术。使用 URL Rewrite 技术隐藏页面伪静态化的实现细节，避免了在改变网站的语言时，需要改动大量的链接，进而导致损失网页 PageRank 的情况。

二、移动网站的优化配置

1. 制作响应式网页

使用 Bootstrap 来开发移动网站的响应式网页，Bootstrap 来自 Twitter 设计师 Mark Otto 和 Jacob Thornton 合作开发，是目前最受欢迎的前端框架。Bootstrap 是基于 HTML、CSS、JAVASCRIPT 的一个 CSS/HTML 框架。国内一些移动开发者较为熟悉的框架，如 WeX5 前端开源框架等，也是基于 Bootstrap 源码进行性能优化而来。

响应式布局可以为不同终端的用户提供更加舒适的界面和更好的用户体验。响应式网页在不同设备上的不同显示，如图 7-6 所示。

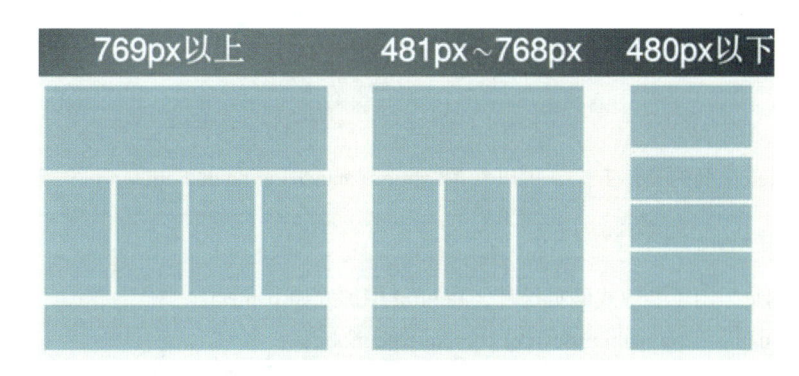

图 7-6 响应式网页布局

手机为小屏幕设备，其屏幕在 480px 以下；平板电脑为中等屏幕设备，其屏幕介于 481px～768px 之间；PC 为大屏幕设备，其屏幕在 769px 以上。Bootstrap 框架可以方便地制作出响应式网页。

Bootstrap 框架在开发移动站点前端页面时，采用灵活的栅格布局模式。栅格布局模式，即在更大屏幕情况下使用更大 margin 的多列布局，随着分辨率的不断缩小，在小屏幕中由于灵活的栅格或液态图片，内容的显示方式是随着某列的内容依次往下排。

栅格布局，默认将屏幕分成 12 列，使用<div>标签布局网页得到了极大的简化。例如，<div class="col-sm-10 col-md-8"> 表示：在中等屏幕设备上该 div 占用 8 列的宽度；在小屏幕上该 div 占用 10 列的宽度。当屏幕大于等于 992px，Bootstrap 自动匹配使用<col-md-*>而不是<col-sm-*>；如果屏幕大于等于 768px 并小于等于 992px 时，Bootstrap 自动匹配使用<col-sm-*>而不是<col-md-*>。

2. 在站长平台提交开放适配 Sitemap 文件

为了更快地告知百度移动搜索 PC 网站与移动站内容的一一对应关系，建议使用站长平台开放适配工具，进行适配关系提交。

进入百度站长平台—开放适配：http://zhanzhang.baidu.com/mobiletools/add，如图 7-7 所示。

图 7-7　制作一个响应式布局

关于开放适配的具体方法，可以参考：http://zhanzhang.baidu.com/wiki/39。

3. 使用 Meta 标签协议规范

移动网页采用了响应式网页设计，在 html 中加入如下 meta：

<meta name="applicable-device" content="pc,mobile">

例如网址为 http://cdc.tencent.com，不需要经过 URL 自适配跳转就可以根据浏览器的屏幕大小自适应地展现合适的效果，同时适合在移动设备和电脑上进行浏览。

如果只适合在移动设备上进行浏览的网页，例如网址 http://3g.sina.com.cn，可以在 HTML 中加入如下 meta：

<meta name="applicable-device"content="mobile">

三、移动网站的内容建设

1. 内容设计的优化

（1）**移动搜索框的优化**。移动端的站点要将搜索框放置于最上端显眼的位置，方便用户查找所需内容。

（2）**网站自适应设备屏幕宽度**。不同的手机机型适用的宽度不同，例如，苹果 iPhone4 的屏幕为 3.5 英寸对角线，其分辨率为 960px×640px；苹果 iPhone5 的屏幕为 4 英寸对角线，其分辨率是 1136px×640px；苹果 iPhone6 的屏幕为 4.7 英寸对角线，其分辨率是 1334px×750px；苹果 iPhone6 Plus 的屏幕为 5.5 英寸对角线，其分辨率是 1920px×1080px。让手机网站自适应设备屏幕宽度的方法是在网页头部加上这样一条 meta 标签：<meta name="viewport" content="width=device-width, initial-scale=1.0, minimum-scale=0.5, maximum-scale=2.0, user-scalable=yes" />，该标签内容的具体解释如下：

width=device-width，表示宽度等于设备屏幕的宽度。

initial-scale=1.0，表示初始的缩放比例。

minimum-scale=0.5，表示最小的缩放比例。

maximum-scale=2.0，表示最大的缩放比例。

user-scalable=yes，表示用户是否可以调整缩放比例。

（3）**SNS 元素部署**。SNS 全称为 Social Networking Services，即社会性网络服务，专指为了帮助人们建立社会性网络的互联网应用服务。同时，也应加上目前社会现有已成熟普及的信息载体，如短信 SMS 服务。

SNS 的优点为：沟通互动更加便捷、传播速度更加快捷。国内最具商业价值的 SNS 平台——淘江湖，可与自己的好友进行购物分享体验。

SNS 元素部署，添加可同步到微信、朋友圈、QQ、新浪微博的图形链接，实现与更多朋友分享，同时添加可互动的点赞内容，实现把信息传播给更多的消费者。

2. 网页标签优化

（1）**Title 标签的优化**。该标签的内容，建议最好不要超过 17 个中文汉字，若超过 24 个汉字会被截断。

（2）**Keywords 标签的优化**。Keywords 标签是设置网站关键词。该标签的内容，建议最好不要超过 5 个关键词。关键字标签设置中的常见错误是关键字数量太多，有的甚至达到几十个，导致关键字堆砌，被搜索引擎处罚，一般在 keywords 标签中只要列出最重要的 3~5 个关键字即可。

（3）**Description 标签的优化**。Description 标签的内容是对网站进行描述，大多数搜索引擎允许描述的字数在 150 个以内。如果描述字数超过 150 字，搜索引擎会自动把多余的部分剪去，造成网站的描述内容不完整。

（4）Link 标签的优化。该标签需要在移动端和 PC 端同时对页面进行注释。保持移动端和 PC 端的网站 URL 规划一致。

优化完成后，可以在百度移动搜索中查询网站关键词，查看搜索结果的页面效果。

3. 移动端网页构造快速响应按钮

PC 端网站，经常会设计一个点击事件。

例如：\<button onclick='signUp()'>签约订单!\</button>

使用这种方法创建的按钮，存在如下问题：当开始点击按钮开启点击事件时，浏览器会停留大约 300 毫秒的时间。这是因为浏览器在等待，看用户是否双击按钮。

但是移动端网页上的按钮，不会执行双击事件。解决方法如下：移动端网站，通过设置按钮的 touchEnd 事件响应，而不是设置 click 事件，来实现快速按钮。touchEnd 事件的触发是没有延迟的，该事件明显比 click 事件要快。

通过监听按钮上的 touchStart 位置的引用，开始监听 touchMove 和 touchEnd 事件，能够确保网页按钮快速响应，引用元素和 click-handler 来构建快速按钮的关键代码如下。

```
google.ui.FastButton = function(element, handler) {
    this.element = element;
    this.handler = handler;

    element.addEventListener('touchstart', this, false);
    element.addEventListener('click', this, false);
};

google.ui.FastButton.prototype.handleEvent = function(event) {
    switch (event.type) {
        case 'touchstart': this.onTouchStart(event); break;
        case 'touchmove': this.onTouchMove(event); break;
        case 'touchend': this.onClick(event); break;
        case 'click': this.onClick(event); break;
    }
};
```

四、移动网站页面结构的优化

移动网站结构设计应尽量简洁，因为从用户体验上来说，移动设备联网的用户多习惯使用零碎的片段时间上网，一般不会点击较多的页面。

根据 Web 3.0 和 WAP 网页 XHTML/WML/HTML5 协议，应该使用 HTML5+CSS3+

Javascript 编写 WAP 网站前台页面，其优点是制作的网页可以直接移植到移动网络。如果使用传统的 HTML4+CSS2+Javascript 编写前台页面，那么无法直接移植到移动网络，将有 20%的代码不会被识别，造成页面无法正常显示。

移动标记语言使用的媒体类型，如表 7-4 所示。

表 7-4　移动标记语言的媒体类型

标记语言	媒体类型
HTML 5	text/html
HDML	text/x-html
cHTML	text/html
Palm HTML	text/html
XHTML Basic	application/xhtml+xml
XHTML Mobile Profile	application/vnd.wap.xhtml+xml
WML 1.X	application/vnd.wap.vml
WML 2.0	application/wml+xml

1. DOCTYPE 声明&Link 标签

移动端网站主要是使用 XHTML、HTML5 或 WML 这三种协议来规范建站，移动网站页面使用的协议申明，如表 7-5 所示。

表 7-5　移动网站页面使用的网页协议申明

协议	网页协议申明
XHTML 协议	<!DOCTYPE html PUBLIC "-//WAPFORUM//DTD XHTML Mobile 1.0//EN" "http://www.wapforum.org/DTD/xhtml-mobile10.dtd">
WML 协议	<!DOCTYPE WML PUBLIC "-//WAPFORUM//DTD WML 1.1//EN" "http://www.wapforum.org/DTD/wml_1.1.xml">
HTML5 协议	<!DOCTYPE HTML>

使用 DOCTYPE 声明，有助于搜索引擎识别该页面是否适合手机浏览，DOCTYPE 声明位于文档中最前面的位置，处于 HTML 标签之前。

需要注意的是 HTML5 的网站容易被搜索引擎判断为是响应式网站，即一个网站可以适配不同的浏览设备。

2. 跳转方式

网站根据用户访问设备来进行跳转的时候，可以采用 HTTP 重定向和 Javascript 重定向两种方式。

HTTP 重定向，就是通常说 301 和 302 重定向。建议可以先采用 302 重定向的方式，因为如果搜索引擎蜘蛛对页面的判断出现了问题，无法准确判断是移动网站时，采用 301 跳转回有比较大的风险。

Javascript 重定向方法，对搜索引擎而言不是很友好，在移动端网站不建议使用。

3. URL 规划

移动网站 URL 规划与 PC 端，除了前面的域名不同以外应尽量保持一致。同时不要给移动端的 URL 添加很多追踪参数。使用规范简单的 URL，尽量去除与页面内容无关的参数。

4. Title & Description 标签

Title & Description 标签的内容，最好也跟 PC 端的网站保持一致，但是可以在网站名称的描述部分，加入移动网站的表述。

5. robots.txt 文件

robots.txt 文件不要对搜索引擎蜘蛛进行屏蔽，保持允许蜘蛛抓取的开放状态。

五、以移动应用分析白皮书作为优化的参考依据

依据百度发布的《移动应用分析白皮书 V1.0》和 Google 发布的《移动设计原则白皮书》，可以指导广大 SEO 工作者更好地针对移动互联网的网站优化工作。

通过在百度站长平台提交开放适配协议，使用标注 Meta 声明开放适配协议：name="mobile-agent"。网页中要有使用 DOCTYPE 声明的习惯，DOCTYPE 声明有助于搜索引擎识别该页面是否合适手机浏览。登录站长平台 http://zhanzhang.baidu.com/mobiletools/index，提交告知对应关系 sitemap 的方式告知百度，开发适配数据，做好手机各个版本之间的适配。

六、移动网站用户的体验优化

1. 简化操作流程

简化操作流程，提升用户的使用体验。例如，滑动切换图片，相比于自动切换和点击切换，滑动切换增强了用户操作的主动性，同时提升了切换的便捷性。

2. 地理位置信息

地理信息标注有助于获得更精准的流量，方便用户根据自身位置查找或使用本地信息

与服务。百度移动搜索将根据用户地理位置信息优先将具有地域属性的内容展现给用户。

移动站点提供地域性信息服务的方法，可以通过为网页添加地理位置信息 Meta 标注，让目标用户在百度移动搜索中更快地找到移动网站的内容。

3. 快速加载页面

移动互联网上网站的打开速度，对用户体验的影响更加凸显。实验表明用户期望且能够接受的页面加载时间在 3 秒以内，如果一个页面的打开时间超过 4～5 秒，78% 的用户选择关闭。因此，页面加载速度是百度移动搜索中一个重要的排序因素，站长需要在这方面进行专项优化。

移动网站提升网站加载速度的方法，如表 7-6 所示。

表 7-6　提升移动网站加载速度的方法

优化内容	优化方法
图片大小	降低图片大小，调整高分辨率图片
Javascript 优化	Javascript 对加载时间的影响较显著，通过使用 JQUERY，简化 Javascript，减轻客户端负担
图片合成	使用 Sprites 技术，即图片合成技术，从而减少 http 请求

使用 sprites 技术的具体应用，比如当将四张图片合成到一个 sprite 中后，http 请求从四减少到一，需要显示的图片利用 background-position 属性来控制。

4. 移动站点用户行为分析

移动电子商务的典型用户会有一些特定的关键字。例如，女性购买比男性用户更多，购买欲望也强烈得多。按年龄段的话，总体来说年龄段向上向下都在延伸，但 16～30 岁这个年龄段依然是核心用户，特别是学生、白领用户可能是最活跃的。对于他们来说，晚上 10 点之后，移动端的消费行为已经显然完全超过了 PC 端。

根据移动用户的行为分析，可以进行用户细分和精准化。

动手做一做

在移动端上查看移动网页源代码

1. 使用 UC 浏览器查看移动端网站里的代码

UC 浏览器是智能手机浏览器，在手机上下载 UC 浏览器，浏览器空白处右击打开工具箱，可以看到保存网页插件，如图 7-8 所示。

搜索引擎优化

工具箱

截图涂鸦　保存网页　快捷翻译　页内查找

定时刷新　网页属性　网页背景色

图 7-8　保存网页插件

点击保存所要看源码的网站为 html 格式，在文件管理器找到保存的文件，将后缀改为 txt，然后打开文档，查看网页源代码。

2. 使用 chrome 浏览器查看

在移动设备上安装 chrome 浏览器，开启开发者模式访问页面，然后将移动设备连接计算机并通过计算机安装软件（要求移动设备进入到开发者模式并且开启 USB 调试模式），具体设置方法因不同品牌的手机而异，具体方法请网上搜索查找。

3. 使用 Firefox 浏览器查看

在安装 Android 操作系统的移动设备安装 Firefox 浏览器，然后在地址栏里的原 URL 前加 view-source:，即可查看源代码。

任务 2　移动搜索关键词优化

移动搜索关键词优化与普通网页关键词的优化不同，因为移动端与 PC 端的显示媒介不同，同一个关键词，在 PC 端和移动端的排名是不一致的。

任务描述

雅鹿电商部的小王最近接到电商部总监张经理分配的任务，要求做移动电商优化，目前他碰到了一系列问题：

（1）移动搜索关键词优化与普通网页关键词的优化有哪些不同之处？
（2）怎么做移动端的关键词优化？
（3）移动端的搜索词有什么特点？
请你帮助小王解决这些问题。

任务分析

移动端搜索关键词的选择，通常使用四种方法：直通车移动包、主关键词搜索下拉框、推荐热点、移动端行业相关搜索词。

知识准备

一、百度移动搜索引擎的排名规则

据《百度移动搜索优化指南 V2.0》披露，百度通过一个叫 Baiduspider 2.0 的程序抓取移动互联网上的网页，页面中的关键词经过处理后进入移动索引中。百度移动搜索引擎的排名优先度主要有以下三个。

（1）根据网站建设方式进行排名。网站建设方式的排名优先顺序如下：独立移动站点的网页排名>代码适配站点的网页排名>自适应站点的网页排名。

（2）根据地域进行排名，根据手机所在的地方自动匹配移动端搜索结果。

（3）根据网页打开速度进行排名，从用户点击百度搜索结果开始计时，到第三方网站页面 load 事件触发结束，网页打开时间=网络响应时间+服务器处理时间+页面渲染时间，移动端页面打开时间应控制在 1 秒内为最佳。

二、淘宝搜索引擎的排名规则

淘宝搜索引擎的排名规则中，关于移动端的排名公式为：
移动端总权重=PC 权重加权+移动生成权重+移动加分权重

（1）PC 权重加权，就是单品 PC 端权重高，则在移动端权重自然就高。有些宝贝在 PC 端权重非常高，基本上排名首页，并且很稳定，但是在移动端却没有排名的，这就是因为加权，PC 端的权重并不是直接转化过来的，而是打个折扣。举例说明加权的计算，如：PC 权重是 100 分，打五折之后是 50 分，那么移动端权重加权就是 50 分（备注：具体加权比例应该在 30%～50%）。

（2）移动端生成权重。消费者通过移动端浏览、收藏、加购、购买、评价等产生的权重值。

（3）移动端加分权重，就是专门针对移动端的一些加分项目，主要有移动端详情页、手机专享价和无线广告投放这三项。

三、移动端搜索关键词的主要特点

1. 搜索关键词带有明显的地域属性

带有地域属性的搜索词占到全部搜索词的 20%，而 PC 端带有明显地域属性的搜索关键词，占全部搜索的 1% 左右。

2. 搜索关键词中热词所占比例小

移动端搜索关键词的热度比 PC 端低，同时，PC 端的搜索关键词更集中，热词更多。

3. 搜索关键词偏向使用标签词

"产品标签词"便是移动端搜索词新的元素。在移动端，标签词被访客看到的概率更高。标签词与产品的细分特点有关，跟产品的描述、产品的属性有关。

4. 移动端搜索下拉词的选择比例高

移动端搜索下拉词是指用户在搜索框中输入关键词后出现的下拉菜单里的词。由于移动端的文字输入操作麻烦，用户更偏向于包含短语提示的搜索下拉词，而不是目标关键词。

任务实施

一、手机淘宝的流量来源

1. 手机淘宝的流量来源途径

（1）通过搜索关键词进入店铺。手机淘宝上，通过搜索关键词进入店铺并达成交易，这个比率越高权重就会越大，排名一般就会靠前一些。

（2）通过扫描二维码进入店铺。很多店铺的流量是通过移动端扫描二维码进入淘宝店铺。

（3）通过直通车推广进入店铺。现在淘宝已经开放了移动端直通车。在关键词管理页面，可查看投放设备与流量来源的交叉数据（站内/站外/PC/移动）比例。

（4）通过手机淘宝客推广进入店铺。通过手机淘宝客推广引流的方法越来越重要。在朋友圈盛行的潮流下，越来越多的客户通过手机淘宝客在微博、QQ 空间、朋友圈中分享的宝贝链接和二维码图片，购买商品。

2. 利用手机淘宝引流

手机淘宝移动端引流，主要针对新客户和老客户两种类型，具体的引流方法，如图 7-9 所示。

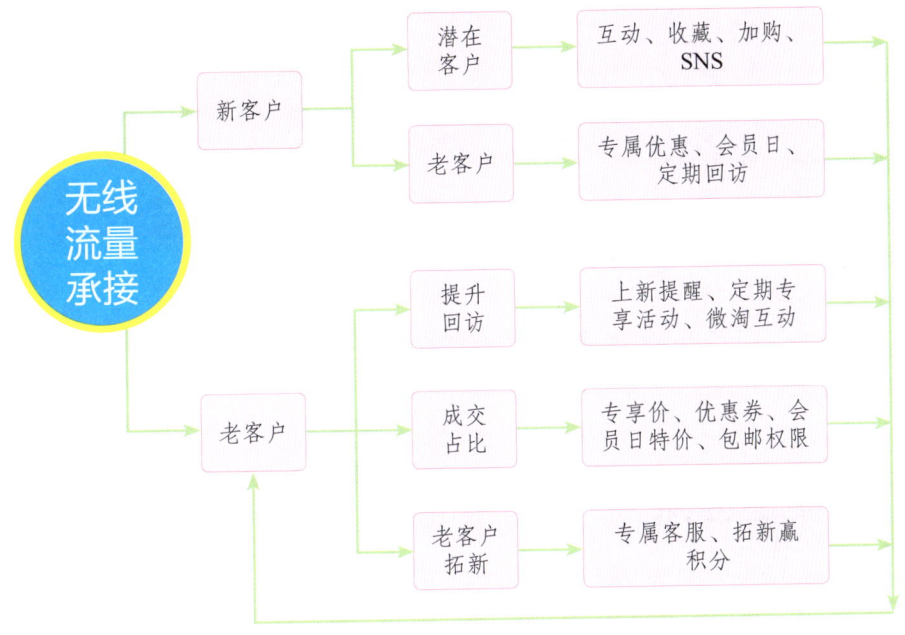

```
无线流量承接
├── 新客户
│   ├── 潜在客户 → 互动、收藏、加购、SNS
│   └── 老客户 → 专属优惠、会员日、定期回访
└── 老客户
    ├── 提升回访 → 上新提醒、定期专享活动、微淘互动
    ├── 成交占比 → 专享价、优惠券、会员日特价、包邮权限
    └── 老客户拓新 → 专属客服、拓新赢积分
```

图 7-9　手机端无线引流

二、查看移动端搜索引擎关键词的热度

1. 使用神马搜索的"月度移动热词榜"查看

用户可以打开神马搜索，在"互动百科"搜索词结果页中点击排行即可查看神马搜索与互动百科联合发布的月度搜索热词及热词解释，快速了解当今移动端最热的关键词。

2. 通过淘宝店铺直通车后台的热搜词查看

使用直通车后台推荐词的移动设备的热搜词。这些词在移动端的点击量都比较好。搜索推荐词：移动端宝贝每隔 20 个就会有推荐词。投放时间：全天的三个时间高峰点为 12—13 点、18 点以后、21 点—凌晨 1 点，其中 21 点—凌晨 1 点是重点；或者周六、周日的全天。

3. 使用百度指数工具查看移动设备的热搜词查看

百度指数工具中整合了移动设备的热搜词分时统计功能。例如，查看"减肥药"的移动搜索指数，如图 7-10 所示。

图 7-10 使用百度指数工具

三、移动端关键词优化

1. 淘宝移动端关键词的选择

（1）使用直通车工具。在直通车添加关键词里面，输入产品核心关键词，就可以看到有一项叫作移动包的数据，这就是移动端高搜索流量的关键词工具。

（2）使用生意参谋—专题工具—选词助手—行业相关搜索词—无线。例如，用户经常使用具体搜索内容+移动设备附近地点的关键词组合，可以找到相关关键词。

2. 其他移动端关键词的选择

（1）使用谷歌关键词工具。谷歌关键词工具是移动搜索中经常使用的一种搜索方式，当打开谷歌关键词工具，进入"单词或短语"框中输入关键词词组，只使用一个词句作为关键词。

（2）使用移动搜索分析统计工具。通过使用站长工具生成的移动搜索查询报告，发现移动搜索用户使用什么样的关键词找到所需要的网站，发现移动用户的搜索行为中的差异。撰写移动搜索查询报告，标记哪些只会出现在桌面搜索，哪些只会出现在移动搜索的查询，哪些会同时出现的查询。最终，创建一个简单的数据透视图表，通过统计方差的研究，分析什么样的关键词，更加有利于移动网站搜索行为。

3. 移动端关键词优化指标

（1）点击率测试指标。点击率是指网站页面上某一内容被点击的次数与被显示次数

之比，即 clicks/views 的百分比值，反映了网页上某一内容的受关注程度。

（2）**跳出率测试指标**。跳出率反映了用户对网站内容的认可程度，是指用户通过搜索关键词来到网站，只浏览了一个页面就离开与全部浏览数量的百分比。观察关键词的跳出率就可以得知用户对网站内容的认可程度。

例如，在移动搜索结果上排名第一与第四之间的点击率可能下降 90%以上。因此，点击率和跳出率是决定移动搜索结果排名的关键因素。

四、关键词在移动页面的优化

移动网站采用的扁平式树形结构，有清晰的导航。首页、频道页、内容页的页面内容相对 PC 端简单，合理布局关键词显得更为重要。

1. 设置使用提示性搜索词

移动页面的主界面包括搜索区（包括垂直搜索切换+搜索框+语音输入搜索）、内容导航区（包括新闻、贴吧、热搜榜）、DingWidget 切换区、功能导航区四个部分。

根据移动用户使用导航的习惯，进行页面内容的优化。在 WAP 网站中减少图片使用，尽量使用文本代替图片的使用，同时编写简洁精美的文本，对重点内容进行描述，以增加移动用户浏览的吸引力。

在网页链接旁边加上可视的地域标签，以增加符合用户需求预期地域搜索结果的点击率。例如，搜索"本地租车服务"，如果在页面中提示提供服务的电话号码，移动用户就会首先点击这个号码。再如，在移动搜索使用中，会经常使用地域性的关键词，针对地域性搜索可以优先展示，也更容易获得本地用户的点击，从而获得大量的精准流量。

2. 设置手机淘宝宝贝的关键词

（1）**设置宝贝标题中的关键词**。手机淘宝宝贝应用了新的标题，不同于 PC 端标题，标题 = 主关键词（50%）+ 长尾词（30%）+ 标签词（20%），因此标签词在手机淘宝标题优化中也比较重要。标签词是一个产品标示其身份的词句。

标签词的选择原则是选择与产品相关性较强的词；选择与长尾词、大流量词较近的词；选择细分度高，被关注度不是那么高的词。

搜索商品时会使用下拉框提供的备选词。这种长尾词的流量比 PC 端的长尾词流量多。比如：用户搜索"卫衣"，移动端的下拉框中可能会出现"卫衣 连帽 开衫 长款"，用户会直接点击长尾词进行搜索，免去了打字烦恼。

（2）**设置宝贝属性中的关键词**。设置移动端的关键字要切合宝贝本身的特点，并结合用户的搜索习惯来设置，包括标题、属性、文字说明。可以筛选属性与下拉框长尾标签词中最匹配的关键词进行设置。这些词如果和宝贝描述接近或相关，就可以考虑。

关键词设置之后，一旦被用户点击，会获得比 PC 端更多的流量。

动手做一做

为移动站点添加地理位置信息的标签，在具有地域性的页面上进行如下标识：

1. Meta 声明格式

<meta name="location" content="province=北京;city=北京;coord=116.306522891,40.0555055968">

注：province 为省份简称，city 为城市简称。province 及 city 不可为空。

coord 是页面信息的经纬度坐标，采用的是 bd09ll 坐标。若页面信息为城市级别，填写城市中心点即可。若页面信息有具体的地址，经纬度坐标填写该具体地址的坐标（可以通过百度地图的地址解析 API 获取）。

2. Meta 位置

需要将 Meta 声明放在网页源代码<head>标签内部，如下：

<head>

<meta name="location" content="province=北京;city=北京;coord=116.306522891,40.0555055968">

……

</head>

添加完成后查看效果。

实验七 移动网站分析报告及优化方案

一、实验目的

1. 会分析移动网站的网站结构。
2. 会撰写移动网站 SEO 分析报告。

二、实验内容

1. 通过搜索引擎选择若干个典型移动网站为 SEO 研究对象，确定移动网站的类型、域名策略。

2. 通过搜索引擎优化工具分析移动站点的网站结构、站点导航、页面代码、关键词布局。

3. 分析移动站点的 robots.txt 文件、SiteMap.xml 文件内容。

三、实验过程

1. 分析网站类型。

在百度中，输入 inurl:m，查找若干个移动站点，确定这些移动网站的类型：属于 wap 网站，还是属于 HTML5 制作的自适应移动网站。

2. 移动站点优化的环节。

（1）**网站结构分析**。分析选定网站结构设计的搜索引擎友好性，包括域名策略、空间策略、网站结构、站点导航、URL、页面、代码、网页标题（首页、栏目页、内容页）、Meta 标签、Alt 标签、标题标签、强调标签、链接锚文本、robots.txt 文件、SiteMap.xml 等；

对该网站 SEO 策略合理性分析的结果，给出网站 SEO 分析报告的报告目录对于不足之处给出改进意见。

（2）**关键词的确定**。以典型移动网站为 SEO 研究对象，按照确定核心关键词、从定义扩展核心关键词、扩展核心关键词、设置长尾关键词的顺序，逐步定义出选定网站的关键词，建立关键词表。从百度竞价推广的排名位置，判断关键词表中的关键词商业价值。

从关键词表中选择 5 个以上的关键词，分析其在网站中的密度，对于密度不合理的关键词，提出修改方法。

（3）**移动站点链接分析**。查询选定网站的搜索引擎表现分析（网页收录数量、内部链接数、反向链接数），针对网站底部次导航处可以将非重要的页面链接用 rel="nofollow" 此属性对其进行标注，分析网站页面权重传递。

（4）**网站现有的结构对搜索引擎友好度分析**。

四、实验结果

实验完成后，按照实验内容书写实验报告，内容包括实验的操作过程和实验体会。

课后练习题 七

一、填空题

1. 中国五大移动搜索引擎是_____、_____、_____、_____、_____。

2. 移动搜索的特点有以下四点：_____、_____、_____、_____ 等。

3. 淘宝移动搜索引擎的搜索规则有_____、_____、_____ 等。

二、选择题（不定项选择）

1. 手机搜索引擎中，搜索引擎相关搜索建议数为（　　）。
   A. 0　　　　　　B. 3　　　　　　C. 9　　　　　　D. 10

2. URL 优化，包括（　　）。
   A. 域名的选择　　　　　　B. URL 命名
   C. URL 长度　　　　　　　D. URL 参数优化

3. 无线网络速度通常低于有线网络，因此尽量控制网页大小，减少加载时间。以下方法中可行的包括（　　）。
   A. 压缩图片，并减少图片的使用
   B. 紧凑化 CSS、JavaScript 等资源文件
   C. 开启服务器端压缩
   D. 使用浏览器的缓存功能

4. 手机淘宝网购时搜索结果页面排序方式，最合适的选项是（　　）。
   A. 综合排序　　B. 人气排序　　C. 信用排序
   D. 销量排序　　E. 价格排序　　F. 距离排序

5. 目前常用的移动适配方式有（　　）三种。
   A. 跳转适配　　B. 网页适配　　C. 代码适配　　D. 自适应

6. (　　) 不是移动 SEO 关键词的特点。

   A. 用户更偏向于短语提示

   B. 用户更喜欢使用搜索下拉词/相关搜索词作为关键词

   C. 用户更容易使用地域名称作为关键词

   D. 用户趋向使用语音类的关键词

7. 无线移动端，搜索词偏向使用标签词，(　　) 可以作为标签词的选择。

   A. 选择与产品相关性较强的词

   B. 选择与长尾词/大流量词较近的词

   C. 选择细分特点较强的词

   D. 创造特点标签词组成长尾词

8. 移动端推广商品的标题不能超过 (　　)。

   A. 10 个汉字　　　　　　　　　　B. 20 个汉字

   C. 30 个汉字　　　　　　　　　　D. 40 个汉字

9. 移动网站在百度移动搜索引擎的排名为 (　　)。

   A. 移动页面>适配页面>转码页>PC 页面

   B. PC 页面>适配页面>转码页>移动页面

   C. 适配页面>移动页面>转码页>PC 页面

   D. 转码页>移动页面>适配页面> PC 页面

三、简答题

1. 移动搜索关键词优化与普通网页关键词的优化有哪些不同之处？请举例说明。
2. 什么是响应式网页？什么是自适应网页？请写出两者的区别。
3. 手机用户更习惯用哪种搜索方式？
4. 移动端的搜索词有什么特点？什么是标签词？标签词有什么特点？

四、问答题

移动端和 PC 端搜索引擎的搜索机制有何区别？移动网站与 PC 网站的区别有哪些？

课后练习答案

课后练习题（一）

一、填空题

1. 白帽 SEO，黑帽 SEO
2. 流量，关键词
3. 网站的内容
4. 关键词分析，网站结构优化，网站内容优化，网站链接优化
5. 站内搜索引擎，搜索行为（访问路径）

二、选择题

1. D 2. D 3. B 4. C 5. D 6. C

三、问答题

1. SEO（Search Engine Optimization），汉译为搜索引擎优化，是指为了从搜索引擎中获得更多的流量，从网站结构、内容建设方案、用户互动传播、页面等角度进行合理规划，使网站更适合搜索引擎的检索原则的行为。

2. link 和 domain 在不同的搜索引擎代表不同的含义。

搜索引擎	link	domain	site
百度	link 并不代表一个指令，只是一个普通的关键字。link:www.jb51.net 搜索结果是包含这样一个关键字（link:www.jb51.net）词组的所有网页，与其他普通关键词的搜索一样。并不是查找反向链接。	查询网站被百度收录的反向链接数目	查询网站被百度收录的页面
Google	查找的是反向链接，但只包含网站所有反向链接的少部分。我们推荐使用 Google 网站管理员工具查网站所有反向链接。	domain 并不代表一个指令，只是一个普通的关键字。在 google 的搜索栏里输入 domain:域名（如 domain:域名.com），如果没有网站数据，那么基本可以确定网站已被惩罚。	查询使用 google 搜索[site:域名.com]检查索引数据，如果发现没有索引数据，网站一定被谷歌降权
Yahoo	查找的是反向链接，但需要在域名前加"http://"，如：link:http://www.jb51.net 注意：域名加与不加"www"结果是不一样的。	与 site 命令一样，用于查找域名	查询网站收录页面

325

3. 网站页面点击率过低的原因：网站打开的速度太慢、网站设计没特色，不够人性化、网站没有特色或者网站特色不够突出、没有采用相应的提高网站黏度的策略。

课后练习题（二）

一、填空题

1. Search Engine Optimization，搜索引擎优化

2. 生意参谋，百度统计

3. 百度统计，webtrends，iwebtracker

4. SEO 建议，搜索词排名，百度收录量查询，网站速度诊断，转化率检测

5. 网站流量统计，流量来源统计，访客特征分析，网站访问统计

6. 百度收录了你的网站 28 篇文章。但首页没在第一页的搜索记录里

二、选择题

1. C　2. B　3. A　4. B

三、问答题

1. 百度统计是百度推出的一款免费的专业网站流量分析工具，能够告诉用户访客是如何找到并浏览用户的网站，在网站上做了些什么，有了这些信息，可以帮助用户改善访客在用户的网站上的使用体验，不断提升网站的投资回报率。

百度统计提供了几十种图形化报告，全程跟踪访客的行为路径。同时，百度统计集成百度推广数据，帮助用户及时了解百度推广效果并优化推广方案。

基于百度强大的技术实力，百度统计提供了丰富的数据指标，系统稳定，功能强大但操作简易。登陆系统后按照系统说明完成代码添加，百度统计便可马上收集数据，为用户提高投资回报率提供决策依据。是提供给广大网站管理员免费使用的网站流量统计系统，帮助用户跟踪网站的真实流量，并优化网站的运营决策。

目前百度统计提供的功能包括：流量分析、来源分析、网站分析等多种统计分析服务，更多统计分析服务将在后续推出。

2. 搜索引擎营销（sem）概念包含搜索引擎优化（seo）概念；两者均需要有独立的网站进行操作；SEM 和 SEO 均是对百度和谷歌等搜索引擎的搜索结果（SEPRs）进行优化；两者均需要对自身企业网站的某一部分进行优化执行；两者都对关键词优化提出了非常高的要求。

课后练习题（三）

一、填空题

1. 网站的首页要优化的关键词

2. 访客分析

3. 来源分析

4. 趋势分析

5. 页面分析

6. 选择有效的关键词，找到有效的关键词，选择关键词的技巧，关键词设置原则，处理关键字

7. 字数比较长的关键词。长尾关键词的特性：搜索量小、搜索频率不稳定、竞争程度小、词量无限小

8. 跳出率是指某个时间段内，只浏览了一页即离开网站的访问次数占总访问次数的比例。网站转化率是指用户进行了相应目标行动的访问次数与总访问次数的比率。

9. 避重就轻按照长尾词理论，集中权重或推广内页，长尾词操作

10. 2%～8%

二、选择题

1. C 2. B 3. C 4. C 5. D
6. B 7. B 8. B 9. A 10. C

三、问答题

1. 长尾关键词的主要特征：（1）包含目标关键词；（2）长尾关键词字符数量要比目标关键词要长；（3）长尾关键词部署在栏目页或者内容页；（4）长尾关键词获得流量相对较小；（5）长尾关键词数量非常大；（6）长尾关键词排名更容易提升。

2. 跳出率是指在只访问了入口页面（例如网站首页）就离开的访问量与所产生总访问量的百分比。跳出率指仅仅访问了单个页面的用户占全部访问用户的百分比，或者指从首页离开网站的用户占所有访问用户的百分比。高跳出率通常表示网站进入页对访问者不具针对性。

课后练习题（四）

一、填空题

1. 内链，外链，交叉链接
2. 纯文本链接方式,锚文本链接方式
3. 外链
4. 站内链接，友情链接，网页目录，搜索引擎的搜索结果
5. 网站双方站长约定，双方同时在自己的网站加上对方的链接，网站内容相关性，PR值相关性

二、选择题

1. A 2. C 3. D 4. B 5. A
6. B 7. D

三、问答题

1. 做外链的注意点：
（1）所发的外链最好是相关性高、权重高的平台。

（2）外链要多元化（b2b平台、友链交换平台、分类信息网站、博客和论坛）。

（3）外链的文章标题一定要与内容相关，忌讳文不对题。

（4）在与对方做友情链接交换之前，得检查对方网站域名是否被惩罚和作弊的行为。

（5）定期检查与你友情链接的网站，保持链接的稳定性。

增加外链的方法：与相关性高的网站做友情链接，将网站链接提交分类目录网站，在各大博客上发文，文中嵌入网站链接。

2. 内链的作用是：（1）提升网站的排名；（2）提高网站的PV量；（3）增加用户体验。建设内链的注意事项：（1）同一页面下相同关键词不要出现不同的链接；（2）同一页面下相同链接不要出现不同关键词；（3）锚文本链接切记都链向首页。

内链的优化的三个方面：（1）内链标签的优化；（2）内链密度的控制；（3）内链的相关性优化。

四、操作题

1. SEO综合分析的方面：代码设计、页面静态化、标签设计、内容策略、链接策略等方面对其SEO进行综合分析。

2. 通过百度统计分析工具，完成关键词的对比分析。

课后练习题（五）

一、填空题

1. 关键词
2. PR值，外链数量，质量
3. 图片格式的选择，内容编辑，站内图片统一，站内优化

4. 标题，关键词，描述标签

二、选择题

1. A　2. B　3. A　4. B　5. B　6. A

三、问答题

1. 网页大小大幅缩小，搜索引擎对内容的抓取更方便。Flash 上的内容和链接都无法被搜索引擎读取。

2. 原创文章是独立完成的文学创作，原创文章一直是搜索引擎所倡导的网站内容，也是蜘蛛最喜欢看到的，有利于文章的收录和排名；不过并不一定非要自己一个字一个字码出来的才算原创，对于互联网上已有的内容进行二次编辑，通过收集、整理、提炼、总结等方式再次发布，也算是原创的一种，而且对于个人站长来说更容易实现一些，只要你编辑出来的内容有新意就是有价值的。

3. 竞争程度分析，网站结构优化，网站标题（title）分析，关键词优化（Keywords）分析，网站描述（Description）分析，内外链分析，网站内页优化及原创内容的增加，软文的推广

4. 网站相关性，关键词热度衡量，符合用户体验，标题字数，关键词堆砌，标点符号，语句自然，分词的好处，凸显品牌

四、操作题

使用在线制作工具或者 SiteMapX 软件制作。

课后练习题（六）

一、填空题

1. 文字

2. 广告位推广，竞价推广，广告联盟推广

3. 虚假销量，重复铺货式开店，错放类目和属性，标题滥用关键词

4. 直通车，阿里妈妈

二、选择题

1. B　2. B　3. ABCD　4. C　5. B
6. D　7. B　8. C　9. B　10. B
11. C　12. D　13. C　14. D

三、问答题

1.（1）直通车推广；（2）店铺活动对老顾客进行定点发送消息；（3）优化关键词；（4）部分产品调价。

2.（1）主图优化，提高宝贝点击率：❶ 主图要清晰、突出特点；❷ 图片文案突出卖点，要简单、易懂；❸ 图片创意——适时制造购买紧迫感；

（2）标题优化，提高点击率：❶ 首先要保证每个宝贝都设置 2 个直通车标题；❷ 直通车标题一定要简洁明了，并且突出宝贝的最大卖点，比如：功效、品质、信誉、优势等。

四、分析题

淘宝 C 店自然流量突然下降的原因分析：(1) 可以通过查看生意参谋，查看 DSR 评分是否在最近一段时间持续下降；(2) 查看退款等各项指标表现是否正常，其指标包括退款周期、退款率跟行业均值的对比，尤其要关注的是纠纷退款率。淘宝对于纠纷退款的相关规定更加严格，纠纷退款的影响也会影响店铺的综合质量得分。(3) 查看店铺的整体转化率、整体客单价是否持续下降；(4) 查看产品上新是否存在异常。(5) 查看其他的服务指标，如旺旺在线时间、旺旺响应速度等。

课后练习题（七）

一、填空题

1. 百度，宜搜，儒豹，搜狗，神马
2. 具有精准可用性，具有可访问性，具有长尾词流量高的特性，具有个性化特点
3. 类目规则，时间规则，反作弊规则

二、选择题

1. B 2. ABCD 3. A 4. ABCDE
5. ACD 6. AD 7. ABCD 8. B
9. A

三、简答题

1. 移动页面的主界面包括搜索区、内容导航区、切换区、功能导航区四个部分。

在网页链接旁边加上可视的地域小标签，以增加符合用户需求预期地域搜索结果的点击率。例如，搜索"本地租车服务"，如果在页面中提示提供服务的电话号码，移动用户就会首先点击这个号码。再例如，在移动搜索使用中，会经常使用地域性的关键词，针对地域性搜索可以优先展示，也更容易获得本地用户的点击，从而获得大量的精准流量。

2. 自适应只是响应式的一个子集，指网页中整体大图的自适应或者 banner 的自适应。（响应式设计可以一个网站兼容多个不同终端）

响应式网页设计具有以下特点：
（1）灵活性强，可以适应不同分辨率的设备；（2）方便快捷的解决多设备显示适应问题

自适应网页设计具有以下特点：
（1）实施起来代价更低，测试更容易；
（2）自适应布局可以让设计更加可控。

3. 因为手机支持移动定位的功能，所以手机用户更习惯使用基于位置的搜索服务。

4. 移动端的搜索词的特点：
（1）搜索关键词带有明显的地域属性；（2）搜索关键词中热词所占比例小；（3）搜索关键词偏向使用标签词，"产品标签词"便是移动端搜索词新的元素。

标签词：一个产品的标示，代表产品的身份的词句。它有时会是产品的品牌名，产品的成分，或者产品的特有属性

标签词与产品的细分特点有关，跟产品的描述有关，跟产品的属性有关，和产品的标题相关。

四、问答题

（1）移动端的搜索机制：一种是通过传统的 spider（蜘蛛）抓取，另一种是通过百度提供的"开放适配"产品。按照百度官方的定义用"开放适配"的抓取速度会优于传统的网页抓取，少了很多个筛选环节。

（2）PC 端搜索引擎的搜索机制：由蜘蛛程序沿着链接爬行和抓取网上的大量页面，存进数据库，经过预处理，用户在搜索框输入关键词后，搜索引擎排序程序从数据库中挑选出符合搜索关键词要求的页面。

（3）移动搜索关键词优化与普通网页关键词的优化不同，因为移动与 PC 端的显示媒介不同，同一个关键词，在 PC 端和移动端的排名是不一致的。

参 考 文 献

[1] 王鹏，陈高云，安俊秀，等. 移动搜索引擎原理与实践[M]. 北京：机械工业出版社，2009.

[2] 夏治坤. SEO 搜索引擎优化教程[M]. 上海：上海交通大学出版社，2016.

[3] 刘奕群. 搜索引擎技术基础[M]. 北京：清华大学出版社，2010.

[4] 昝辉. SEO 实战密码：60 天网站流量提高 20 倍[M]. 北京：电子工业出版社，2010.

[5] 吴泽欣. SEO 教程：搜索引擎优化入门与进阶[M]. 北京：人民邮电出版社，2014.

[6] 高峰. SEO 兵书：搜索引擎优化手册[M]. 北京：电子工业出版社，2012.

[7] 杨帆. SEO 攻略：搜索引擎优化策略与实战案例详解[M]. 北京：人民邮电出版社，2009.

[8] [英] Brian Clifton. 流量的秘密：GoogleAnalytics 网站分析与优化技巧（第 3 版）[M]. 北京：人民邮电出版社，2010.

[9] 土著游民. SEO 魔法书[M]. 北京：人民邮电出版社，2010.

[10] 杨海波. 移动搜索与桌面搜索比较研究[J]. 北京：医学信息学杂志，2012（33）.